中国生态环境产教融合丛书
职业技能等级认定系列教材

智能水厂运行与调控

（中级）

刘振生　冀广鹏　晏　丽　张维宁　石碧清　马圣昌　王增礼　主编

中国环境出版集团·北京

图书在版编目（CIP）数据

智能水厂运行与调控 : 中级 / 刘振生等主编.
北京 : 中国环境出版集团, 2025. 5. -- (中国生态环境产教融合丛书) (职业技能等级认定系列教材).
ISBN 978-7-5111-5954-0
Ⅰ. TU991.6
中国国家版本馆CIP数据核字第2024RM0309号

责任编辑 王 洋 曹 玮
封面设计 岳 帅

出版发行 中国环境出版集团
（100062 北京市东城区广渠门内大街 16 号）
网 址：http://www.cesp.com.cn
电子邮箱：bjgl@cesp.com.cn
联系电话：010-67112765（编辑管理部）
010-67113412（第二分社）
发行热线：010-67125803，010-67113405（传真）

印 刷 玖龙（天津）印刷有限公司
经 销 各地新华书店
版 次 2025 年 5 月第 1 版
印 次 2025 年 5 月第 1 次印刷
开 本 787×1092 1/16
印 张 20.25
字 数 407 千字
定 价 78.00 元

如何高效推动
水厂智慧化升级
以及
Upgrading...
智能化运维？
扫码提问
快速提升
精进个人能力
AI技能培训助手
全天候在线，为您提供专业问题的解答服务。
运行操作准备
1.水厂运行异常报警分为哪三类？
2.企业全面落实有限空间安全管理有哪7项措施？
3.精确曝气系统采用哪两种控制模式？
水处理工艺分析
1.旋流沉砂池提砂系统包括哪些设备？
2.一级处理主要是指去除污水中哪些无机物？
水质指标监测
1.水样在运输过程中有哪些基本要求？
2.使用曲线法定量方法有哪些注意点？

中国生态环境产教融合丛书
编 委 会

《智能水厂运行与调控（中级）》

编委会

主　编　刘振生（北控水务集团有限公司）

冀广鹏（北控水务集团有限公司）

晏　丽（北控水务集团有限公司）

张维宁（北控水务集团有限公司）

石碧清（河北环境工程学院）

马圣昌（北控水务集团有限公司）

王增礼（北控水务集团有限公司）

副主编　王双吉（北控水务集团有限公司）

张　雷（北控水务集团有限公司）

丁文兵（北控水务集团有限公司）

刘同银（北控水务集团有限公司）

叶　斌（北控水务集团有限公司）

王　博（北控水务集团有限公司）

张　伟（山东水利职业学院）

杨　健（长沙环境保护职业技术学院）

叶　平（广东环境保护工程职业学院）

总 序

2021 年是“十四五”开局之年，我国生态环境产业将继续迎来蓬勃发展的重要机遇期，国家着力建立健全绿色低碳循环发展经济体系，促进经济社会发展全面绿色转型。面对新的发展时期，在“绿水青山就是金山银山”理念和习近平生态文明思想的指引下，水务行业的工作重点将从传统的水资源利用和水污染防治逐渐发展为生态产品价值体现以及环境资源贡献。

随着生态环境产业的迅速发展，水务行业对技术创新力的要求不断提高，市场竞争中行业人才供给有着非常大的缺口，而“产教融合”正是解决这一“缺口”的有效途径。企业通过与高校开展校企合作，联合招生，共同培养水务人才；企业专家和高校教师共同制定培养方案并开发教材，将污水处理厂作为学生的实习基地；企业专家担任高校授课教师，从而将对岗位能力的实际需求全方位地融入学生的培养过程。

2017 年，《关于深化产教融合的若干意见》印发，鼓励企业发挥重要主体作用，深化引企入教，促进企业需求融入人才培养环节，培养大批高素质创新人才和技术技能人才；2019 年，《国家产教融合建设试点实施方案》再次强调，企业应通过校企合作等方式构建规范化的技术课程、实习实训和技能评价标准体系，在教学改革中发挥重要主体作用，在提升技术技能人才和创新创业人才培养质量上发挥示范引领作用；2021 年，《中华人民共和国国民经济和社会发展第十四个五年规划和 2035 年远景目标纲要》提出，建设高质量教育体系，推行“学历证书+职业技能等级证书”制度，深化产教融合、校企合作，鼓励企业举办高质量职业技术教育，实施现代职业技术教育质量提升计划，建设一批高水平职业技术院校和专业。

北控水务集团有限公司是国内水资源循环利用和水生态环境保护行业的旗舰企业，集产业投资、设计、建设、运营、技术服务与资本运作于一体。近年来，在国家政策导向和企业发展战略的双重驱动下，北控水务集团有限公司在多年实践经验的基础上，进一步推动在产教融合领域的积极探索，把握（现代）产业学院建设、1+X 证书制度试点建设、“双师型”教师队伍建设、公共实训基地共建共享等重大政策机遇，围绕产教融合“大平台+”建设规划开展了一系列实践项目，并取得了显著成果。北控水务集团有限公司希望通过践行产教融合战略，推动行业人才培养和技术进步，为水务行业的持续发展提供有力的支持和帮助。

“中国生态环境产教融合丛书”（以下简称丛书）主要涉及智慧水务管理、职业技能等级标准、大学生创新创业、实习培训基地等，聚焦生态环境领域人才培养，采用校企双元合作的教材开发模式和内容及时更新的教材编修机制，深度对接行业企业标准，落实“书证融通”相关要求，同时适应“互联网+”发展需求，加强与虚拟仿真软件平台的结合，重视对学生实操能力的培养。

由于丛书内容涉及多学科领域，且受编者水平所限，难免有遗漏和不足之处，敬请读者不吝指正。

北控水务集团有限公司轮值执行总裁

生态环境职业教育教学指导委员会副秘书长

2021 年 12 月

前 言

党的二十大报告指出，教育、科技、人才是全面建设社会主义现代化国家的基础性、战略性支撑。要推动战略性新兴产业融合集群发展，构建新一代信息技术、人工智能、高端装备、绿色环保等新的增长引擎；协同推进降碳、减污、扩绿、增长，推进生态优先、节约集约、绿色低碳发展；实施科教兴国战略、创新驱动发展战略，推进职普融通、产教融合、科教融汇。

我国智慧水务建设正处于由自动化、信息化向智慧化迈进的过程中，物联网、云计算、智能传感等新一代信息技术正快速渗透至水务行业，推动企业的生产效率和管理水平显著提升。本套教材采用校企深度合作模式，由北控水务集团北水教育中心主导，会同河北环境工程学院、长沙环境保护职业技术学院、山东水利职业学院、广东环境保护工程职业学院共同编写完成。结合先进的智能化水厂运维技术，以企业需求为导向，参照智能水厂运行与调控职业技能等级标准，将院校教学实训、企业人才需求、职业技能证书相融合开发而成。

本套教材是以北控水务集团组团式智能水厂为样板，提炼水厂运行、巡检、维护及水质检测等常用技能，与职业院校讲授的水处理工艺、自动控制、信息技术、机电、仪表等专业知识相衔接，以任务型技能讲授和实操培训为主，理论与实践相结合而开发的新形态教材。本套教材既适用于职业院校水处理工艺、水质检测、自控仪表、机电等相关专业学生的职业技能培训，也适用于水务企业一线员工岗位技能培训。

本套教材分为初级、中级、高级3册，分别对应“智能水厂运行与调控职业技能等级标准”初级、中级、高级3个职业技能等级。中级教材通过各个实训任务，依托水厂自动控制系统、巡检系统以及水质监测设备全面系统讲解了典型水处理工艺运行调控、中控调度、异常处理、水质监测等工作要点和工作方法。通过中级教材的学习和实训，可使学生具备典型水处理厂运行调控、经济运行、现场巡检、水质监测及异常情况处理的能力，掌握水厂生产运行岗位基本技能。

《智能水厂运行与调控（中级）》包括水厂运行技术规程的使用、水处理工艺调控、中控系统运行调度、设备经济运行调控、现场巡检、水质指标监测六个项目，含19个任务、76个技能。由北控水务集团刘振生、晏丽、张维宁、马圣昌、王增礼、王双吉、张雷、丁文兵、刘同银等资深专家和石碧清、曹东杰、董冰、梁雅洁（河北环境工程学院），张伟、乔鹏（山东水利职业学院），叶平、夏志新（广东环境保护工程职业学院），以及杨健（长沙环境保护职业技术学院）等优秀教师共同编写，冀广鹏、董超、宗德森、王博等领导对教材编写给予了评审指导。

在本书编写过程中，北控水务集团智能水厂工艺、设备、自动控制专家和各参编院校一线老师给予了大力支持，提供了大量实用规程和技能培训案例，在此一并致以衷心的感谢。由于编者水平有限，编写经验不足，书中难免存在纰漏和错误，欢迎读者批评指正。如在教材使用中有疑问或者需要提供相应配套课件，请发送需求至邮箱edu@bewg.net.cn，编者将及时回复。

编　者

2024年9月

目　录

项目一　水厂运行技术规程的使用 / 1

任务 1　工艺运行技术规程的使用 / 2

子任务 1.1　工艺运行技术规程内容构成 / 3
子任务 1.2　预处理单元工艺运行指标和控制方法 / 5
子任务 1.3　二级处理单元工艺运行指标和控制方法 / 8
子任务 1.4　三级处理单元工艺运行指标和控制方法 / 16

任务 2　设备运行操作技术规程的使用 / 21

子任务 2.1　设备运行操作技术规程的构成 / 22
子任务 2.2　设备的现场手动操作规程 / 24
子任务 2.3　设备的远程自动操作规程 / 27
子任务 2.4　设备异常报警及分析处理规程 / 29

任务 3　运行巡检技术规程的使用 / 34

子任务 3.1　运行巡检技术规程及巡检内容和方法 / 35
子任务 3.2　工艺运行巡检及一般异常处理规程 / 36
子任务 3.3　设备运行巡检及一般异常处理规程 / 40
子任务 3.4　现场巡检安全注意事项及防范规程 / 49

项目二 水处理工艺调控 / 53

任务 1 预处理工艺调控 / 54
子任务 1.1 格栅运行异常的判断及处理 / 54
子任务 1.2 水泵泵池水位的控制 / 57
子任务 1.3 曝气沉砂池运行方式的调整 / 60
子任务 1.4 旋流沉砂池运行方式的调整 / 62

任务 2 生化处理工艺运行调控 / 65
子任务 2.1 生化系统运行方式及调整 / 66
子任务 2.2 活性污泥的接种、培养及驯化方法 / 70
子任务 2.3 生化池混合搅拌强度调控 / 74
子任务 2.4 鼓风曝气系统曝气量调节 / 75

任务 3 沉淀工艺运行调控 / 78
子任务 3.1 絮凝沉淀池加药量调控 / 97
子任务 3.2 沉淀池出水浊度的调控 / 99
子任务 3.3 混凝搅拌试验及数据处理 / 102
子任务 3.4 加药系统最佳投加量分析 / 104

任务 4 滤池过滤工艺调控 / 109
子任务 4.1 滤池过滤系统、反冲洗系统运行指标的调控 / 109
子任务 4.2 滤池运行参数监控及设备操作 / 112
子任务 4.3 滤池运行参数设置及调整 / 113
子任务 4.4 反冲洗参数设置及调整 / 115

项目三 中控系统运行调度 / 119

任务 1 中控系统上位机界面操作 / 120
子任务 1.1 设备运行状态监视与启停操作 / 120
子任务 1.2 工艺设备异常报警信息查询和处理记录 / 125
子任务 1.3 报警处理流程和异常工单下达 / 126

子任务 1.4　曲线页面调用和运行数据曲线查询 / 129

任务 2　中控系统运行数据监测 / 133

子任务 2.1　上位机界面工艺运行参数监视与调控 / 133
子任务 2.2　通过查询数据曲线监测运行指标变化趋势 / 135
子任务 2.3　在线仪表异常和数据传输异常判断和处理流程 / 139
子任务 2.4　数据异常处理工单下达 / 141

任务 3　中控系统异常信号处理 / 144

子任务 3.1　一般工艺报警处理 / 144
子任务 3.2　一般设备报警处理 / 147
子任务 3.3　进出水水质异常判断分析及处理方法 / 149
子任务 3.4　工艺设备异常处理进度查询及督办 / 153

项目四　设备经济运行调控 / 159

任务 1　提升系统经济运行调控 / 160

子任务 1.1　提升系统经济运行指标及控制方法 / 160
子任务 1.2　提升系统经济运行状态分析判断 / 163
子任务 1.3　提升系统节能潜力计算 / 166
子任务 1.4　提升系统经济运行调控 / 168

任务 2　鼓风曝气系统经济运行调控 / 171

子任务 2.1　鼓风曝气系统经济运行指标及控制方法 / 171
子任务 2.2　鼓风曝气系统经济运行的影响因素分析 / 174
子任务 2.3　鼓风机效率计算及调整 / 177
子任务 2.4　曝气系统堵塞率计算 / 180

任务 3　污泥脱水系统经济运行调控 / 183

子任务 3.1　污泥脱水系统经济运行指标及控制方法 / 188
子任务 3.2　进泥流量和加药量调节方法 / 190
子任务 3.3　污泥脱水系统电耗指标控制方法 / 193

子任务 3.4　污泥脱水系统药耗指标控制方法　/ 195

项目五　现场巡检　/ 199

任务 1　巡检装备操作　/ 200
子任务 1.1　巡检防护服穿戴和检测工具佩戴　/ 200
子任务 1.2　巡检仪和移动视频通信终端操作　/ 206
子任务 1.3　巡检检测工具的使用　/ 214
子任务 1.4　巡检安全注意事项　/ 218

任务 2　现场运行巡检　/ 222
子任务 2.1　巡检过程工艺运行状态的判断　/ 222
子任务 2.2　现场巡检与中控运行值班人员信息交互　/ 225
子任务 2.3　巡检数据的异常判断　/ 227
子任务 2.4　巡检工艺异常判断　/ 232

任务 3　现场设备巡检　/ 239
子任务 3.1　现场设备巡检点与巡检内容　/ 239
子任务 3.2　巡检判断设备仪表运行状态　/ 244
子任务 3.3　设备运行异常信息上传　/ 246
子任务 3.4　常用水质监测仪表数据异常识别　/ 251

项目六　水质指标监测　/ 255

任务 1　便携式化验仪器使用　/ 256
子任务 1.1　便携式溶解氧测定仪的使用　/ 259
子任务 1.2　便携式水质测定仪器校验现场在线仪表　/ 262
子任务 1.3　便携式水质测定仪器的清洁维护　/ 266
子任务 1.4　便携式水质测定仪器的比对校验　/ 268

任务 2 样品分析 / 272
子任务 2.1 氧化还原滴定法测定水中高锰酸盐指数和化学需氧量 / 274
子任务 2.2 碱性过硫酸钾消解紫外分光光度法测定水中总氮 / 280
子任务 2.3 钼酸铵分光光度法测定水中总磷 / 283
子任务 2.4 细菌总数、总大肠菌群和粪大肠菌群的测定 / 286

任务 3 数据处理 / 293
子任务 3.1 监测数据统计计算 / 294
子任务 3.2 平行样测定结果质量控制 / 300
子任务 3.3 在线监测和手工监测数据比对 / 302
子任务 3.4 水环境监测数据异常的处理方法 / 305

项目一

水厂运行技术规程的使用

学习目标

一、知识目标

通过学习污水处理厂工艺运行、设备运行操作和运行巡检技术规程，初步掌握污水处理各单元工艺的运行操作；熟悉各单元工艺运行控制指标、运行状态分析和控制方法；掌握各工艺设备的运行参数、运行状态分析方法；掌握污水处理厂运行巡检方法和异常处理工作流程。

二、技能目标

掌握污水处理各单元工艺及设备的运行操作、状态分析和指标控制，掌握运行巡检和异常处理方法，具备基本的岗位技能。

项目综述

本项目包括三个工作任务，分别是工艺运行技术规程的使用、设备运行操作技术规程的使用、运行巡检技术规程的使用。

任务1　工艺运行技术规程的使用

扫码提问
AI技能培训助手
| 运行操作准备
| 水处理工艺
| 水质指标监测

任务目的

（1）熟悉识记工艺运行技术规程内容构成。

（2）熟悉识记工艺运行技术规程预处理单元工艺运行指标和控制方法。

（3）熟悉识记工艺运行技术规程二级处理单元工艺运行指标和控制方法。

（4）熟悉识记工艺运行技术规程三级处理单元工艺运行指标和控制方法。

专业知识

1. 技术规程

技术规程又称操作规程、作业规程，它是对工艺、操作、安装等具体技术要求和实施程序所作出的统一规定。这些规程也是标准文件的一种形式。

污水处理厂运行相关技术规程包括工艺运行技术规程、设备运行操作技术规程、运行巡检技术规程等。本任务主要介绍工艺运行技术规程。

2. 工艺运行技术规程

工艺运行技术规程是污水处理厂各单元工艺的运行操作指导文件。为加强工艺调控管理和水质管理，及时处理运行异常，保证水厂安全正常运行，以及水量、泥量、水质稳定达标，每个污水处理厂均需制订符合本厂实际工艺运行的技术规程。

任务实施

子任务1.1　工艺运行技术规程内容构成

一、任务目的

通过学习工艺运行技术规程，了解污水处理厂各单元工艺运行管理规则、安全操作规定、维护保养要求和技术指标，为运行值班做好准备。

二、准备工作

1. 实训场地

（1）远程控制：中控室。

（2）手动控制：设备安装现场。

2. 实训设备

（1）中控室上位机系统。

（2）现场进水提升系统设备。

三、方法步骤

以“污水提升泵房工艺运行技术规程”为例，说明工艺运行技术规程内容构成。

1. 运行管理

（1）根据提升泵站液位、水质的变化和工艺运行情况，调节污水处理量，保证处理效果。

（2）提升泵的备用泵应该切换运行或每月点动一次。

（3）提升泵在运行中必须严格执行巡检制度，如中控巡检或现场巡检，并符合以下规定：

- 应注意观察各种仪表显示参数是否正常、稳定。
- 水泵机组不得有异常噪声或振动。

- 正常水泵电机三相电流不平衡度不应超过额定电流的5%～10%。
- 泵房液位应保持在常液位以上，确保水泵在较高的运行液位或在水泵的高效区内运转，降低运行电耗。
- 假设处理规模10万m^3/d的污水处理厂，水泵在常液位（5.0～5.5 m）运行时，运行4台水泵，其中工频水泵3台，流量在1 150 m^3/h左右；变频水泵1台，流量在715 m^3/h左右。如果发现流量异常，则应立即上报处理。

（4）水量较多时期，进水泵房液位一般相对较高，在保证厂外管网污水无外溢的前提下，可选择开启扬程低流量大的提升泵运行；在水量较少时期，泵房液位较低，在保证厂内泵房液位无明显下降趋势的前提下，开启扬程高流量小的水泵；同时以变频水泵为辅助，调控污水厂的水力负荷。

（5）操作人员应保持泵房清洁卫生，各种器具应摆放整齐。

2. 安全操作

（1）水泵启动前，应检查泵房液位是否正常，指示灯是否正常，有无报警现象，三相电压应为380 V左右，电压不得超过其正常值的±5%，确认设备状态正常后再启动运行。

（2）当泵房突然断电或设备发生重大事故不能正常进水时，应立即向政府主管部门报告备案，紧急情况下或得到政府主管部门允许后，方可关闭进水阀门，以防酿成淹没事故。在查清事故原因前，不得擅自接通电源或修理设备。

（3）操作人员在现场操作水泵开启后应注意观察水泵运行情况，检查运行电流、声音和振动是否正常，泵井内是否有返水现象，确认水泵运行正常后方可离开。

（4）严禁频繁启动水泵。当产品技术条件无规定时，应符合下列规定：在冷态时，可启动两次，每次间隔不得小于5 min；在热态时，可启动一次。当处理事故及电动机启动时间不超过2～3 s时，可启动一次。

（5）提升泵在运行中发现下列情况时，应立即停机，并马上上报集控中心人员，发布检修任务：

- 突然发生异常声响或振动。
- 电流表指示值过高或过低。
- 泵房管线、闸阀发生大量漏水。
- 电机发生严重故障。
- 出现潜水泵渗漏、过载、升温等报警信号。

3. 维护保养

（1）严格按照《设备维护保养及其安全技术规程》，定期对提升泵进行维护保养。

（2）应定期检修泵井内液位计及其浮球保护装置。

（3）备用泵应每月至少试运转一次。

（4）每年至少清理泵井内垃圾、浮渣一次。

4．技术指标

原则上泵房的最低水位应不低于 2 m，以利于电机散热，保证安全运行要求。为确保水泵的高效率运行，降低运行电耗，水泵运行水位应控制在 4 m 以上，根据水泵的高效区间，选择适合的运行液位。

子任务 1.2　预处理单元工艺运行指标和控制方法

一、任务目的

通过学习预处理单元的工艺运行技术规程，了解粗格栅、细格栅、沉砂池工艺运行管理规则、安全操作规定、维护保养要求和技术指标，为运行值班做好准备。

二、准备工作

1．实训场地

（1）远程控制：中控室。

（2）手动控制：设备安装现场。

2．实训设备

（1）中控室上位机系统。

（2）现场粗格栅、细格栅、曝气沉砂池等预处理单元设备。

三、方法步骤

预处理单元一般包括格栅间、提升泵站、沉砂池（曝气平流式、旋流式）、除臭设施等。主要设备包括进（出）水闸门、溢流闸门、粗格栅、皮带输送机、栅渣压实机、栅渣箱、砂水分离器、砂渣箱、油脂箱、（挑箱）叉车、沉砂池吸砂泵（桥）或刮浮（油）渣机、污水提升泵、细格栅、鼓风机等。

（一）粗格栅工艺运行技术规程

1．运行管理

（1）粗格栅机应采用时间（以 60 min 为一个周期，停止 57 min，运行 3 min）、液位差

（0.3 m）设定优先控制方式，所截栅渣应及时清除。汛期应加强巡视，增加清污次数。

（2）粗格栅机运行周期应根据实际栅渣量进行适当调整，避免设备运行过于频繁或运行次数过少导致栅渣积聚过多影响格栅过水能力。

（3）粗格栅机进行清污工作时，应监视电机设备运转情况，发现故障应立即急停，上报集控班或上级领导，由集控班发布检修任务。

（4）捞出的栅渣，应每天及时进行清理，并且应定期对粗格栅四周地面进行打扫、清洗，保持工作环境的整洁。

2. 安全操作

（1）进入封闭粗格栅间前应开启通风机 10 min 以上并观察在线硫化氢仪表报警情况。粗格栅机开启前，应检查爬斗位置是否正常，钢丝绳松紧情况、有无破损，电控箱指示灯是否正常，确定设备正常后再进行开机操作。

（2）粗格栅机运行过程中，操作人员应站在安全区域，避免设备伤人，并且注意观察设备运转过程是否正常，若发现异常情况及时停机并通知维修人员进行检修。

（3）检修粗格栅时，应注意安全，并做有效的监护，防止滑跌入池中，防止硫化氢中毒。

3. 维护保养

（1）定期对钢丝绳添加润滑脂，以减小对设备的磨损。

（2）定期检查齿轮箱润滑油是否足够，有无漏油现象。

（3）定期检查粗格栅机各限位是否正常，并对限位开关进行适当调整，确保捞渣正常。

（4）每月对钢丝绳的磨损情况进行检查，绳的磨损量大于原直径的 10%，或其中的一股已经断裂时，必须及时更换。

（5）粗格栅间应保持清洁。

4. 技术指标

污水通过粗格栅的前后水位差（液位差）宜小于 0.3 m。

（二）污水提升泵房工艺运行技术规程

详见子任务 1.1。

（三）细格栅工艺运行技术规程

1. 运行管理

（1）细格栅机应采用时间（以 60 min 为一个周期，停止 52 min，运行 8 min）、液位差（0.3 m）设定优先控制方式，所截栅渣应及时清除。汛期应加强巡视，增加清污次数。

（2）细格栅机运行周期应根据实际栅渣量进行适当调整，避免设备运行过于频繁或运行次数过少导致栅渣积聚过多影响格栅过水能力。

（3）细格栅机进行清污工作时，应监视电机设备运转情况，发现故障应立即停机检查。

（4）捞出的栅渣，应每天及时进行清理，并且应定期对细格栅四周地面进行打扫、清洗，保持工作环境的整洁。

2．安全操作

（1）细格栅机开启前应检查耙齿是否破损，电控箱指示灯是否正常，确定设备正常后再进行开机操作。

（2）细格栅机运行过程中，操作人员应站在安全区域，避免设备伤人，并且注意观察设备运转过程是否正常，若发现异常情况及时停机并通知维修人员进行检修。

（3）检修细格栅机时，应注意安全并做有效的监护。

3．维护保养

（1）发现细格栅机耙齿破损时应立即更换，如发现格栅机同一方向有多个耙齿破损应马上停机查找原因并处理。

（2）定期对细格栅机链条添加润滑脂，以减少对设备的磨损。

（3）定期检查齿轮箱润滑油是否足够，有无漏油现象。

（4）细格栅间应保持清洁。

4．技术指标

污水通过细格栅的前后水位差宜小于 0.3 m。

（四）曝气沉砂池工艺规程

1．运行管理

（1）操作人员应根据进水的水量变化增减沉砂池组数，保持沉砂池污水设计流速。

（2）应根据水量和水质的变化控制沉砂池的气水比为 0.1～0.2，以有效去除进水中的油脂和无机砂粒。

（3）沉砂池应定时排砂，排砂周期根据实际砂量而调整，正常情况下运行周期为 95 min（每停止 60 min 运行一次，运行 35 min），正常砂量为每天 2 车。若砂量大于每天 2 车，则要缩短停止周期（周期为 60 min，每停止 30 min 运行一次，运行 30 min）。

（4）排出的砂粒应每天清理，砂量较多时应及时清理，不宜长时间存放。

（5）清捞出的浮渣、浮油应堆放在指定地点并及时清除。

（6）除油除砂设备应做好防潮防腐处理。

（7）每天对砂量进行统计。

（8）沉砂池每运行两年，应彻底清池检修一次。

2. 安全操作

（1）操作人员应在工作台上清捞浮渣。

（2）除油吸砂机在启动前应保证其运行轨道上无杂物，运行过程中操作人员应站在安全区域，避免设备伤人。

（3）曝气沉砂池在运行中不得随意停止供气。

（4）操作人员应定时检测室内有毒有害气体浓度是否符合国家有关标准，并注意开启轴流风机进行通风换气。

3. 维护保养

（1）除油除砂桥限位装置应每月检修一次。

（2）应保持吸砂管及排砂管通畅。

（3）定期对气提配件维护检修，确保吸砂正常。

（4）定期对砂水分离器维护检修，确保排砂正常。

（5）应保持曝气沉砂池、砂水分离器周边环境卫生。

子任务 1.3　二级处理单元工艺运行指标和控制方法

一、任务目的

通过学习二级处理单元（生化处理单元）工艺运行技术规程，了解生化处理单元工艺运行管理规则、安全操作规定、维护保养要求和技术指标，为运行值班做好准备。

二、准备工作

1. 知识准备

二级处理单元工艺包括厌氧池、缺氧池、好氧池、二次沉淀池（以下简称二沉池）等设施和搅拌推流系统、鼓风曝气系统、内外回流系统等，以下为主要控制指标。

1）硝化阶段

硝化阶段是指含氮有机物（有机氮）在有氧或无氧环境中被氨化为氨氮，该部分污水进入有氧的处理构筑物后，在亚硝酸菌和硝酸菌的作用下，转化为硝酸盐氮，为后续反硝化做准备。这里需要揭示三个概念点：一是有机氮转换为氨氮，其反应过程是较为迅速的，市政污水在其从市政管网内流向污水处理厂的过程中就在进行着氨化，所以，到了污水处理厂后，其最终转化就比较彻底了，这也为硝化提供了良好的基础。需要知道的是，氨化过程可以在有氧条件下进行，也可在无氧条件下进行。二是硝化过程是在有氧条件下进行的，也就是说，溶解氧供应不充分的话，硝化过程就会受到抑制。三是硝化菌是一群自养型好氧微生物，也就是说，这类微生物是化能自养菌，其利用无机碳化合物如 CO_2、碳酸盐等作为碳源，通过氨氮的氧化反应来获得能量，以此生长繁殖。

（1）溶解氧。为了保证好氧段的硝化过程进行彻底，需要将溶解氧（DO）控制在 2～3 mg/L。DO 低于 0.6 mg/L 时，硝化过程将受到较大抑制。活性污泥是以菌胶团形式为主存在的，而 DO 要渗透菌胶团需要一定的时间和浓度比，为此，将 DO 控制在 2～3 mg/L 是合适的，这样可以充分保证溶解氧进入菌胶团内部，保证硝化所需的 DO 供给。

（2）水温。硝化菌生长繁殖比较合适的水温是 20～28℃，通常低于 5℃时，硝化菌的活动就基本停止了，所以在冬季，其脱氮效果就会变差。和其他微生物一样，水温每降低 10℃，硝化菌的活性就降低一半左右。也就是说，20℃水温时的硝化菌活性较 10℃水温时的活性要高 1 倍左右。

（3）pH。硝化菌最佳的 pH 为 7.5～8.5，如果好氧池的 pH 低于 7.0，硝化反应将受到抑制。硝化反应降解 1 g 氨氮，需要消耗 7.14 g 碱度，也就是说，随着硝化反应的进行，好氧池的 pH 将会下降，而当 pH 下降至低于 7.0 时，硝化反应会受到抑制。为此，需要向好氧池补充碱度，以维持 pH 不低于 7.0。既然硝化反应会使好氧池 pH 降低，那么我们在实践中发现的好氧池 pH 降低是否就可以归结为硝化反应的进行呢？答案是否定的。因为随着硝化反应的进行，pH 逐渐下降，但是，当 pH 降低到一定值时，硝化反应就会被抑制而停止，所以说，废水 pH 由高到低，且 pH 小于 6.5 时，就基本可以排除硝化反应导致的 pH 降低了。

（4）底物浓度。硝化菌是自养型好氧菌，底物浓度不是其生产的必要因素，相反，底物浓度过高会导致其他异养型细菌的繁殖，而硝化菌产率降低。也就是说，自养型细菌繁殖能力低于异养型细菌。如此，硝化菌将无法进行优势生长（主要表现在异养型细菌占优势后，对溶解氧的争夺会不利于硝化菌生长），最终影响硝化反应的彻底进行。为此，有必要将食微比（F/M）控制在 0.15 以下。

（5）污泥龄。为了保证好氧系统的微生物中有足够的硝化菌，需要增加硝化菌的繁殖数量，为此，虽然硝化菌的繁殖周期在 3 d 左右，但是为了提高硝化菌的浓度，通常将污泥龄控制在 10 d 左右。

2）反硝化阶段

反硝化阶段承接硝化段的产物硝酸盐氮，进行反硝化反应，使硝酸盐氮转化为氮气等排出水体，最终实现脱氮处理。反硝化也同样有很多控制参数，并且有些控制参数还与硝化以及除磷等有牵制和互补。

（1）pH。反硝化过程合适的 pH 为 6.5～7.5。pH 控制不得当，将影响反硝化细菌的生长速率及反硝化酶的活性。硝化反应进行时，会产生碱度（1 g 硝酸盐氮转换产生的碱度约为 3.57 g），这对缓冲废水 pH 变化是有帮助的，同时，硝化段是会消耗碱度的，为此，将反硝化后的废水流入好氧段将补充好氧池硝化过程所需的一部分碱度。

（2）水温。反硝化菌与硝化菌对水温的要求基本相同，耐受偏高水温比硝化菌强。一般水温在 20～40℃，反硝化菌代谢正常。正如冬季废水处理系统处理效率普遍不高一样，硝化菌和反硝化菌在冬季水温低于 10℃后，处理效率普遍较低。另外，反硝化菌在低水温下的处理效率还与硝酸盐的浓度有关，硝酸盐浓度越高，对温度要求就越高，反之，则水温要求将降低。

（3）底物浓度。底物浓度对反硝化的进行至关重要，一般情况下，$BOD_5/TKN>4.0$，否则需要补充底物，即需要外加碳源，如工业甲醇等。应该说底物越充分，反硝化反应就越彻底。对于不同的碳源，反硝化速率也不同，一般来说，有机物越简单，越容易分解的话，反硝化速率越高，反之，反硝化速率越低。所以在反硝化池（缺氧池）前段设置的厌氧池内发生的水解酸化等反应，可以提供易于被硝化菌利用的挥发性脂肪酸，由此促进其反硝化的速率，提高脱氮效果。

（4）溶解氧。反硝化的进行需要严格控制 DO，一般控制 DO 小于 0.5 mg/L，因为反硝化菌是兼性菌，在有氧和无氧条件下皆可生存。而我们要利用的是反硝化菌的无氧代谢，用以去除废水中的硝酸盐氮。如果存在 DO，则反硝化菌会停止无氧代谢，转而进行有氧代谢以获取更高的能量。

（5）回流比。A^2/O 工艺中的回流分为内回流和外回流。内回流主要针对的是反硝化，所以回流的目的地是缺氧池；外回流主要目的是补充活性污泥和除磷。内回流一般控制较大，在 200%～400%，其回流比的大小取决于脱氮的效果，由于内回流的维持需要消耗较多的动力，为此，回流比控制可以根据脱氮效果逐步降低，以获取合适的回流比。

外回流一般控制在 50%～100%，由于外回流还关系到聚磷菌进入厌氧段后的释磷过程，因此，进入厌氧段的回流液需要尽量降低硝酸盐氮的含量，否则，会出现反硝化菌和聚磷菌对碳源的争夺，导致聚磷菌处于不利地位而影响除磷效果。为此，常用的做法是将外回流的污泥一部分回流到厌氧池，另一部分回流到缺氧池，这样进入厌氧池的硝酸盐氮就降低了。回流到厌氧池和缺氧池的外回流污泥比例可根据进水中氮、磷的比例自我尝试调控，原则上，进入厌氧池的外回流混合液在 30%左右就可以满足除磷要求了。

3）除磷阶段

废水中磷的去除，必须依赖于排泥，因为聚磷菌在好氧段吸附了大量磷，如果不能通过排泥的方式将其脱离出系统，则磷始终在系统内，要么继续循环回流，要么随放流水排出系统。所以，很多水体被磷污染后，处理起来不像脱氮那样容易。下面就除磷工艺中的各控制参数加以阐述，以便初步掌握除磷的各工艺参数概念及要点。

（1）DO。厌氧池作为聚磷菌释磷的场所，需要严格控制DO的存在，通常需要控制DO小于0.2 mg/L，否则过高的DO会抑制厌氧段内厌氧菌的发酵产酸作用，并且已产生的低级脂肪酸也会被迅速氧化分解，这样一来，这部分易分解有机质的缺失势必会导致聚磷菌释磷的不充分，其结果是该部分聚磷菌进入好氧段后也就无法充分吸磷了，这对除磷是不利的。与此相反，在好氧段内，对聚磷菌来说，需要足够的DO，用以满足聚磷菌对存储于体内的聚β-羟基丁酸（PHB）加以降解，并且依靠此过程释放的能量进行有效吸磷。因此，好氧段的DO要求大于2.0 mg/L。

（2）pH。聚磷菌对pH的要求，较硝化菌而言要宽松些，通常控制在6.5～8.0。

（3）水温。就聚磷菌来说，其对水温的要求不高，但聚磷菌除磷效果的好坏还与其他因素有关，在水温偏低的冬季仍然会发现除磷效率不高的情况，比如，聚磷菌释磷所需的低级脂肪酸在冬季产率不足等。通常认为水温在8～30℃时聚磷菌对除磷的效果波动不大。

（4）底物浓度。底物浓度的高低影响聚磷菌对PHB的合成，也就是说，是否有足够的底物浓度关系到聚磷菌的生长繁殖。越是低分子的低级脂肪酸越是能被聚磷菌吸收，这样聚磷菌的释磷也就更加充分了。通常认为$BOD_5/TP>25$时，就可以基本满足聚磷菌对底物浓度的需求了。

（5）污泥龄。好氧段为了达到较好的除磷效果，污泥龄一般控制在5～10 d，而硝化菌世代周期较长，需要提高污泥龄，以便使硝化菌占优势，一般需要控制硝化菌的污泥龄在15 d以上。这里就存在矛盾，也就是说，除磷需要较低的污泥龄，硝化又需要较长的污泥龄，如何加以平衡呢？一般认为取污泥龄在15～20 d时，能够兼顾脱氮除磷两方面的要求。

2．实训场地

（1）远程控制：中控室。

（2）手动控制：设备安装现场。

3．实训设备

（1）中控室上位机系统。

（2）现场生化池、鼓风曝气系统、二沉池等。

三、方法步骤

（一）生化池运行技术规程

1. 运行管理

（1）根据进水量及水质情况合理调节水解池和缺氧池的进水量，使各池均匀进水，确保生化池的处理效果。系统的配水控制方式：进水水质浓度在标准范围内且水质无异常，缺氧区进水阀门（DN700 阀门）开启 12%～15%，确保水解池能正常运作。若进水出现异常（异常颜色、异常 pH、高浓度等），缺氧区进水阀门全关闭，利用水解池缓冲水质，减缓异常污水对系统的冲击。

（2）通过调整污泥负荷、污泥龄或污泥浓度等方式进行工艺控制。

（3）水解池对污水有沉淀、降解高分子有机物和对异常水质有调节缓冲的作用，应定期对水解池布水孔进行疏通和清除水解池沉淀污泥，避免影响水解池的过水能力。

（4）缺氧池 DO 控制在 0.2～0.5 mg/L 为宜，氧化还原电位（ORP）在−200～−100 mV，有利于反硝化反应的进行。

（5）曝气池出口处的 DO 应该控制在 1.5～2.0 mg/L，应视活性污泥系统的有机负荷、污泥龄、硝化及反硝化程度、污泥回流比和生物除磷要求等因素合理调整。

（6）二沉池污泥外回流量，可根据沉降比、混合液污泥浓度、生物脱氮除磷要求来确定。生化池内回流比应根据生物处理系统的脱氮效率来确定，内回流量可通过开启内回流泵控制。

（7）二沉池剩余污泥排放量应根据进水水质、混合液污泥浓度、污泥龄及生物脱氮及除磷要求、污泥异常情况等因素确定。

（8）应经常观察活性污泥生物相、上清液透明度、污泥颜色、状态、气味等，并定时测定反映污泥特性的有关项目（SV30、MLSS、MLVSS 等），判断污泥活性状况，并对运行工艺作出相应调整。

（9）因水温、水质或曝气池运行方式变化引起的污泥膨胀、污泥解体、生物泡沫、生物浮渣、二沉池污泥上浮等不正常现象，应分析原因，并针对具体情况调整系统运行工况，采取适当的措施恢复生化系统的正常运转。

（10）当曝气池水温低时（低于 16℃），应采取提高污泥浓度，延长污泥龄或其他方法保证污水处理效果。

（11）操作人员要经常排放曝气器空气管路中的存水，观察管路是否带泥，放完后，应立即关闭放水阀门。如发现水带泥，说明曝气管路或曝气膜片可能存在破损。曝气系统应连续运行，防止污泥继续渗入曝气管路系统，并尽快安排清池检修。

（12）操作人员应注意观察底部微孔系统堵塞情况，并分析堵塞原因。①如为内部堵塞，应检查鼓风机进风过滤系统是否正常以及曝气膜片及管路的破损情况，若为鼓风机进风过滤系统造成的膜片堵塞，应及时清洗鼓风机或更换空气过滤棉；若为曝气膜片及管路破损造成的堵塞，应找到破损部位及时检修。②如为外部堵塞应分析进水钙镁离子含量，并检查曝气系统强度是否正常。③如因结垢造成堵塞，可采取甲酸清洗的方法来解决。④如因曝气强度不足造成堵塞，应通过合理调整曝气强度来解决。

（13）当出水总磷浓度未达到排放要求时，应辅以化学除磷方式，除磷药剂的种类、剂量、投加点宜根据水中磷的性质通过试验确定。常用的除磷药剂有聚合氯化铝（PAC）、聚合氯化铝铁（PAFC）等。

（14）出水指标有生物脱氮要求时，进水中的五日生化需氧量（BOD_5）与总凯氏氮（TKN）之比（BOD_5/TKN）应大于4，当碳源不足时可添加碳源，如可投加酒糟废水代替碳源药剂，添加量应根据计算或试验确定。以甲醇为补充碳源时，碳源的投加量可参照下式确定：

$$\text{甲醇投加量} = 2.5 \times (\text{TKN}_{\text{进水}} - 0.25\text{BOD}_{5\,\text{进水}}) \times Q_{\text{进水}}$$

2. 安全操作

（1）外来人员和非生产人员未经允许不得上池。

（2）观察曝气池曝气情况时，应从旁边推开阳光板，避免从中间推开，防止跌落；或从其他预留口观察。

（3）对生化池上的在线检测仪表（如DO仪、MLSS仪）探头进行清洗校核、拆解和安装探头时，注意做好安全措施，防止跌落。

（4）在进入水解池地下管廊井作业前，必须对井内气体进行检测，达到有限空间作业相关要求后方可入内。

（5）遇到雷雨天气时，尽量避免在生化池上进行巡视或作业，防止雷击伤人。

3. 维护保养

应每2～4年放空并清理曝气池一次，清洗曝气头并检查曝气管路的安装固定情况，必要时进行维修或更换。对曝气不均导致生化池沉积的部位，应彻底清理并分析原因。

4. 技术指标

A^2/O工艺正常运行参数应符合表1.3-1的规定。

表 1.3-1 A^2/O 工艺正常运行参数

生化池工艺	厌氧时间/h	缺氧时间/h	好氧时间/h	污泥负荷/［$kgBOD_5$/（kgMLSS·d）］	污泥浓度/（g/L）	污泥龄/d	外回流比/%	内回流比/%
A^2/O	1～2	7～8	8～12	0.05～0.1	3.5～6.5	15～30	50～100	100～400

（二）鼓风机房工艺规程

1．运行管理

（1）应根据曝气池氧的需要量，及时调节鼓风机的运行风量。

（2）长期不使用的风机，应关闭进、出气阀；备用鼓风机应每周至少运行一次。长期备用应至少每月运行一次，以防止叶轮、轴承锈蚀。

（3）鼓风机房及其通风廊道内应保持清洁。

（4）鼓风机工作时，应有适当的措施，防止风机发生喘振。

（5）注意检查鼓风机进风过滤阻值情况，过滤阻值超过 1.5 kPa 时必须上报，联系维保人员对鼓风机过滤棉进行清洁或更换过滤棉。

（6）定期对通风廊道自动卷帘空气过滤机进行检查，确保设备正常运行，过滤棉充足。

2．安全操作

（1）清扫通风廊道、更换鼓风机过滤棉时，应在停机情况下进行。

（2）启动鼓风机前应检查确认进、出气阀是否打开，鼓风机设定的开机风量是否在允许范围内；鼓风机启动后，注意观察放空阀启闭是否正常，鼓风机运行工况点在曲线图上的位置是否正常。

（3）运行人员每次进行现场巡视或集控巡视时，应注意观察鼓风机过滤阻力损失值、风压、鼓风机振动情况、配电箱是否关闭完好、入口温度等；鼓风机在运行中，遇到异常情况不能排除时，应立即停机。

（4）定期检查通风廊道自动卷帘空气过滤机是否根据设定的前后压力差限值自动更换过滤棉，并且确保过滤棉充足。

（5）应保持出风管道保温层完好，防止灼伤。

3．维护保养

（1）通风廊道和鼓风机房每月应至少清扫一次，减少灰尘对风机运行的影响。

（2）鼓风机过滤阻值超过设备设定值 1.5 kPa 时，应清理或更换风机过滤棉。

（3）定期对鼓风机内部进行清洁吸尘，保持内部洁净、干燥。

（4）定期对各传感器金属探头进行清洁，避免探头老化影响检测数据。

（三）二沉池工艺规程

1. 运行管理

（1）操作人员根据进水量的变化调节各池进水量，使之均匀配水。

（2）二沉池的污泥正常情况下应连续回流并定期均匀排放剩余污泥。

（3）二沉池泥位应控制在 1.0 m 以内，池内 DO 宜控制在 0.8～1.2 mg/L。

（4）每周对二沉池进水渠的浮渣（泥）进行清理。

（5）每半个月对出水渠和堰口的青苔及沉积的污泥进行清理。

（6）严禁进水渠泥水溢出至出水集水渠中。

2. 安全操作

（1）外来人员和非生产人员未经允许不得进入二沉池工作区域。

（2）定期检查二沉池格栅板走道和栏杆的稳固性，确保进行清渣工作时的安全。

（3）应定期检查吸刮泥机前端扫刷的完好情况，清扫刷与堰板的间隙不大于 10 mm。

（4）在进行巡检工作时，尽量在安装有栏杆和格板栅走道的一段行走，防止人员跌落。

3. 维护保养

（1）二沉池停止运行时，每周应启动吸刮泥机运行一圈。

（2）应定期检修吸刮泥机的行走机构。

（3）应定期检修中心岛集电环，并做好中心轴承的润滑保养。

（4）每两年应放空清池、清理吸刮泥机进泥孔处的垃圾，调节吸刮泥机池底刮板与池底的间距，检查支架各连接点螺栓的腐蚀情况，必要时予以维修或更换。

（5）应定期检查二沉池出水堰板及浮渣挡板固定及连接螺栓的腐蚀情况，必要时予以维修或更换。

4. 技术指标

周进周出二沉池的正常运行参数应符合表 1.3-2 的规定。

表 1.3-2 周进周出二沉池的正常运行参数

表面负荷/［m^3/（m^2·h）］	停留时间/h	污泥含水率/%
1.0～1.2	3.0～4.0	99.2～99.6

子任务 1.4　三级处理单元工艺运行指标和控制方法

一、任务目的

通过学习三级处理单元（高效沉淀池、活性砂滤池、紫外消毒系统）工艺运行技术规程，了解深度处理单元工艺运行管理规则、安全操作规定、维护保养要求和注意事项，为运行值班做好准备。

二、准备工作

1. 知识准备

污水三级处理是将二级处理出水再进一步进行物理、化学和生物处理，以便有效去除污水中各种不同性质的杂质，从而满足用户对水质的使用要求。三级处理的方法包括砂滤、混凝、微滤、反渗透、电渗析、离子交换、消毒、活性炭吸附、脱氮除磷等。高效沉淀池工作原理和结构详见初级教材“子任务 2.2　污水处理厂主要单元工艺运行参数和控制指标”。下面介绍活性砂滤池的工艺运行方法。

1）活性砂滤池工作原理

活性砂滤池过滤工艺是基于逆流原理，原水通过进水管由上至下进入过滤器内部，经布水器均匀分配后向上升流，通过滤料层完成过滤，过滤液在过滤器上部聚集，经过溢流堰外排到清水渠。在此过程中，原水被过滤，水中的污染物含量降低，同时石英砂中污染物的含量增加，并且下层滤料的污染物含量高于上层滤料。在过滤的同时，空压机供气给空气控制柜，空气控制柜配气给位于过滤器中下部的空气提升泵，在空气提升泵的作用下将底层截留有污染物的石英砂提升至过滤器顶部的洗砂器中清洗，砂粒清洗后返回滤床，同时将清洗所产生的污染物经冲洗水排放管外排。在这个过程中，由于底部的砂粒不停地被空气提升泵送到顶部的洗砂器清洗，所以，在过滤器内，滤芯外的砂粒是下沉的，原水经布水器释放后是上升的，因此砂粒和过滤水的流向是相对的、逆向的。活性砂滤池结构及原理见图 1.4-1，洗砂器结构及原理见图 1.4-2。

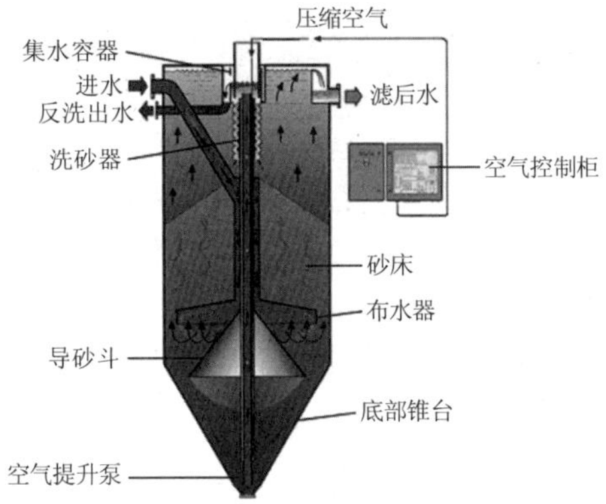

图 1.4-1 活性砂滤池结构及原理

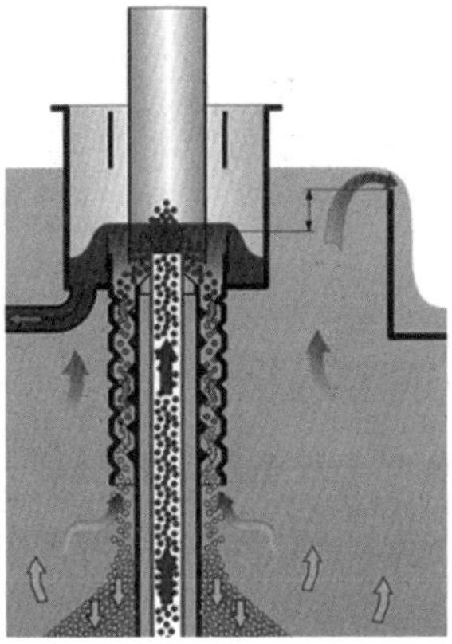

图 1.4-2 洗砂器结构及原理

2）砂滤池控制要点及调控方法

合理控制滤速、气量，使砂速维持在一定范围内，避免砂流失，同时提高 SS 去除率。

2. 实训场地

（1）远程控制：中控室。

（2）手动控制：设备安装现场。

3. 实训设备

（1）中控室上位机系统。

（2）现场高效沉淀池、活性砂滤池、紫外消毒系统等。

三、方法步骤

（一）高效沉淀池工艺规程

1. 运行管理

（1）根据进水量及水质情况合理调节高效沉淀池的进水量，使各池均匀进水，确保沉淀效果。

（2）通过投加絮凝剂（投加量 0.3～0.7 mg/L）、混凝剂（投加量 30～70 mg/L）的方式进行工艺控制，根据进水浓度、化验分析数据浓度、现场感官情况来调整。

（3）高效沉淀池污泥回流量，一般设计为 5%～8%，可根据高效沉淀池的泥位（一般控制在 0.7 m）控制污泥的排放量。

2. 安全操作

（1）外来人员和非生产人员未经允许不得进入高效沉淀池工作区域。

（2）观察水质情况时，注意防止跌落。

（3）遇到雷雨天气时，尽量避免巡视或作业，防止雷击伤人。

3．维护保养

应每 2～4 年放空进行维修或检查。刮板不均导致池内沉积的部位，应彻底清理并分析原因。

（二）砂滤池运行技术规程

1．运行管理

砂滤池运行的总体控制原则是：控制合理的滤速、气量，使砂速维持在一定范围内，避免砂流失，同时提高 SS 去除率。

1）滤料选择与补给

滤料首选石英砂，粒径选型 1～2 mm，粒径过小会导致洗砂量太大，洗砂水量不足，洗砂不干净，影响运行效果；粒径过大会导致提砂困难，影响过滤器正常运行，应定期对以下指标进行检测：

（1）每月检测一次砂床高度，如有效砂床低于设计深度，需先对滤料粒径和均匀系数进行检测，综合考虑进行筛砂和补砂；

（2）每月检测滤池内及积砂井移除的滤料粒径和均匀系数，粒径 30%以上低于设计粒径，建议对滤砂进行筛选并进行补砂。

2）滤速控制

滤速由过水流量和堵塞程度决定，过水量太大会导致水力负荷过大，滤层水砂比变大，滤料间孔隙率提高，滤层稳定性受到影响，过滤器出水效果变差，最大水力负荷应控制在 12 m^3/（m^2·h）以下，因此需要均匀控制每组滤池进水量。另外，水质变差会增加滤池过滤阻力，一般滤阻变大后废水量会比正常进水时的要大，此时应增加气量加大冲洗强度，同时需要定期测量滤池反冲洗废水量及水质。

3）气量控制

气量的控制决定砂床循环速率（循环周期一般在 4～6 h），运行过程中，气量过小，会使提砂量不足，底层砂子不能得到有效清洗，污染物富集在底部导致砂床受到污染，影响处理效率；气量太大，会使提砂量太大，砂子清洗不彻底，导致出水受到影响。一般将单个过滤器的气量控制在 0.10～0.15 m^3/（m^2·h），气压为 0.4 MPa。

4）砂速控制

砂速决定砂床循环速率，在一定过滤面积下，砂速一般控制在 7～9 mm/min；如果砂速过大则说明水量变小或气量过大，将会造成废水比增加和能源浪费，应该降低气量；如果砂速过小则说明水量变大、活性砂板结或粒径变小，应调高气量或者检查活性砂板结情况及粒径大小。

5）洗砂水量的控制

洗砂水量的大小直接影响砂滤出水质量，当进水流量为满负荷时，一般洗砂水控制在进水流量的 5%～8%，具体情况根据进水固体负荷率确定。洗砂水的量由洗砂器内外（砂滤出水液面和洗砂器内洗砂水液面的高度差）液面差决定，液面差由洗砂器废水出水堰板控制。液面差控制在 5 cm 以内为宜。

6）冲洗水量/提砂量

冲洗水量/提砂量是一个综合指标，该指标可以有效控制活性砂滤池的稳定性，在气量、砂速、废水量在正常范围内的前提下将该指标控制在 1.5～2.0，活性砂将会保持一个良好的运转状态。

2．注意事项

（1）在进水中不能含有大于 1 cm 的颗粒物，如塑料碎片等杂物，如果水中存在这些物质，则在砂滤器的上游需要安装过滤器或筛网。

（2）进水总悬浮物不宜超过 20 mg/L，当前段工艺出现污泥膨胀、生物浮渣时，会直接影响砂滤出水效果，甚至导致砂滤系统堵塞和砂床板结。

（3）为提高砂滤系统对废水 SS 的去除效果，辅助投加聚合氯化铁（除磷）或 PAC 混凝剂，但禁止投加聚丙烯酰胺（PAM）助凝剂，以防止砂板结。

（4）禁止污泥脱水机水直接进入砂滤系统。

（三）紫外消毒系统运行技术规程

1．运行管理

（1）为保证水中粪大肠菌群数达标，出水悬浮物应控制在 6 mg/L 以下，紫外消毒设备在峰值流量和紫外灯寿命终点前，考虑紫外灯套管结垢影响后所能达到的紫外线有效剂量不应低于 20 mJ/cm^2。

（2）根据紫外线消毒装置实际的杀菌效果，可通过适当调节灯管运行数量来调节紫外线有效剂量（或光强度），在确保出水水质稳定达标的情况下降低设备运行电耗。

（3）紫外线石英套管宜根据水质情况、石英套管受污染状况，及时调整清洗模式和清洗次数。

（4）应尽可能减少紫外灯管的开关次数，以延长灯管使用寿命。

（5）紫外线消毒设备杀菌效果达不到要求或设备故障、清洗等无法启用时，可临时投加次氯酸钠药剂进行消毒，以防出水水质超标。

2．安全操作

（1）严禁用肉眼裸视工作中的紫外线灯管，以防眼睛受紫外线伤害。

（2）所有操作维护都必须戴上防紫外线眼镜才能进行。

（3）设备灯源模块及控制架必须严格接地，严防触电事故。

（4）通电前必须盖好防护盖板。

（5）严禁灯管在空气中点亮，以免对设备和人造成伤害。

（6）在使用酸性溶液清洗灯套管时，应戴上防护手套和口罩，避免接触皮肤；在擦洗灯管时应用力均匀、适中，避免用力过猛损坏灯管。

（7）在拆装灯管时应注意密封胶圈是否破损，紧固灯管固定螺栓，以防渗水烧坏灯管。

（8）投加次氯酸钠辅助消毒时，应做自身防护，以防伤害身体。

3. 维护保养

（1）进行维修设备或模块吊出水面前必须把主电源切断。

（2）根据紫外线强度的变化、灯套管结垢情况，确定消毒模块的化学清洗频率，一般为 2～3 个月清洗一次，可根据实际情况适当调整时间，化学清洗液宜为浓度 5%的有机弱酸溶液。

（3）消毒模块每次拆装后均应进行系统的水密性试验，检查通过后才允许投入运行。

（4）定期在灯管清洗系统运转部位添加润滑油，检查清洗环磨损情况，并及时进行更换。

任务小结

通过学习各个工艺段的工艺运行技术规程，掌握了常见的预处理、二级、三级污水处理单元工艺运行指标和控制方法；了解了各个处理单元的运行管理、安全操作、维护保养、技术指标等。

任务练习

（1）什么是工艺运行技术规程？

（2）预处理单元工艺一般包括哪些？

（3）二级处理单元工艺一般包括哪些？

（4）三级处理单元工艺一般包括哪些？

任务 2　设备运行操作技术规程的使用

任务目的

（1）熟悉污水处理厂设备运行操作技术规程的构成。

（2）熟悉主要设备的现场手动操作和远程自动操作规程。

（3）熟悉设备异常报警及分析处理规程。

专业知识

设备运行操作技术规程详细规定了每种型号设备的运行操作内容和安全保障措施，并按照设备用途进行了分类。本规程包括以下内容：

（1）设备用途：简要描述该设备在工艺运行中的作用。

（2）工作原理：简要说明该设备的工作原理和组成部件。

（3）结构和性能：说明设备结构、性能及其控制系统的主要参数。

（4）开机前准备工作：为保证设备安全启动和运行，在开机前所做的检查准备工作。

（5）操作步骤：在各种控制方式下的设备开机、停机程序。

（6）操作安全注意事项及异常情况处理：设备操作应注意的问题，以及出现异常时的应急处理方法。

任务实施

子任务 2.1　设备运行操作技术规程的构成

一、任务目的

通过学习设备运行操作技术规程，掌握污水处理厂各类设备运行操作步骤和安全注意事项，具备远程、现场操作设备的能力。

二、准备工作

1. 知识准备

污水处理厂设备运行操作技术规程。

2. 实训场地

（1）远程控制：中控室。

（2）手动控制：设备安装现场。

3. 实训设备

（1）中控室上位机系统。

（2）进水提升泵及电控箱。

三、方法步骤

以“进水提升泵运行操作技术规程”为例，说明设备运行操作技术规程的构成。

1. 设备用途

进水经粗格栅处理后进入提升泵房，再经提升泵提升后进入细格栅间。

2. 工作原理

污水处理厂进水提升泵一般选用潜污泵，潜污泵由电动机和泵两部分组成，工作时泵的叶轮在电动机的带动下高速旋转，充满于叶轮的水被高速甩出进入压力低的出口方向，被甩出的水在出口段完成泵的能量转换，由于压出段流道的结构特点，使水的动能降低、压力升高，水在压力的作用下完成输送。

3. 结构和性能

进水提升泵结构见图 2.1-1，由电动机、水泵以及导轨、耦合器、底座、出水管等安装附件构成，并配套电控箱见图 2.1-2。

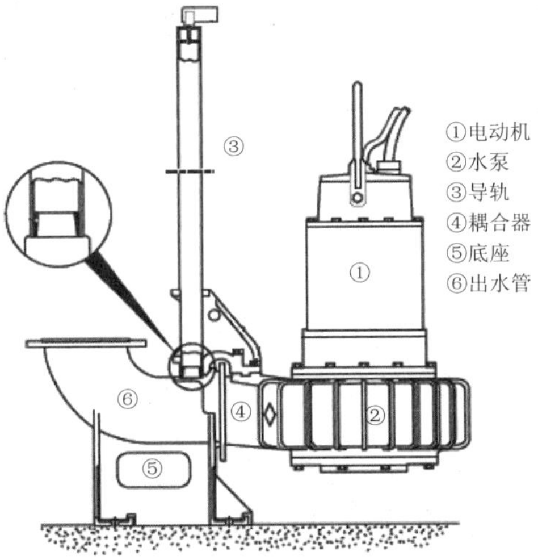

图 2.1-1　进水提升泵结构

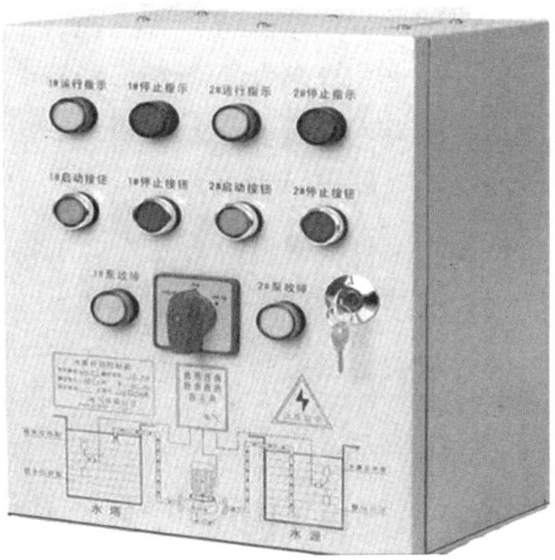

图 2.1-2　电控箱

提升泵性能参数包括流量、扬程以及电动机电压、电流、功率等。

配套电控箱包括水泵保护器、“手动/远控”转换开关、“开/停”按钮和指示灯等。

4. 开机前准备工作

（1）检查水泵导轨是否牢固，吊链是否完好，悬挂是否牢固。

（2）检查进水闸门是否打开，水位是否高于最低水位。

（3）检查现场电控箱、电源线、控制线、接地线是否完好。

（4）检查电控箱电源指示是否正常。

5. 操作步骤

1）就地模式

（1）将控制柜内的转换开关扳至“手动”位置。

（2）按“启动/停止”按钮可就地分别启动、停止水泵。

2）远程模式

（1）将转换开关扳至“远控”位置。

（2）在中控室电脑上手动点击“启动/停止”按钮分别启动、停止水泵。

四、注意事项

（1）操作前，首先检查水泵控制柜是否已送电，并处于待机状态。非电工或未经电气培训的运行人员严禁打开电控箱门操作送电开关。

（2）吊链和导向绳只能用于起吊相应的泵组，不能用于起吊其他重物。严禁使用电机电缆起吊泵组。

（3）泵不允许长期干运转。检查叶轮转向时可瞬时干运转，但应注意不能把手或任何物体放入泵内。

（4）未切断电源不得移动水泵。不得频繁开启、关闭水泵（轻载每小时启动次数不得超过 6 次；重载每小时启动次数不得超过 4 次）。

（5）水泵保护器内部均为电子线路，不能用兆欧表测量其监测电阻。

（6）水泵出现振动、噪声、流量、压力、电流异常时，应停泵并通知维修人员。

子任务 2.2　设备的现场手动操作规程

一、任务目的

掌握现场手动开/停设备操作步骤和安全注意事项。

二、准备工作

1. 知识准备

污水处理厂设备运行操作技术规程。

2. 实训场地

手动控制：格栅、水泵、风机、搅拌器、紫外消毒装置设备安装现场。

3. 实训设备

（1）格栅、水泵、风机、搅拌器、紫外消毒装置。

（2）设备电控箱。

三、方法步骤

（一）格栅机类

1. 开机前准备工作

（1）检查各部位螺栓是否紧固。

（2）检查电源线、控制线、接地线是否完好。

（3）检查调整链条的松紧程度。

（4）检查各润滑点是否缺油。

（5）点动检查转向是否正确，转动是否灵活，有无过载现象，耙齿与栅条配合是否正常。

（6）装好安全罩。

2. 操作步骤

1）开机

（1）打开前后闸门，按下“启动”按钮，格栅开始运转。

（2）运行中注意观察齿耙、链条转动是否灵活，是否有异常声音。

（3）注意扒渣效果是否良好，并及时清理耙齿上的垃圾。

（4）观察电机噪声、电流是否正常；减速机是否漏油。

2）停机

（1）按下“停止”按钮，格栅停止运行，紧急情况下可按“急停”按钮停机。

（2）将皮带输送机上栅渣清理干净。

（二）水泵类

1. 开机前准备工作

（1）检查水泵导轨是否牢固，吊链是否完好，悬挂是否牢固。

（2）检查进水闸门是否打开，水位是否高于最低水位。

（3）检查现场控制箱、电源线、控制线、接地线是否完好。

（4）检查控制箱电源指示是否正常。

2. 操作步骤

（1）将控制柜内的转换开关扳到“手动”位置。

（2）按“开/停”按钮可就地分别启动、停止水泵。

（三）风机类

1. 开机前准备工作

（1）开机前应全面检查确认机组的电路、气路和安全控制系统处于正常待机状态。

（2）检查管道是否通畅、管道上相应的阀门开启或关闭的位置是否正确。

（3）检查风机进风口及周围环境是否干净，应无灰尘及障碍物等。

（4）检查各连接件螺丝是否紧固、有无松动。

2．操作步骤

1）开机

（1）设置好一定的风量。

（2）检查进风阀有没有打开。

（3）没有报警或急停开关动作。

（4）按操作屏显示点击启动按钮，此时“Run”指示灯亮。

2）停机

（1）在正常情况下，通过操作面板自动停止鼓风机，此时“Run”指示灯灭，“Ready”指示灯亮。

（2）紧急停机按钮只有在危险将要发生或已经发生的情况下才可使用。

（四）搅拌器类

1．开机前准备工作

（1）检查搅拌器导轨是否牢固，吊链是否完好，悬挂是否牢固。

（2）检查池内水位是否正常。

（3）检查现场控制箱、电源线、控制线、接地线是否完好。

（4）检查控制箱电源指示是否正常。

2．操作步骤

（1）将现场控制箱的转换开关扳到“手动”位置。

（2）按“开/停”按钮可就地分别启动、停止搅拌器。

（五）紫外消毒装置

1．开机前准备工作

（1）确定电源是否稳定。

（2）紫外灯消毒渠水位是否足够高。

（3）镇流器工作是否正常。

（4）逐个开启各排架消毒灯管，一次开启过多会导致电压不稳定，使灯管烧毁。

2．操作步骤

（1）将现场控制面板的转换开关扳到“手动”位置。

（2）按“开/停”按钮就地分别启动、停止紫外消毒装置模块。

四、注意事项

（1）开机前做好准备工作，才能通电。

（2）电控箱柜门关闭后，才能操作面板按钮。

（3）启动前再次检查确认没有妨碍设备运行的物品。

子任务 2.3　设备的远程自动操作规程

一、任务目的

掌握设备远程开/停和自动运行的操作步骤以及安全注意事项。

二、准备工作

1. 知识准备

水厂设备运行操作技术规程。

2. 实训场地

中控室。

3. 实训设备

中控室上位机系统。

三、方法步骤

以“进水提升泵远程开/停”为例，说明设备的远程、自动操作规程。

1. 开机前准备工作

（1）打开上位机进水提升泵操作界面（图 2.3-1）。

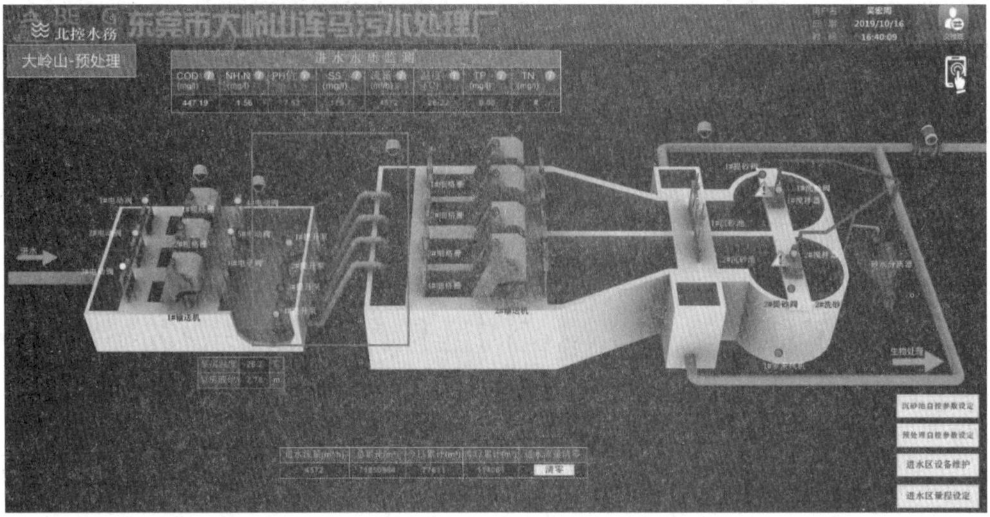

图 2.3-1　进水提升泵操作界面

（2）检查监控面板“远程”灯亮，表示电控箱转换开关在“远程”位置。

（3）检查“故障”报警指示灯不亮。实际操作中，可在图 2.3-2 所示界面查看。

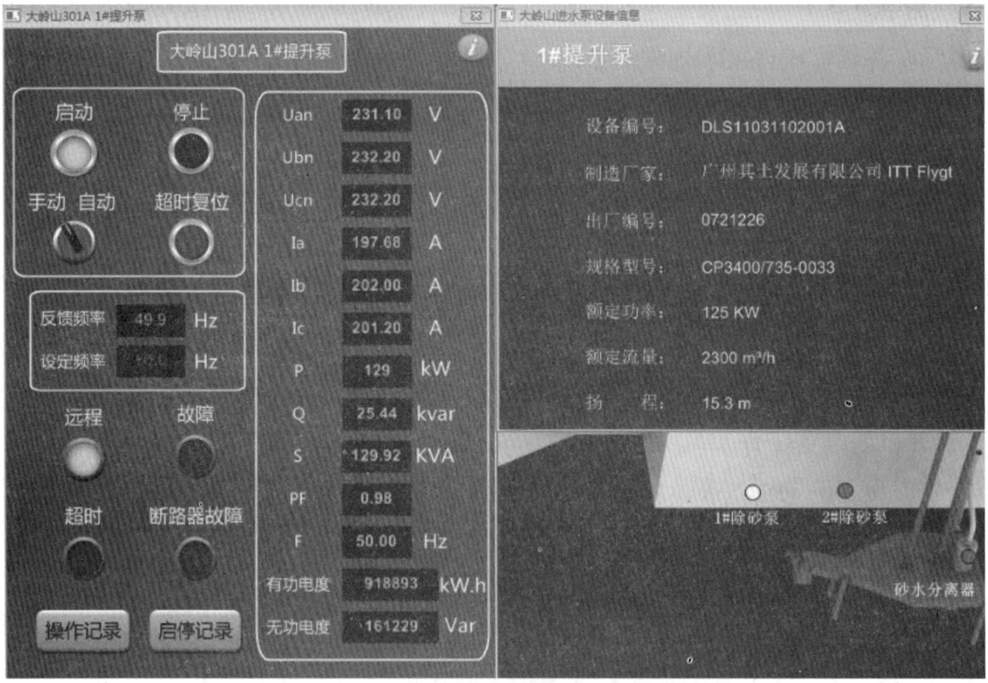

图 2.3-2　进水提升泵故障查看界面

2．操作步骤

监控面板转换开关有“手动/自动”两个位置，如扳到“手动”位置，表示处于“远程手动”模式，操作人员通过中控室上位机操作界面对水泵进行启停控制。

1）远程手动

（1）手动点击“启动”按钮启动水泵。“启动”绿灯亮，电流、电压、功率等运行参数发生变化。

（2）水泵启动后可通过调整监控面板设定频率，调节水泵转速，达到调节流量的目的。

（3）手动点击“停止”按钮停止水泵。“启动”绿灯灭，“停止”红灯亮，电流、功率下降到零。

2）远程自动

（1）通过运行参数设置界面，设置为“恒水位”或“恒流量”两种运行模式之一，分别输入水位、流量设定值。

（2）监控面板转换开关打到“自动”位置，表示处于“远程自动”模式。

（3）按照设置水泵机组处于“恒水位”或“恒流量”运行模式自动运行。

四、注意事项

（1）远程启动前应确保设备电控系统处于遥控待机状态。

（2）远程启动超时不成功时，应立即作为异常情况通知巡检人员或维修人员现场检查，严禁频繁点击“启动”按钮。

子任务 2.4　设备异常报警及分析处理规程

一、任务目的

发生设备异常或故障报警时，能以最快的速度准确分析判断、有序地实施应急处理。

二、准备工作

1．知识准备

通过污水处理厂设备维修技术规程，学习、熟悉设备故障现象、故障原因、故障处理方法。

2．实训场地

（1）中控室。

（2）粗格栅设备现场。

3．实训设备

（1）中控室上位机系统。

（2）粗格栅。

三、方法步骤

1．设备异常报警

图 2.4-1 为上位机监控首页画面，按照设备故障后对生产的影响程度，设备异常报警分为三级，最高级为一级报警。报警等级不同，显示方式不同，当设备三级报警时，状态图标“①”显示黄色的“故障”图标，同时在“②”报警信息窗口显示报警设备名称、报警时间及报警内容；当设备二级报警时，状态图标“①”显示黄色的“故障”图标，同时在“②”报警信息窗口显示报警设备名称、报警时间及报警内容，并发出“嗡嗡”的报警声音；当设备一级报警时，在显示二级报警内容的基础上，系统弹出红色告警信息窗，如图 2.4-1 所示的“常平 PLC6 通讯异常”。

图 2.4-1　监控首页画面

2．上位机报警界面

通过上位机报警界面，可以实时看到所有设备故障发生的时间和故障消除的时间，这为中控值班人员规范化处理设备故障奠定了基础。通过实时报警界面，还能够在最短时间内发现故障设备，防止设备故障扩大化，如图 2.4-2 所示。

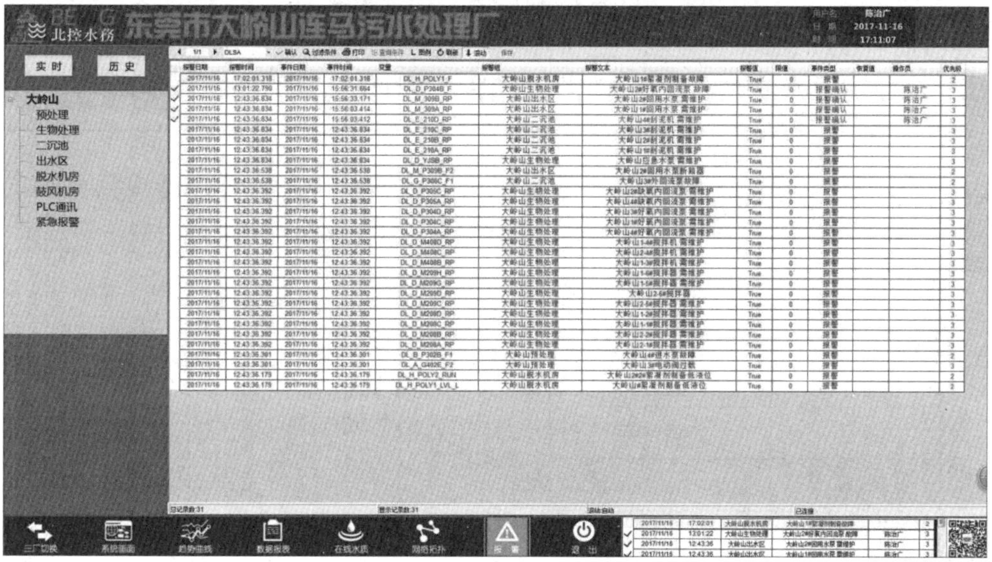

图 2.4-2 上位机报警界面

界面构成简述如下：

“”为报警信息选择区，有“实时”报警和“历史”报警 2 个按钮，单击“实时”按钮查看当前正在报警的信息；单击“历史”按钮查看已经发生的历史报警信息。

“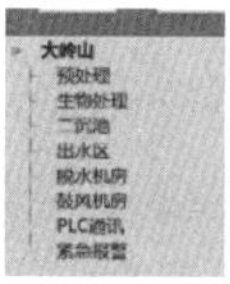”为工艺单元选择区，点击工艺单元区的名称，显示此工艺单元内仪表、设备的报警信息。

“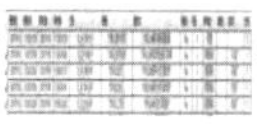”为报警信息区，显示报警设备名称、报警时间、报警内容、报警等级、是否确认等信息。实际操作中的“红色”信息表示正在报警、未被操作人确认的报警信息；“紫色”信息表示正在报警但已被操作人确认的报警信息；“黑色”信息表示报警已消除、设备恢复正常，且被操作人确认的报警信息。

3．设备异常报警处理

设备异常报警处理的依据是设备维修技术规程，规定了每类设备的故障现象、故障原因分析、判断方法及表现状况、故障排除方法、所需主要配件材料和维修安全注意事项。本子任务以表 2.4-1 粗格栅维修技术规程为例，说明设备故障原因分析及故障排除方法。

表 2.4-1　粗格栅维修技术规程

故障现象	故障原因分析	判断方法及表现状况	故障排除方法	所需主要配件材料	维修安全注意事项
轴承过热	油量不足或过多	油封盖内油脂过少或过多，温度超过允许值	补充油脂或去掉部分油脂或重新注油	润滑油（美孚 600 系列 220#）、锂基润滑脂 ZL-3	(1)维修前确认设备电源已断开；(2)登高作业时维修人员应系好安全带；(3)维修工作平台应牢固，防止滑入格栅池；(4)盘绕钢丝绳应戴皮手套，防止钢刺扎手
	油质劣化	油脂变色或有杂质等，温度超过允许值	更换油料	锂基润滑脂 ZL-3	
轴承损坏	油量不足	轴承座过热	更换轴承	轴承	
	油质劣化	声音异常			
	机械损伤	振动大，声音异常			
	机械疲劳	声音异常			
变速箱异响	润滑油不足	声音异常、箱体发热	添加或更换润滑油	润滑油（美孚 600 系列 220#）	
	油质劣化	声音异常、箱体发热			
	密封损坏	箱体漏油	更换密封	密封	
	齿轮磨损	声音异常、箱体发热	更换齿轮及相关部件	齿轮等	

（1）故障现象：对设备可能出现的故障状况进行分类。

（2）故障原因分析：列出该种故障现象对应的所有可能原因。

（3）判断方法及表现状况：列出确定或排除该种故障原因的检查方法；使用该种方法时，如果出现了哪种典型情况，则可确定故障原因，或者出现了哪种典型情况，则可排除该种故障原因。

（4）故障排除方法：通过以上分析判断，确定故障排除方法。

（5）所需主要配件材料：列出故障排除所需的主要备件材料的名称和规格型号、数量等。

（6）维修安全注意事项：简要说明维修前、维修过程中应采取的安全防护措施以及维修后应恢复的事项，确保维修人员安全、设备安全和运行安全。

四、注意事项

（1）中控值班人员须熟练掌握设备报警信息分类及报警处理程序。

（2）设备故障消除前不得随意点击报警确认按钮消除报警信息。

任务小结

通过学习设备运行操作技术规程，掌握了污水处理厂设备现场手动和远程自动运行操作步骤和安全注意事项，了解了设备运行异常报警分类分级和异常报警的处理方法，为掌握设备实际运行操作技能奠定基础。

任务练习

（1）设备运行操作技术规程由哪几部分构成？

（2）设备操作模式一般有哪几种？

（3）为什么要做开机前准备工作？

（4）提升泵远程操作步骤是什么？

（5）设备异常报警分哪几级？

（6）上位机报警界面的报警信息区显示哪些信息？

任务 3　运行巡检技术规程的使用

扫码提问
AI技能培训助手
| 运行操作准备
| 水处理工艺
| 水质指标监测

任务目的

（1）熟悉运行巡检技术规程及巡检内容和方法。

（2）熟悉工艺运行巡检及一般异常处理规程。

（3）熟悉设备运行巡检及一般异常处理规程。

（4）熟悉现场巡检安全注意事项及防范规程。

专业知识

运行巡检技术规程是指对水厂工艺、设备运行状况进行日常巡视检查，在巡查过程中对照标准发现工艺、设备的异常现象和隐患，及时进行处理，保障工艺设备安全稳定运行。

运行巡检技术规程详细规定了水厂工艺、设备的巡检类型、巡检周期、巡检内容、巡检人员、巡检方法、安全保障措施、巡检路线、巡检管理制度，具体内容如下：

（1）巡检类型：设备巡检类型分为三级，设备巡检的三级管理详见《设备运行操作及巡检管理办法》。

（2）巡检周期：一级巡检一般每两小时一次，二级巡检一般每天一次，三级巡检一般每周至少一次。运营公司可根据实际情况和具体设备类型作出合理规定。

（3）巡检内容：巡检内容应全面、无遗漏，尽量使用可量化的指标准确说明设备的状态，并体现巡检的步骤和路径的先后次序。

（4）巡检人员：一级巡检一般为运行班组；二级巡检一般为维修班组；三级巡检一般为维修班长或主管。

（5）巡检方法：通过观察、触摸或使用必要的检测工具准确判定设备状态。

（6）安全保障措施：简要说明巡检时的安全注意事项和必要的防护措施，保证巡检人员安全。

（7）巡检路线：一般按照污水处理流程的构筑物顺序进行巡检，如粗格栅间（截流井）→原水提升泵房→细格栅间→曝气沉砂池→鼓风机房→生化池→除磷加药系统→污泥回流泵房→沉淀池→连续流砂滤池→紫外消毒渠→尾水泵房，也可根据各个水厂的实际情况指定巡检路线。

（8）巡检管理制度：每个污水处理厂应根据本厂内的实际情况，制定适合本厂的设备巡检制度，以规范生产运行工作，及时发现生产运行中设备安全隐患和工艺异常情况，并根据情况作相应调整，确保全厂安全生产和生产连续性。

任务实施

子任务 3.1　运行巡检技术规程及巡检内容和方法

一、任务目的

了解水厂工艺运行巡检技术规程和设备运行，熟悉巡检内容和方法，保障水厂运行安全。

二、准备工作

1．知识准备

水厂工艺运行巡检技术规程、水厂设备运行巡检技术规程。

2．实训场地

教室。

3．实训设备

现场工艺单元和设备。

三、方法步骤

巡检内容应全面、无遗漏，尽量使用可量化的指标准确说明工艺、设备的状态，并体现巡检的步骤和路径的先后次序。

（1）在检查中发现问题及时处理，对影响较大而又难处理的问题，及时向上级领导报告。

（2）巡检内容根据具体情况灵活掌握，应做到耐心细致、全面周到，不漏掉任何一项内容。

（3）巡检时如发现机器缺油等保养不良的情况，有权利和义务要求相关人员做好设备的维护保养工作。

（4）巡检时发现的异常情况要详细地记录在巡检记录中。

巡检方法指通过用“听、摸、看、闻、查”的方法进行检查，必要的时候使用检测工具准确判定设备状态。

在巡检过程中发现异常时，按以下原则处理：

（1）巡检人员有能力迅速解决的简单问题应及时处理并如实填写巡视记录表。

（2）巡检人员无法解决并在短时间内对生产没有影响或影响不大的复杂问题，应及时向上级汇报。

（3）巡检人员无法解决且短时间内对生产有较大影响的紧急问题，除采取必要措施外，应立即通知其他维修人员及时共同解决，并及时向厂领导汇报。

四、注意事项

（1）巡检时应牢记安全注意事项，穿戴必要的安全防护用品，确保巡检安全。

（2）应在巡检构筑物内的明显位置张贴安全警示标志。

子任务 3.2　工艺运行巡检及一般异常处理规程

一、任务目的

了解水厂工艺运行巡检技术规程，熟悉巡检内容和方法，保障水厂运行安全。

二、准备工作

1．知识准备

水厂工艺运行巡检技术规程。

2．实训场地

教室。

3．实训设备

现场工艺单元和设备。

三、方法步骤

（一）粗格栅间运行巡检及一般异常处理

1. 运行巡检

（1）粗格栅自动控制方式下能否正常自动开/停；运行是否平稳，有无卡阻。

（2）粗格栅前后液位差是否在合理范围，一般液位差小于 0.3 m。

（3）粗格栅的栅渣量是否正常，输送设备有无堵塞情况。

2. 一般异常处理

（1）自动控制方式下不能正常自动开/停，首先应改为现场手动控制方式，启动操作看能否正常运行，如果正常再改为自动方式，在中控室远程手动启动，看能否正常运行，如果无法正常运行，则告知维修人员进行检修。

（2）粗格栅前后液位差如超过设定值，观察粗格栅是否连续运行，如果没有连续运行，则人工现场启动粗格栅，直到液位差降低至合理范围。

（3）采用定时自动控制方式运行时，应根据不同季节垃圾量的差异，灵活调整运行周期和每次运行时间，以减少运行次数。

（二）提升泵房运行巡检及一般异常处理

1. 运行巡检

（1）提升泵是否正常运行，声音、振动是否异常。

（2）提升泵房的液位是否有过高或者过低的情况。

（3）观察泵房集水池内是否有大件（或大量）的垃圾悬浮物。

2. 一般异常处理

（1）提升泵如未正常运行，观察综合保护器有无报警，液位是否过低，排除以上情况后能否重新开启，如果不能，则通知维修人员进行维修。

（2）提升泵房液位过高则可以适当增加提升泵的开启数量（前提是后续单位可以承受的流量范围），如果过低则适当减少提升泵的开启数量。

（3）泵房集水池内有大件（或大量）的垃圾悬浮物，检查粗格栅是否有较大缝隙并及时清理较大垃圾。

（三）细格栅间运行巡检及一般异常处理

1. 运行巡检

（1）细格栅自动控制方式下能否正常自动开/停。

（2）细格栅前后液位差是否在合理范围，一般液位差小于 0.3 m。

（3）细格栅的栅渣量是否正常，输送设备有无堵塞情况。

2. 一般异常处理

（1）自动控制方式下不能正常自动开/停，首先应改为现场手动控制方式，启动操作看能否正常运行，如果正常再改为自动方式，在中控室远程手动启动，看能否正常运行，如果无法正常运行，则告知维修人员进行检修。

（2）细格栅前后液位差如超过设定值，观察细格栅是否连续运行，如果没有运行，则人工现场启动细格栅，直到液位差降低至合理范围。

（3）采用定时自动控制方式运行时，应根据不同季节垃圾量的差异，灵活调整运行周期和每次运行时间，以减少运行次数。

（四）曝气沉砂池运行巡检及一般异常处理

1. 运行巡检

（1）除砂桥自动控制方式下能否正常自动开/停。

（2）观察曝气翻滚是否均匀；观察沉砂池流速是否合理（沉砂池对流速有要求，流速过低时可能造成砂砾沉积在进水渠内；流速过高可能引起沉砂池除砂效率降低）。

（3）除砂桥出砂量是否正常，有无堵塞情况。

（4）观察进水颜色、气味、泡沫是否正常。

2. 一般异常处理

（1）除砂桥自动控制方式下不能正常自动开/停，首先应改为现场手动控制方式，启动操作看能否正常运行，如果正常再改为自动方式，在中控室远程手动启动，看能否正常运行，如果无法正常运行，则告知维修人员进行检修。

（2）如果砂砾颜色较深并伴有恶臭味，则加大曝气沉砂池的气量；如果沉砂池流速快，除砂效率低，则降低曝气沉砂池的气量。

（3）如果除砂桥出砂太少，则延长运行周期；如果出砂太多，则减短运行周期。如果遇除砂桥堵塞，则使用工具疏通管道并调整运行周期，同时检查细格栅是否正常除渣。

（4）如果进水有颜色、气味、泡沫不正常的情况，首先关注在线进水数据有无异常，生化池各个仪表数据是否正常，如有不正常情况，立即上报上级并留取进水水样，必要时减少进水或者停止进水。

（五）A^2/O 生化池运行巡检及一般异常处理

1. 运行巡检

（1）观察厌氧区、缺氧区、曝气池出口处的溶解氧是否控制在合理范围。

（2）内外回流量是否合理。

（3）曝气池出口处的污泥浓度是否在合理范围。

（4）观察厌氧区、缺氧区的推流情况是否正常。

（5）观察生化池池面是否有较多浮泥。

（6）观察曝气管道冷凝水量是否正常。

（7）观察曝气池风量是否正常。

2．一般异常处理

（1）如果厌氧区、缺氧区溶解氧不在合理范围，可以通过调节回流污泥量和各区域的进水量（配水比例）来控制。

（2）内回流泵根据脱氮的情况适当地增加或减少开启台数，如果脱氮效果好，则可以减少内回流泵的开启台数；如果脱氮效果不理想，则可以增加内回流泵的开启台数。

（3）曝气池出口处的污泥浓度应在设计污泥浓度范围内，可以通过控制剩余污泥排放量来调节曝气池出口处污泥浓度。

（4）厌氧区、缺氧区池面无推流现象或者表面堆积污泥较多时，考虑是否为推流效果不佳或者推流器故障，是否需要维修人员进行检查。

（5）如果生化池浮泥较多，则可能是剩余污泥排放量过少，需增加排放量，或者是生化池进水带有有毒物质，导致活性污泥失去活性，需排查进水有无异常情况。

（6）如果曝气管道冷凝水过多，则应缩短冷凝水的排放周期；如果曝气管道冷凝水较少，则应延长冷凝水的排放周期。

（7）曝气池末端溶解氧过低，则应加大曝气风量，反之应减小风量。

（六）沉淀池运行巡检及一般异常处理

1．运行巡检

（1）观察沉淀池的配水是否均匀。

（2）沉淀池的污泥是否正常连续回流并按时均匀排放剩余污泥。

（3）沉淀池吸刮泥机是否保持吸泥管路的通畅，池底至泥面是否在 0.8～1.5 m；池内溶解氧宜在 0.5～1.0 mg/L。

（4）沉淀池的进水渠道是否液位过高。

（5）沉淀池的进水有无跑泥现象。

（6）沉淀池的排渣是否正常，排渣口是否堵塞。

（7）沉淀池池面是否有大块污泥上浮。

2．一般异常处理

（1）可以通过调节集配水井各个沉淀池的进水阀门，均匀配水。

（2）可以通过观察集配水井中各个沉淀池的出泥情况并调整套筒阀来保持出泥连续均匀。

（3）可以通过调节集配水井套筒阀来控制泥位平衡，或者通过调整外回流量来控制泥位高低。

（4）沉淀池的进水渠道液位过高时，应及时清除配水孔垃圾。

（5）如果泥位过高导致跑泥，则应调整套筒阀或外回流量。

（6）浮渣较多或者排渣口堵塞应及时疏通排渣口。

（7）沉淀池池面有大块污泥上浮，考虑吸刮泥机是否有死角，或者是有个别沉淀池排泥不畅，应加大沉淀池的污泥回流，必要时放空沉淀池，检查吸刮泥机是否正常。

四、注意事项

巡检工艺处理设施时，应牢记安全注意事项，严防跌落、溺水、有毒有害气体伤害，保证巡检安全。

子任务 3.3　设备运行巡检及一般异常处理规程

一、任务目的

了解水厂设备运行巡检技术规程，熟悉巡检内容和方法，保障水厂运行安全。

二、准备工作

1. 知识准备

水厂设备运行巡检技术规程。

2. 实训场地

教室。

3. 实训设备

现场工艺单元和设备。

三、方法步骤

（一）格栅运行巡检及一般异常处理

1. 运行巡检

（1）每天至少进行一次现场点检，主要检查液位差计显示是否正常、除污机电源指示是否正常、运行过程是否平稳、电机和轴承是否发热和有异响、减速箱是否漏油、格栅前水面上是否有大块杂物（如木块等）、格栅是否有较大缝隙、是否挂有垃圾、地面是否有垃圾、储存垃圾的容器是否装满等。

（2）对于自动控制方式运行的格栅除污机，每天需在现场进行一次手动操作，观察运行过程是否正常。

（3）检查各润滑点有无润滑油（脂）。

（4）定期清洗内径流格栅冲洗水管道过滤器网，一般当过滤器后压力表较正常值下降 0.1～0.15 MPa 时，停机清洗过滤器网，保证冲洗系统的工作效果。

（5）观察机身表面和现场控制箱内是否有腐蚀变色现象。

2. 一般异常处理

（1）格栅机电源电压异常报警，首先应改为现场手动控制方式，然后查看现场电压表显示电压是否在正常范围（380～400 V），并告知维修人员进行检修。

（2）机械或电机故障报警，首先应改为现场手动控制方式，然后查看格栅上是否夹有垃圾、电机和轴承是否发热，并告知维修人员进行检修。

（3）液位差超过设定值报警，首先应改为现场手动控制方式并启动运行，然后现场查看实际液位差是否属实、仪表显示是否正常，如果液位差属实，则应保持手动控制方式，连续运行，必要时暂停进水提升泵的运行；如果仪表异常，则应告知维修人员进行检修。

（4）自动控制方式下不能正常自动开/停，首先应改为现场手动控制方式，启动操作看能否正常运行，如果正常再改为自动方式，在中控室远程手动启动，看能否正常运行，如果不行则告知维修人员进行检修。

（5）发现缺油或腐蚀现象应及时通知维修人员进行维护保养。

（二）提升泵运行巡检及一般异常处理

1. 运行巡检

（1）水泵运行指示是否正常。

（2）水泵运行有无报警指示，电控箱有无异味。

（3）水泵运行电流是否正常。

（4）水泵运行有无振动、异响。

（5）检查动力电缆、浮球及设备吊链，确保动力电缆、浮球线固定良好，没有垃圾缠绕。

（6）检查出水阀、止回阀开度是否正常。

（7）检查水泵流量、压力是否正常。

（8）泵坑液位计、粗格栅液位差显示是否正常。

（9）泵房及控制室、控制柜通风和照明良好。

（10）泵房泵坑盖板、护栏等是否完好无缺失。

2. 一般异常处理

一般异常处理见表 3.3-1。

表 3.3-1 一般异常处理

故障现象	故障原因分析	判断方法及表现状况	故障排除方法
水泵流量不足	叶轮缠绕垃圾、异物	流量不足	电流正常时可重启水泵，如无改善需通知设备人员
	管道阀门未在全开位置	流量不足	检查阀门位置，必要时通知设备人员
	运行时水位下降过快	流量不足	检查系统流量或供水量（坑深），检查液位控制，检查粗格栅过水情况，调整水泵频率或开泵数量
水泵无法启动	浮球液位保护	无法启动	通知、协助设备人员检查浮球开关
	水泵进口被沉积物堵塞	无法启动	更换其他水泵并通知设备人员
	综合保护器报警保护	无法启动	现场查看综合保护器报警类型，并通知设备人员检查
	变频器、软启动器报警保护	无法启动	现场查看报警代码、位置，并通知设备人员检查
水泵运行中报警或停机	超温报警	中控电脑出现报警界面	现场检查报警位置、信号、代码等（综合保护器、变频器或温控表），停机并通知设备人员
	超电流报警	中控电脑出现报警界面	现场检查电压表是否显示正常，检查报警位置、信号、代码等，停机并通知设备人员
	运行中水泵自动停机	中控电脑显示停机状态	现场检查水泵按钮位置、电流表显示，确认停机后检查保护器、变频器等报警信号，通知设备人员检查并同意后方可重启水泵
	低液位保护自动停机	中控电脑显示停机状态	检查液位计是否低于浮球开关保护设定值，如液位低于设定值可降低进水量或开大水泵前端阀门，同时需通知主管领导或设备人员；待液位高于低位保护设定值后方可重启水泵
	粗格栅液位差保护自动停机	中控电脑显示停机状态	现场检查粗格栅液位差值，如超过规定值需连续运行粗格栅，待液位差低于规定值后方可重启水泵，同时需通知主管领导或维修人员
远程控制失效	通信系统故障	中控无法远程启停、调整水泵	现场转为手动运行，并通知设备人员
中控数据传输缺失或不准确	通信系统故障	流量、电流、泵房液位、粗格栅液位差等数据中控无显示或与现场仪表偏差大	检查现场仪表显示情况，并通知设备人员
泵房液面翻水花或漏水	管道、耦合器、阀门泄漏	水面大量气泡或水花翻起	停泵后开启备用泵，并通知设备人员检查

（三）除砂设备运行巡检及一般异常处理

1. 运行巡检

（1）控制屏和按钮箱面板指示灯都没有报警，状态显示正常，确保电源没有缺相和电压在 380 V 左右。

（2）沉砂池每天至少进行一次现场点检，主要检查吸砂桥行走轮轴承是否还有异响，轴承润滑是否良好、减速机有无漏油现象；叶轮是否有异响或卡滞；减速机有无漏油现象、砂水分离器的尼龙衬板磨损情况以及电控柜有无报警提示或异味。

（3）检查除砂桥行走是否正常，有无清除轨道上杂物；观察曝气是否均匀；对于排砂系统为气提砂型的设备要检查罗茨风机运行是否正常、曝气是否均匀；风机压力是否达到要求；砂水分离器的出砂量、进水排水是否正常。

（4）对于排砂系统为砂泵抽升类的设备要检查提砂泵工作是否正常；砂水分离器的出砂量、进水排水是否正常。

（5）定期紧固螺栓，并按说明书要求定期更换减速机内齿轮油。

（6）定期进行防腐刷漆，保持机组表面油漆完整。

2. 一般异常处理

一般异常处理见表 3.3-2。

表 3.3-2　一般异常处理

故障现象	故障原因分析	判断方法及表现状况	故障排除方法
电机无法启动	保险丝熔断	保险丝前后断路	打开阀门直至达到工况点
	热继电器跳开	红色按钮弹起	排查外部线路和电机线圈是否有短路
	缺相运行	其中一根电源相线与另外两根相线之间的电压均为 220 V，另外两根相线之间的电压为 380 V	检查电源线，找出故障电线，更换即可
电机转向不对	电机相序接反	电机反转，水流转速慢	改正相序
电机过载	电机风扇叶片损坏	电机温度高，电机停转后检查叶片	更换风扇叶片
	杂物缠绕叶轮	降低液位检查	清理杂物
	减速机损坏	减速机过热、有杂音、振动、漏油	检修减速机
轴承损坏	机械损伤	振动大，声音异常	更换轴承

故障现象	故障原因分析	判断方法及表现状况	故障排除方法
变速箱异响	齿轮磨损	声音异常	更换齿轮及相关部件
	转子不平衡	声音异常	重新平衡
	基座螺栓松动	声音异常	紧固基座螺栓
不能吸砂、提砂；不出砂，出砂少	砂泵堵塞	电流增大，声音异常	清除渣物
	吸砂口（管）堵塞	池底泥砂过多	进行反冲，疏通砂管
	输送管堵塞	出砂口无砂水	疏通输送管
	机械密封损坏	连接处漏水	更换机械密封
	电磁阀损坏	真空表或压力表读数不正常	修复或更换
	旁通阀未关严或损坏	无空气进入，池内无气泡	关严或更换
	出气管被泥砂堵塞	无空气进入，池内无气泡	清除泥砂
	提砂管口堵塞	沉砂池底部存有大块垃圾及缠绕物，罗茨风机声音异常	排水清理，疏通提砂管，缩短停留时间
	电磁阀未打开	提砂罗茨风机声音异常	检查电磁阀电源线路；修理电磁阀
	提砂管锈蚀、破裂		焊补或更换提砂管

（四）风机运行巡检及一般异常处理

1. 离心鼓风机

1）运行巡检

（1）每天至少进行一次现场点检，主要检查油路是否漏油，油压是否正常，油位及油温是否正常，风管接头是否漏气，电控箱内是否烧焦发黑，电机运行状态下振动是否正常，电流电压是否正常，进风压差是否正常，根据检查结果进行相应的处理或者通知设备维修人员进行检修。

（2）定期对油温、油压、电机温度、进风温度等传感器进行校验并固定锁紧，避免振动造成故障停机。

（3）定期对进风过滤棉进行清洗或更换。

2）一般异常处理

（1）油压报警引起原因及处理：油位低，补充至油标线上。机械油泵或电动油泵故障，维修油泵。油过滤器或油路堵塞，清洗油路及过滤器。油压控制器开关故障，标定及调节开关。油温过高，清理散热器或更换新油。压力油管泄漏，进行修复。电气故障，复位或检查修复。

（2）油温报警引起原因及处理：油冷却器故障，油冷却器进风温度过高，以及油冷却器表面堵塞或内部结垢，修复或清理油冷却器。油冷却器启动温度设定错误或抖动变位，重新设定启动温度。润滑油型号错误，需更换原型号润滑油。油温控制器开关设定错误或故障，更换油温控制器开关或修复。电气故障，检查线路修复。

（3）喘振报警引起原因及处理：背压过高，检查出口开关情况。入口过滤器压力损失过大，检查清洗或更换过滤棉。入口温度过高，降低入口温度或增加制冷风机。电机转速低停机喘振，检查电机线圈及轴承情况并修复。风压差传感器系统工作不正常，检查系统条件是否满足。入/出口导叶不匹配，检查导叶是否有损坏，更换导叶。叶轮损坏或和蜗壳的间隙过大，修复或更换。放空阀故障，启动/停机时喘振，修复放开阀。喘振控制器故障及电气故障，修复清理或更换控制器，同时检查电气线路并修复。

（4）进风温度过高（环流）报警引起原因及处理：入/出口导叶系统完全关闭（限位开关最小位置被改变）、入/出口导叶位置不匹配，重新调整位置。背压过高，检查出口阀门开关情况。放空阀排出的气体回流到风机入口管，将空气隔离区分。叶轮及转子完全损坏，联系专业委外厂家修复。温度传感开关故障，修复或更换温度传感器。

（5）电机温度报警引起原因及处理：轴承温度过高，添加润滑脂，必要时更换轴承。绕组温度过高，检查三相平衡情况、电机绝缘情况并清理去尘。温度探测器 PT-100 损坏，更换温度探测器。温度控制器设定错误，重新设定温度控制器。消音罩风扇故障，修复或更换。电机电流过大，检查三相平衡情况、电机绝缘情况，必要时更换线圈。主电机和鼓风机之间的同轴度过大，修复或更换联轴器。电气故障，检查并修复。

（6）综合报警引起原因及处理：除以上报警会触发综合报警外，还包括急停开关没复位、电气控制柜的反馈信号丢失、放空阀故障、出口阀故障，需逐一检查排除。

（7）联轴器联结片严重扭曲引起原因及处理：联轴器安装错误，调整联轴器。喘振过多，多方查找减少喘振次数。软启动器质量或设定问题，启动过程不平稳，调整软启动设置。主电机和鼓风机的同轴度过大，修复或更换联轴器。过于频繁的启停，减少启停次数。

（8）启动故障引起原因及处理：电气控制柜故障（电气开关/软启动器/供电线路）、电机故障、鼓风机反转、联轴器断裂、鼓风机主轴抱死，逐一排除故障。

（9）流量不足引起原因及处理：入/出口导叶系统故障、放空阀没有完全关闭、管道漏气，逐一排除故障。

2. 空气悬浮鼓风机

1）运行巡检

（1）每天至少进行一次现场点检，主要检查水冷及风冷是否正常，冷却水是否正常，进风过滤阻损是否正常，电控箱内是否烧焦发黑，电机运行状态下振动是否正常，电流电压是否正常，转速是否正常，轴承温度、电机温度及变频器温度是否正常，根据检查结果进行相应的处理或者通知设备维修人员进行检修。

（2）定期对进风温度传感器、电机温度传感器、出风温度传感器、压力传感器等进行校验，避免因传感器过脏造成故障停机。

（3）定期对进风过滤棉进行清洗或更换。

2）一般异常处理

（1）过滤压差警告引起原因及处理：过滤棉过脏或压差计故障。清洗或更换入口过滤棉，有散热过滤器的需同时清洁散热过滤器，清洗或更换压差计。

（2）振动警告引起原因及处理：出风不畅或曝气池液位过低，出风量过大，调整处理。

（3）出口压力警告引起原因及处理：出风管漏气，曝气池液位低，恢复到正常液位。

（4）吸入温度警告引起原因及处理：进风温度高，需降低进风温度，可增加制冷送风机。

（5）出口温度警告引起原因及处理：进风温度高，需降低进风温度，可增加制冷送风机。

（6）电机温度警告引起原因及处理：降低进风温度及室内温度，可增加制冷送风机。有水冷散热系统的需检查冷却液是否足够，冷却泵是否运转，散热器是否有堵塞现象。

（7）轴承温度警告引起原因及处理：盘车检查轴承卡死，需返厂大保养。

（8）电机输入功率警告引起原因及处理：检查电机线圈绝缘及阻抗，如果为线圈问题，则需及时返厂委外。检查是否为变频器传输问题，并及时处理。

（9）变频器温度警告引起原因及处理：变频器内灰尘过多，需清理灰尘。有水冷散热装置的，检查循环水是否缺少，循环管路是否堵塞。

3. 磁悬浮鼓风机

1）运行巡检

（1）每天至少进行一次现场点检，主要检查水冷及风冷是否正常，冷却水是否正常，进风过滤阻损是否正常，电控箱内是否烧焦发黑，电机运行状态下振动是否正常，电流电压是否正常，转速是否正常，轴承温度、电机温度及变频器温度是否正常，根据检查结果进行相应的处理或者通知设备维修人员进行检修。

（2）定期对进风温度传感器、电机温度传感器、出风温度传感器、压力传感器等进行校验，避免因传感器过脏造成故障停机。

（3）定期对进风过滤棉进行清洗或更换。

2）一般异常处理

（1）通信故障报警引起原因及处理：通信错误或通信线缆故障。检查通信线缆及连接器有无异常，重启设备。

（2）升速过程中出口压力过低报警，主要原因为管道漏气或水位过低。检查管道或水位。

（3）升速过程中出口压力过高报警，主要原因为出口阀门未开、水位过高、曝气盘堵塞严重及生化池污泥浓度过高。检查阀门和水位，确认曝气盘堵塞情况及污泥浓度是否正常。

（4）风机喘振报警，主要原因为过滤器及过滤棉堵塞严重或压差检测传感器出现故障。更换过滤器或检查传感器显示值，必要时对调同类设备传感器测试或更换新传感器。

（5）电机过热报警，主要原因为流量过大或入/出口传感器故障。调节流量到合适值或检查相关传感器显示值，必要时对调同类设备传感器测试或更换新传感器。

（6）磁轴承 1 路正电流报警，原因为自检时磁轴承电流超出设定值或运行过程中磁轴承电流超出允许范围。关机重启，如果故障未消失，则需联系厂家。

（五）排泥设备运行巡检及一般异常处理

1. 运行巡检

（1）观察电机、驱动机构运转是否正常，如有异常应尽早停机检查并排除故障。

（2）吸刮泥机运行中注意观察刮渣板的动作情况，不能有杂物阻止其运动轨迹，运行应是连续性的，不能有停止、振动现象。

（3）减速箱运行应平稳无异常响声，无振动、无过载，发现异常应及时报告处理，减速器温度不应超过 65℃。

（4）定期检查转动密封装置的密封性。

（5）定期检查减速机的油标位置，确保其在规定的高度，不足时加注润滑油。

（6）定期检查吸刮泥机水上各连接零件是否松动。

2. 一般异常处理

一般异常处理见表 3.3-3。

表 3.3-3　一般异常处理

故障现象	故障原因分析	故障排除方法
开机后吸刮泥机不动作	电路断路或缺相	检测相间电压，若电压不平衡，更换断路电缆
	接触器烧蚀	更换接触器
	安全销断	更换安全销
减速机发热或噪声大	缺油或油质不良	补加油或换油
	电机风扇缺损	检查电机风扇是否缺损或更换
	轴承磨损碎裂	更换轴承
减速机漏油	油封损坏	更换油封

（六）紫外消毒设备运行巡检及一般异常处理

1. 运行巡检

（1）检查现场控制面板或中控界面灯管运行状态是否正常，有无报警指示。

（2）紫外线光强度、剂量等数据是否正常。

（3）控制系统通信是否正常，有无报警指示。

（4）水位是否正常，必须浸没全部灯管。

（5）自动清洗系统运行是否正常，有无报警指示。

（6）电柜空调是否制冷，有无故障。

2. 一般异常处理

一般异常处理见表 3.3-4。

表 3.3-4　一般异常处理

故障现象	故障原因分析	故障排除方法	备注
单台镇流器柜出现跳闸现象	紫外灯模块被大水淹没过	控制流量，排除模块内的水分	
	石英套管破损	找出故障模块，更换石英套管	
触摸屏显示灯管不亮	重载连接器插头接触不良	将重载连接器拔掉后重新插入	正常工作时，镇流器上亮绿灯
	镇流器或灯管损坏	如果镇流器上有红灯亮，则说明是灯管坏了，需更换灯管	
	信号线接触不良	如果镇流器上没亮红灯，则说明是镇流器坏了，需更换镇流器	
	信号采集板损坏	更换信号采集板	
液压清洗装置不工作	电机反转	调整电源线相序	
	液压站电磁阀损坏	更换 24 V 电磁阀	
	各油管接头有漏油现象	用扳手拧紧漏油处油管的螺丝或重插快速接头	
液位计信号不灵敏，设备启停频繁	液位计架整体长时间被水淹没	拆下来排水、晒干，擦干净附着物后重新接入即可	
	3 支探针被较大悬浮物缠绕	把悬浮物去掉，使 3 支探针分别独立悬挂在水中，不能有黏连	
触摸屏黑屏，无法操作	电源线松动	重新插紧	
	开关电源坏	更换开关电源	
	小型继电器坏	更换小型继电器	

注：出现故障时，可派 2 个及以上专业人员，在确认安全的情况下，根据以上方法自行排除，也可在生产厂家售后部门技术人员电话指导下解决，必要时请厂家派有关技术人员到现场协助解决。

四、注意事项

（1）巡检时发现设备异常，应采取应急处理措施，复杂故障应及时通知设备维修人员。

（2）巡检电气设备时，应注意安全距离，不得随意打开电控柜柜门接触电气器件。

子任务 3.4 现场巡检安全注意事项及防范规程

一、任务目的

牢记水厂运行巡检安全注意事项和防范措施，确保巡检安全。

二、准备工作

1. 知识准备

水厂工艺运行巡检技术规程、设备运行巡检技术规程。

2. 实训场地

教室。

3. 实训设备

现场工艺单元和设备。

三、方法步骤

（一）格栅间及曝气沉砂池巡检安全注意事项及防范规程

（1）设备会随时启动运行，严禁在断开电源之前，随意触摸设备移动、旋转部分。

（2）发现钢丝绳断裂、耙斗不平衡、限位开关失效时，应立即停机，并上报处理。

（3）进入细格栅前必须用有毒气体检测仪检测，确认有毒气体未超标后方可进入，如果发现超标，则应采取通风措施或佩戴防毒面具进入。

（4）操作人员应在工作台上清捞浮渣，严禁翻越栏杆。

（二）提升泵房巡检安全注意事项及防范规程

（1）进入泵房前应通风，注意有害气体危害。

（2）检查潜污泵时注意围栏牢固程度，防止滑入泵坑。

（3）电气控制柜检查时防止触电。

（三）鼓风机房巡检安全注意事项及防范规程

（1）巡视时应与鼓风机保持一定的距离，不穿宽松的衣服。

（2）在鼓风机上的热表面装有警告标记，表明温度通常在 70℃以上，防止触摸烫伤。

（3）在鼓风机房或消音罩的入口处装有提示使用耳罩的警告标记的，巡视时应按要求使用耳罩。

（4）电气检查时防止触电。

（四）生化池巡检安全注意事项及防范规程

（1）曝气池产生泡沫和浮渣溢出走道时，进入生化池工作区域应注意防滑并及时处理。

（2）遇雨、雪天气，应及时清除走道上的积水或冰雪，必要时应铺设防滑垫。

（3）严禁踩踏生化池盖板。

（4）电气控制柜检查时防止触电。

（五）沉淀池和集配水井巡检安全注意事项及防范规程

（1）到桥上或池上的巡检人员应穿救生衣。

（2）下雪以后应清扫运行路面上的积雪，以免行走打滑。

（3）严禁踩踏集配水井上盖板，以防跌落。

（4）严禁翻越栏杆作业。

（5）电气控制柜检查时防止触电。

（六）高低压电房巡检安全注意事项及防范规程

（1）不要随意触动高压控制开关、按钮。

（2）注意与高压设备带电部分的巡检距离应大于 0.7 m。

（3）巡检时严格遵守《电气安全技术规程》。

（七）雷雨天气巡检安全注意事项及防范规程

（1）雷雨天应注意不宜使用电话、无线电话，不宜使用水龙头等。避免高压电沿接收信号线或金属管道触及人体造成危害。

（2）污水处理厂巡检人员在户外工作遇雷雨天气应尽量进入室内，必须在户外工作时应穿不透水的防水雨衣和绝缘水靴，远离空旷场地和水池面，更不能站在楼顶或凸出的物体上。另外，要远离树木、电线杆、灯杆等尖耸物体。

（3）切勿接触金属门窗、电线、带电设备或其他类似金属装置。

（4）在室内避雷时应关闭门窗，防止球形雷侵入，最好不要看电视、听收音机、操作计算机等，也不要接触室内的金属管道、电线等。

（5）构（建）筑物、变配电站都要设避雷装置。

四、注意事项

（1）巡检时应牢记安全注意事项，穿戴必要的防护用品，严格遵守安全规程。

（2）巡检时应特别关注安全警示标志，绝不冒险做事，严控安全风险。

任务小结

通过学习，掌握了污水处理厂单元工艺运行巡检规程及一般异常处理规程、设备运行巡检及一般异常处理规程、现场巡检安全注意事项及防范规程，掌握了通过巡检发现问题、处理问题，并确保人身设备安全的方法。

任务练习

（1）什么是运行巡检技术规程？

（2）巡检技术规程详细规定了哪几方面的内容？

（3）在巡检过程中发现异常时，按什么原则处理？

（4）提升泵房运行巡检及一般异常处理有哪些内容？

（5）鼓风机房巡检安全注意事项及防范规程有哪些？

项目二

水处理工艺调控

学习目标

一、知识目标

掌握污水处理各工艺单元的原理、构成与运行操作；熟悉各工艺单元运行指标、运行状态分析和控制方法；掌握各工艺单元设备的运行参数、运行状态分析方法。

二、技能目标

掌握污水处理各工艺单元及设备的运行操作、状态分析和指标控制，具备基本的工艺运行值班操作能力。

项目综述

本项目包括四个工作任务，分别是预处理工艺调控、生化处理工艺运行调控、沉淀工艺运行调控、滤池过滤工艺调控。

任务1　预处理工艺调控

任务目的

（1）掌握粗格栅、细格栅运行异常的判断方法。

（2）掌握控制水泵泵池水位的控制方法。

（3）熟悉调整曝气沉砂池、旋流沉砂池运行方式并掌握除砂控制方法。

专业知识

污水处理厂的污水收集方式一般经市政管网收集，通过污水泵站压力输送或重力自流至污水处理厂集水井，再经过粗格栅过滤去除污水中粗大的漂浮物，随后提升泵再将污水提升至一定的高度，使污水具备足够的势能，流入下游工艺处理单元。经过细格栅进一步分离、去除较小的漂浮物，保证下游单元的设备不受漂浮物的堵塞，从而降低污水中的 SS 浓度。污水在进入沉砂池后，将细格栅未能拦截的无机颗粒去除，使无机颗粒与有机物分离开来，避免砂砾影响生化处理工艺，减少砂砾对后续管道、曝气系统、机械设备等的磨损、堵塞。粗格栅、提升泵、细格栅、除砂构筑物及相关设备统称为预处理工艺单元，主要是通过物理方式来拦截去除污水中的固体污染物，为污水生化反应提供良好的运行基础。

任务实施

子任务1.1　格栅运行异常的判断及处理

一、任务目的

掌握粗格栅运行过程中出现的异常判断、原因分析及处理方法。

二、准备工作

1. 知识准备

粗格栅在运行时经常会捞到一些体积较大的漂浮物，如木屑、塑料、生活废弃物等，如果设备经常保持开启状态，要注意设备本身及配套输送机是否存在因被漂浮物卡住、堵塞等运行异常问题。运行过程中常见异常情况分为以下几种：①格栅前、后液位差突然增大；②设备出现振动、异响；③因栅渣卡死、堵塞造成的设备故障。

污水中本身带有很多生活废弃物等垃圾，如果除渣不及时，开机运行时间不够，则易造成格栅前垃圾堆积堵塞或栅网堵塞。主要表现为格栅前、后液位差增大，最终导致设备因垃圾堵塞、卡机停止运行，严重的时候有可能发生格栅设备倾倒事故。

格栅振动的主要原因是滚轮组松动，其他紧固件松动、铁丝等杂物卡在栅框等运转部位，以及栅条间隙不均匀致耙齿与栅条打磨。格栅异响的主要原因是滚轮组松动，栅框运转不平稳，其他部位紧固件松动、铁丝等杂物卡在栅框等运转部位。

2. 实训场地

（1）远程控制：中控室。

（2）手动控制：粗格栅、细格栅设备现场。

3. 实训设备

（1）中控室上位机系统。

（2）预处理系统主要设备（表 1.1-1）。

表 1.1-1　预处理系统主要设备

序号	类别	设备名称	安装位置	用途
1	粗格栅系统	钢丝绳牵引式格栅除污机	粗格栅	去除进厂来水中较大的漂浮物
2		无轴螺旋输送机	粗格栅	将垃圾、漂浮物通过输送机运送至渣斗车外运处理
3	细格栅系统	孔板格栅	细格栅	进一步去除来水中细小漂浮物
4		无轴螺旋输送机	细格栅	将垃圾、漂浮物通过输送机运送至渣斗车外运处理

三、方法步骤

预处理系统格栅上位机界面以及粗格栅运行参数和报警信号界面分别见图 1.1-1 和图 1.1-2。

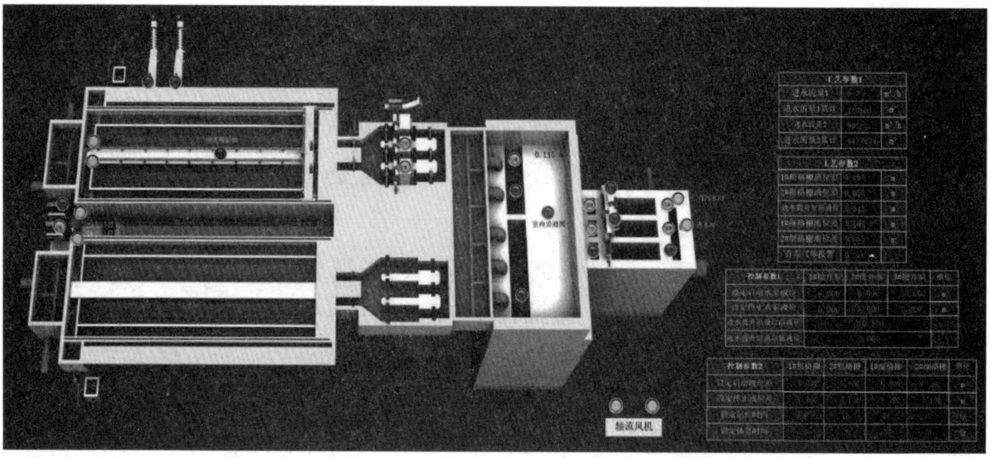

图 1.1-1　预处理系统格栅上位机界面

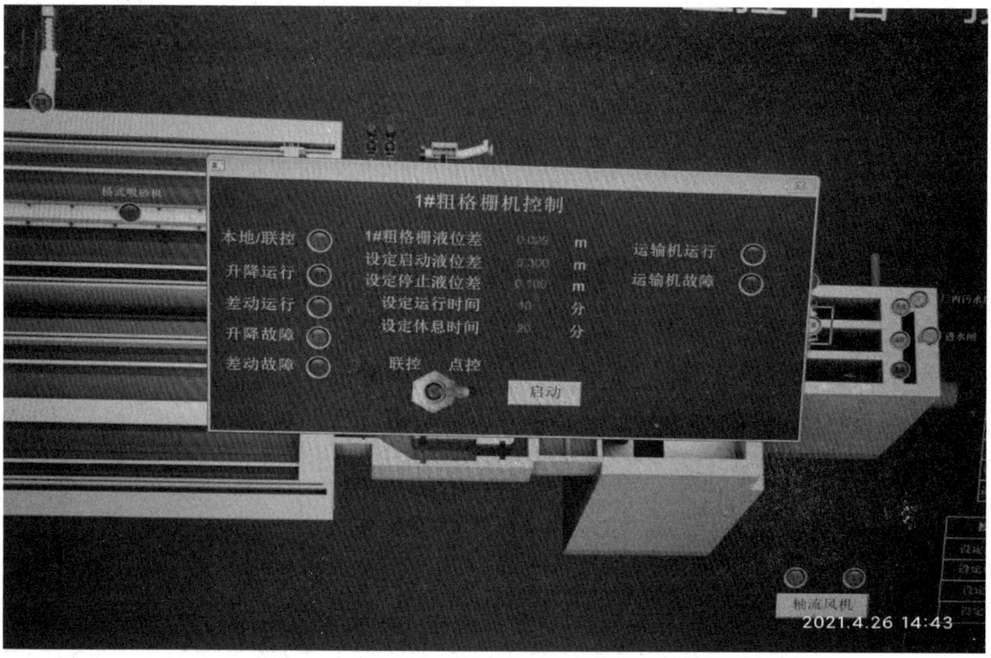

图 1.1-2　粗格栅运行参数和报警信号界面

1．粗、细格栅运行异常判断及操作步骤

（1）根据中控界面上的粗、细格栅报警信息及时通知现场工作人员。

（2）由现场工作人员进行二次确认，判断属于哪种运行异常情况。

（3）将转换开关“自动”挡位调整至“就地/手动”挡位。

（4）按下现场操作面板上的“停止”或“急停”按钮，停止指示灯亮。

（5）一同将粗、细格栅的配套设施螺旋输送机停机。

2．根据不同的异常情况采取相应措施

（1）栅前、后液位差突然增大的异常情况处理：合理增加运行频次和运行时间，必要时采取人工打捞的方式清理垃圾。

（2）振动、异响的异常情况处理：检查是否存在杂物卡在栅框、栅板上，及时清理杂物。检查紧固件是否松动，及时紧固松动部件。

（3）栅渣卡死、堵塞造成的设备故障异常情况处理：及时除渣，合理增加运行频次和运行时间。

3．异常处理确认

异常处理完毕，手动点击“运行”按钮后，检查设备是否正常运转；如果一切正常，则将现场设备转换开关调成“自动”，在中控室确认设备是否显示动作正常。

四、注意事项

（1）中控室/现场出现设备报警，应立即停止相关配套设施。向上级报备并做好启动其他备用设备的准备，确保生产稳定运行。

（2）待报警解除后应同时在中控室和现场分别检查设备功能是否恢复。

子任务 1.2　水泵泵池水位的控制

一、任务目的

掌握水泵泵池水位的控制，利用一台或多台水泵的控制操作，保证泵池水位安全运行。通过学会控制泵的开启数量、调频操作来做到泵池水位的控制，避免操作失误出现溢流等问题。

二、准备工作

1．知识准备

进水提升泵房的水泵通过能量传递和转化，将机械能转化为水的动能和势能，从而将水提升至下一单元所需高度。

最低工作水位：启泵水位，在厂区手动或自动开启提升泵时应根据泵池的液位确认是否达到开泵的液位，否则容易产生泵的空转导致设备损坏。

最高工作水位：警戒水位，当泵的开启台数或进水量激增导致液位迅速上涨至设计警戒液位时，会出现溢流等问题。

恒定工作水位：稳定运行水位，一般每个水厂液位情况不同，应尽可能提高恒定工作水位，降低提升泵的提升能耗，达到节能降耗的目的。

提升泵房处理能力：例如，某水厂提升泵房土建规模为 10 万 t/d，设备安装规模为 5 万 t/d，则该水厂处理能力为 5 万 t/d。

就地控制：指操作人员在现场对设备进行启停或开关操作。

远程控制：指操作人员在中控室对设备进行启停或开关操作。

自动控制：根据控制要求实现对设备的自动启停。

2．实训场地

（1）远程控制：中控室。

（2）手动控制：进水提升泵房现场。

3．实训设备

（1）中控室上位机系统。

（2）提升系统主要设备（表 1.2-1）。

表 1.2-1　提升系统主要设备

序号	类别	设备名称	安装位置	用途
1	提升系统	潜污泵 A	提升泵房	提升进厂污水至细格栅
2		潜污泵 B	提升泵房	提升进厂污水至细格栅
3		潜污泵 C	提升泵房	提升进厂污水至细格栅

三、方法步骤

以处理规模 5 万 t/d（对应的处理水量为 2 083.3 m^3/h）的水厂为例，提升泵房配置 3 台水泵，单台水泵的流量为 800～1 041 m^3/h，扬程 7～10 m，2 用 1 备。最高工作水位为 10 m，恒定工作水位为 7～8 m，最低工作水位为 2 m。进水提升泵操作界面见图 1.2-1。

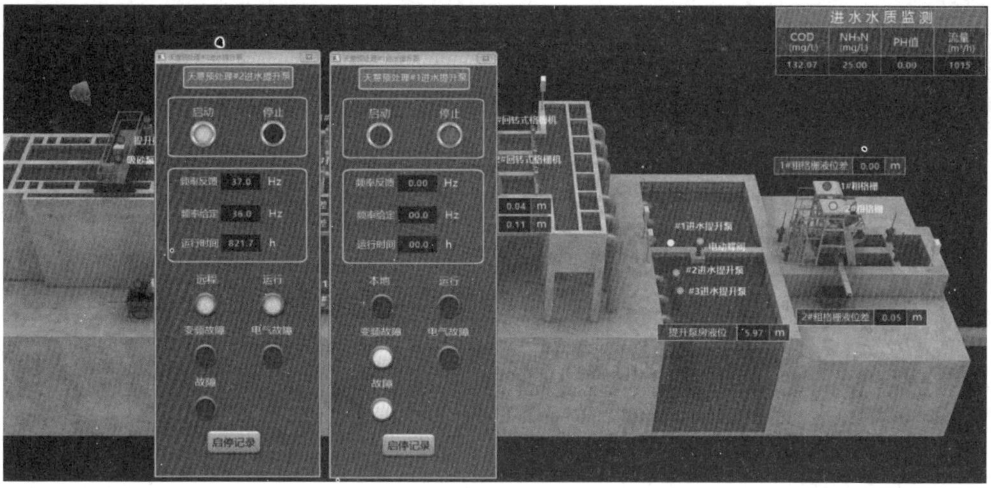

图 1.2-1 进水提升泵操作界面

水泵泵池水位的控制步骤：

（1）检查中控室进水提升泵房操作界面，确认泵的开启状态是否处在“远程”控制状态。

（2）根据运行经验，判断来水量，确定开泵数量和编组运行方式；监视泵房水位，根据液位的变化，通过调频操作调节流量，保持水位在设定范围内。

（3）测算流量为 1 600～2 082 m^3/h，开启 2 台水泵合适，在 35～50 Hz 调整频率，使泵房水位保持在 7～8 m。

（4）当来水水量增加，泵房水位涨至最高工作水位 10 m 时，高水位报警，及时上报并于中控室点击相应泵的“频率设定”按钮调大水泵频率，观察进水提升泵房液位的下降情况。

（5）当来水水量减少，泵房水位下降至 6 m 且水泵频率调至最低频以后，关闭 1 台水泵。

（6）当泵房水位降至最低工作水位 2 m 时，在中控室点击相应泵的“停机”按钮。

四、注意事项

当自动控制失效时［如编程控制器（PLC）故障］，操作员应改为手动模式控制各泵，调整各泵运转频率，此时应密切注意水位的变化，将水位控制在适当的水平。

子任务 1.3　曝气沉砂池运行方式的调整

一、任务目的

掌握曝气沉砂池中风机风量以及桥式吸砂机的运行调控方式，保证除砂效果和漂浮物的去除效果。

二、准备工作

1. 知识准备

曝气沉砂池的运行操作主要是控制污水在池中的旋流速度和旋转圈数。旋流速度与砂粒粒径有关，污水中的砂粒粒径越小，要求的旋流速度越大，才能沉下来。但旋流速度也不能太大，否则有可能使已下沉的砂粒重新泛起。

2. 实训场地

（1）远程控制：中控室。

（2）手动控制：曝气沉砂池现场。

3. 实训设备

（1）中控室上位机系统。

（2）曝气沉砂系统主要设备（表 1.3-1）。

表 1.3-1　曝气沉砂系统主要设备

序号	类别	设备名称	安装位置	用途
1	曝气沉砂系统	双槽桥式吸砂机	预处理系统	往返移动，吸取水中砂粒
2		砂水分离器	预处理系统	对吸取的砂粒进行收集、分离
3		风机	预处理系统	水力旋转作用
4		浮渣斗	预处理系统	对砂粒进行收集

三、方法步骤

以处理规模 5 万 t/d（对应的处理水量为 2 083.3 m^3/h）的水厂为例，曝气沉砂池配置 1 台风机，风量为 260～416.6 m^3/h，设计气水比为 0.2∶1。

曝气沉砂系统桥式吸砂机中控操作界面见图 1.3-1。

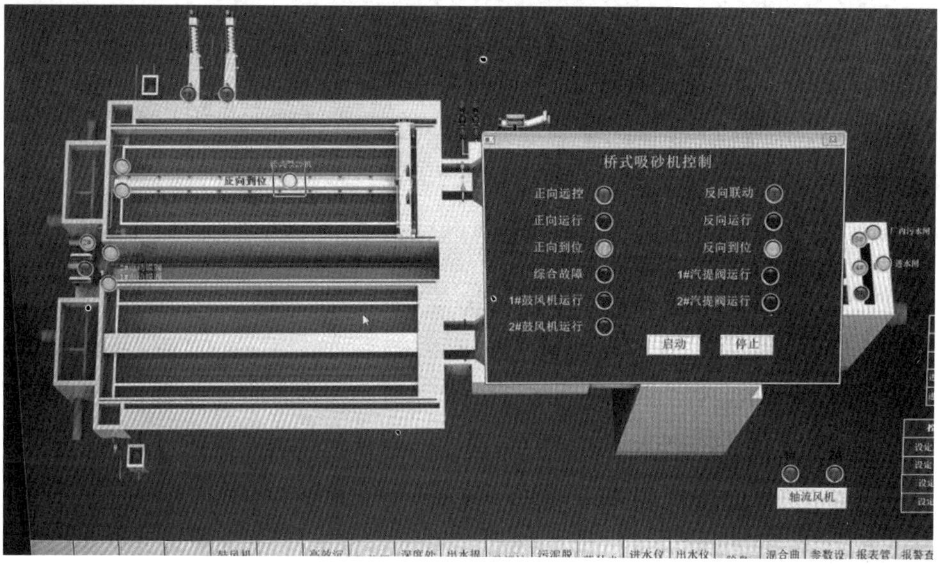

图 1.3-1　曝气沉砂系统桥式吸砂机中控操作界面

1. 曝气沉砂池曝气风量控制操作步骤

（1）风机开关置于“远控/自动”挡。

（2）监视进水量的变化，根据进水流量实时调整风机气量，气水比控制在 0.2∶1 左右，如进水量在 1 600 m^3/h 时，风机的风量调整为 320 m^3/h。

（3）当水量下降时，在中控室点击相应风机设备按钮，选择“频率设定”，按照气水比 0.2∶1 左右调低风机频率。

（4）当水量上升时，按照气水比 0.2∶1 左右调大风机频率。

2. 曝气沉砂池排砂量和漂浮物的控制操作步骤

（1）将桥式吸砂机转换开关置于“远控/自动”挡。

（2）在中控室点击相应吸砂机按钮，设定吸砂机的运行频次。常规设定的运行频次为每 2 h 往返运行 1 次，一般吸砂机往返一次的运行时间为 20 min。

（3）当进水含砂量大时，适当增加吸砂机的运行频次，可以设为每 1 h 运行 1 次。

（4）当进水含砂量小时，适当减小吸砂机的运行频次，可以设为每 3～4 h 运行 1 次。

四、注意事项

对进水量核算平均水平流速是否满足设计要求（0.08～0.12 m/s），如果水平流速过大或水力停留时间过短，则会造成沉砂效率降低，如有必要，考虑开启额外渠道处理水量。

子任务 1.4 旋流沉砂池运行方式的调整

一、任务目的

掌握旋流沉砂池运行方式和除砂量的调控方法。

二、准备工作

1．知识准备

旋流沉砂池由流入口、流出口、沉砂区、砂斗、涡轮驱动装置及排砂系统等组成。污水由流入口切线方向流入沉砂区，旋流的涡轮叶片使砂粒呈螺旋形流动，促进有机物和砂粒分离，相对密度较大的砂粒被甩向池壁，在重力作用下沉入砂斗，有机物随出水旋流带出池外。排砂系统采用空气提升、吸砂泵排砂等方式排至砂水分离器去除水中砂砾。

2．实训场地

（1）远程控制：中控室。

（2）手动控制：旋流沉砂池现场。

3．实训设备

（1）中控室上位机系统。

（2）旋流沉砂系统主要设备（表 1.4-1）。

表 1.4-1　旋流沉砂系统主要设备

序号	类别	设备名称	安装位置	用途
1	旋流沉砂系统	搅拌器	预处理-旋流沉砂系统	形成离心力，将砂与水进行分离的主要设备
2		真空吸砂泵	预处理-旋流沉砂系统	对沉淀的砂粒进行吸收
3		砂水分离器	预处理-旋流沉砂系统	对吸取的砂粒进行收集、分离
4		浮渣斗	预处理-旋流沉砂系统	对砂粒进行收集，外运送出

三、方法步骤

旋流沉砂系统搅拌机中控操作界面见图 1.4-1。

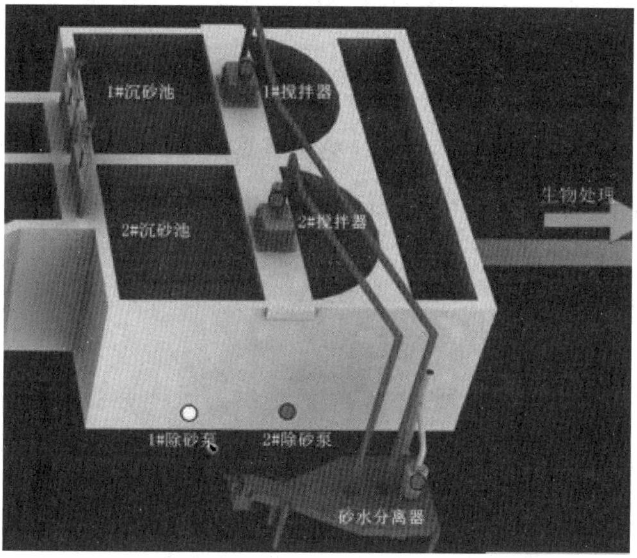

图 1.4-1　旋流沉砂系统搅拌机中控操作界面

旋流沉砂池运行方式控制步骤如下：

（1）检查现场搅拌机、吸砂泵、砂水分离器设备转换开关是否置于“远控/自动”挡。

（2）在中控室点击相应吸砂泵按钮，设定吸砂泵的运行时间。常规设定的运行时间为每 2 h 运行 15 min。

（3）当进水含砂量大时，适当增加吸砂泵的运行时间，可以设为每 2 h 运行 30 min。

（4）当进水含砂量小时，适当减小吸砂泵的运行时间，可以设为每 2 h 运行 5 min。

四、注意事项

（1）检查并确认沉砂池前、后渠道内污水流动是否顺畅，旋流沉砂池搅拌器叶轮旋转方向是否正确。

（2）旋流搅拌器是否存在异响、砂水分离器出砂量是否正常，发现问题及时按规程处理。

任务小结

本任务重点介绍包括预处理中粗格栅、细格栅，水泵泵池，曝气沉砂池，旋流沉砂池四个部分的运行操作内容。通过本任务学习，能够按照步骤方法及相关知识技能判断粗格栅、细格栅的运行异常，熟练按照水泵泵池水位实时控制水泵机组运行，根据除砂需求及时调整曝气沉砂池、旋流沉砂池的运行方式。

任务练习

（1）在中控室运行值班过程中突然发现粗格栅设备异常停机，请就当前突发状况写出详细操作方法。

（2）某污水厂处理最大规模为 5 万 t/d，提升泵房配置 3 台水泵，单台水泵的流量为 1 600～2 081 m^3/h，扬程 7～10 m，2 用 1 备。恒定工作水位状态下开启 1 台泵即可保证运行。该水厂最高工作水位为 10 m，恒定工作水位为 7～8 m，最低工作水位为 2 m。汛期期间导致提升泵房液位突增至 9 m，此时该如何调控保证液位控制在恒定工作水位？

（3）当进水含砂量大时，曝气沉砂池吸砂机如何调控？

（4）旋流沉砂池运行方式控制步骤是什么？

任务 2　生化处理工艺运行调控

任务目的

（1）熟悉按照技术规程调整生化系统运行方式并控制各单元运行参数。

（2）掌握接种、培养、驯化活性污泥。

（3）熟悉通过搅拌混合系统调控生化池混合搅拌强度。

（4）熟悉通过鼓风曝气系统调节生化池曝气量。

专业知识

A^2/O 工艺是厌氧-缺氧-好氧生物脱氮除磷工艺的简称，是传统活性污泥工艺、生物硝化及反硝化工艺和生物除磷工艺的综合。常规 A^2/O 工艺的生物反应池由厌氧（Anaerobic）、缺氧（Anoxic）和好氧（Oxic）三段组成。其特点是厌氧、缺氧、好氧三段功能明确，界线分明，可根据进水条件和出水要求，人为创造和控制三段的时空比例和运转条件，只要碳源充足（TKN/COD≤0.08 或 BOD/TKN≥4）便可根据需要达到比较高的脱氮率，A^2/O 工艺同时具有去除 BOD_5、SS、N、P 的功能。

在首段厌氧池进行磷的释放会使污水中 P 的浓度升高，溶解性有机物被细胞吸收而使污水中 BOD_5 浓度下降，另外 NH_3-N 因细胞合成而被去除一部分，使污水中 NH_3-N 浓度下降。

在缺氧池中，反硝化菌利用污水中的有机物作碳源，将回流混合液中带入的大量 NO_3-N 和 NO_2-N 还原为 N_2 释放至空气，因此 BOD_5 浓度继续下降，NO_3-N 浓度大幅下降，但 P 的变化很小。

在好氧池中，有机物被微生物生化降解，其浓度继续下降；有机氮被氨化继而被硝化，使 NH_3-N 浓度显著下降，NO_3-N 浓度显著增加，而 P 随着聚磷菌的过量摄取也以较快的速率下降。

最终混合液进入沉淀池，进行泥水分离，上清液作为处理水排放，沉淀污泥的一部分回流至厌氧池，另一部分作为剩余污泥排放。

常规生物脱氮除磷工艺呈厌氧、缺氧、好氧的布置形式。该布置在理论上基于这样一种认识，即聚磷微生物有效释磷水平的充分与否，对提高系统的除磷能力具有极其重要的意义，厌氧区在前可以使聚磷微生物优先获得碳源并得以充分释磷。

任务实施

子任务 2.1 生化系统运行方式及调整

一、任务目的

熟悉生化系统中厌氧、缺氧、好氧相关工艺参数、生化排泥工艺参数，通过调整参数保证生化系统的稳定运行。

二、准备工作

1. 知识准备

生化系统是保证污染物去除效率的关键步骤，其运行效果关系着出水水质是否达标。生化系统的控制目标是运行正常稳定，最大程度避免异常现象的发生，如有异常现象发生时，有一套完善的分析应对方法以使系统恢复正常。生化池主要指标包括 DO、ORP、MLSS、内回流比、外回流比。

1）厌氧池

厌氧池主要控制指标有 DO、ORP、外回流比。

（1）DO：需低于 0.2 mg/L，越低越好。

（2）ORP：需小于等于−250 mV；影响厌氧区 ORP 的主要因素是硝酸盐浓度和碳源。当不在此控制范围时，需先检查硝酸盐浓度，如果小于 3 mg/L 则认为硝酸盐不对聚磷菌在厌氧区超量释磷造成影响，如果厌氧末段硝酸盐浓度大于 3 mg/L，可在保证沉淀池排泥和泥水分离效果的基础上尝试降低污泥回流比。

（3）外回流比：20%～100%；也可根据污泥沉降性确定外回流比（表 2.1-1）。外回流过大，电耗较高；外回流带入太多的 NO_3^-，会使 ORP 升高，也不利于聚磷菌释磷。

表 2.1-1 外回流比参考值

SV（对应沉淀池实际停留时间，需考虑外回流水量）/%	SV-外回流比系数	推荐外回流比/%
10	4.0	40
20	2.7	53
30	2.2	67
40	2.0	80
50	1.9	93
60	1.8	107
70	1.7	120
80	1.7	133

2）缺氧池

缺氧池主要控制指标有 DO、ORP、内回流比。

（1）DO：需低于 0.3 mg/L，应越低越好。

（2）ORP：需小于等于−150 mV。

（3）内回流比：200%～300%；内回流控制的目的是将好氧池产生的 NO_3-N 回流至缺氧池进行反硝化反应，并稀释缺氧池的 NH_3-N 浓度，控制进入好氧池的 NH_3-N 浓度。内回流比宜根据缺氧池出水 NH_3-N 和 NO_3-N 进行控制，NO_3-N 可控制在 1～3 mg/L（不投加碳源，越低越好；投加碳源时，宜控制在 2 mg/L 左右，避免过量投加碳源），碳源投加量大的水厂，可在缺氧池出水口附近安装在线 NO_3-N 在线监测仪，对投加量进行精确控制（表 2.1-2）。

表 2.1-2 生化脱氮系统调控参考示例（以出水 TN 标准 15 mg/L 为例）

缺氧池出水		拟采取的措施		
NH_3-N /（mg/L）	NO_3-N /（mg/L）	内回流比	碳源投加量	好氧池末端 DO
13（偏高）	＜3（合适）	↑	—	—
13（偏高）	5（偏高）	↑	↑	↓
10（合适）	5（偏高）	—	↑	↓
10（合适）	0.5（偏低）	—	↓	—
6（偏低）	5（偏高）	↓	—	—
6（偏低）	＜3（合适）	↓	↓	—

在进水 TN 增加时，宜先提高内回流比；在内回流比调至最大仍无法满足需要时，再提高外回流比。在满足脱氮要求的情况下应尽量减少回流比以降低电耗。运行人员需综合以上情况，并结合本厂具体特点，确定出最佳回流比。当进水水量发生变化、水质无较大变化时，宜选择保持回流比恒定的方式运行。

3）好氧池

好氧池主要控制的指标有 DO、MLSS。

（1）DO：至少保证 1 mg/L。

（2）MLSS：为保证污染物的生化去除效果，好氧池污泥浓度的设定值在 2 500～5 000 mg/L，不同时期污泥浓度的设定值需根据实际进水量和进水水质进行调整。冬季宜适当提高污泥浓度。每天白班和夜班分别测量各系列的污泥浓度，取全天平均值，并计算 7 日移动平均值，如果 7 日移动平均值超过浓度设定值的±10%，需要分析污泥负荷和泥龄，判断是否需要调整排泥量、回流比或更新生化池污泥浓度设定值。

排泥系统的控制目标是正常稳定运行，排除剩余污泥，维持生化系统的平衡。常用的排泥方式有以下几种：

（1）用 MLSS 控制排泥：在维持好氧池 MLSS 恒定的情况下，确定排泥量。首先需确定一个合适的 MLSS。MLSS 低于要维持的浓度时，减少或停止排泥；MLSS 高于要维持的浓度时，排泥量可按下式计算：

$$V_w = (\text{MLSS} - \text{MLSS}_0) \times V_a/\text{RSS}$$

式中，V_w 为要排放的剩余污泥体积；MLSS 为生化池内污泥浓度实测值；MLSS_0 为生化池需要维持的浓度值；RSS 为回流污泥浓度；V_a 为生化池体积。

（2）用 SRT 控制排泥：这种方法的关键是正确选择 SRT 和准确地计算系统内的污泥总量。计算方法为

$$Q_w = \frac{\text{MLSS}}{\text{RSS}} \times \frac{V_a}{\text{SRT}} - \frac{\text{SSe}}{\text{RSS}} \times Q$$

式中，Q_w 为要排放的剩余污泥体积流量；SSe 为二沉池出水的悬浮固体浓度；SRT 为污泥龄；其他参数同上。

2．实训场地

（1）远程控制：中控室。

（2）手动控制：设备安装现场。

3．实训设备

（1）中控室上位机系统。

（2）相关设备：搅拌器、回流泵、鼓风机等。

三、方法步骤

1. 厌氧池运行调控

（1）异常：中控 DO、ORP 数据超出标准范围。

（2）检查：检查进水 DO、检查外回流硝酸盐浓度和 DO。

（3）调整步骤：

①进水 DO 偏高时，消除进水前端跌水情况或控制曝气沉砂池的曝气量。

②外回流硝酸盐浓度偏高时，通过调整外回流泵的频率及台数，适当减少外回流比，或进一步执行缺氧池调整方式，提高脱氮效率。

③当外回流中的 DO 偏高时，调整好氧池 DO，将好氧池出口处 DO 控制在合理范围。

2. 缺氧池运行调控

（1）异常：中控 DO、ORP 数据超出标准范围。

（2）检查：检查内回流硝酸盐浓度和 DO。

（3）调整步骤：

①内回流 DO 偏高时，消除前端跌水情况或控制好氧池末端 DO。

②内回流硝酸盐浓度偏高时，通过调整内回流泵的频率及台数，适当减少内回流比，或调控好氧池降低 DO。

3. 好氧池运行调控

（1）异常：中控 DO、MLSS 数据是否在运营管理标准范围内。

（2）检查：检查鼓风机风量和分支立管开度；检查排泥量、外回流比。

（3）调整步骤：

①DO 偏高/偏低时，通过调整曝气机风量或分支立管开度来控制到合理范围。

②污泥浓度偏高/偏低时，通过加大/减少排泥量，调整回流比控制到合理范围。

四、注意事项

(1)由于各个污水处理厂的处理水量水质工艺各不相同,污泥浓度的高低没有统一的标准，但是有两个基本的原则，那就是保证污水处理水质稳定达标和二沉池的泥位控制在合理位置。

（2）污泥浓度一般是和进水水质水量相对应的，同一座污水处理厂的进水水质是不断波动变化的，但是污泥浓度无法实时和水质的波动同步，因此对污泥浓度的控制不能依据某一天的水质波动来进行控制，而是划分区间进行控制，通过每日的水质检测分析，判断一段时间内，即 10～15 d 的进水水质变化趋势，来进行污泥浓度的调整。同时，根据二沉池泥位的高低，设定不同的调节范围，不能无限升高污泥浓度，否则会导致二沉池泥位较高，出现二沉池出水带泥的工艺事故。

子任务 2.2　活性污泥的接种、培养及驯化方法

一、任务目的

掌握活性污泥的培养步骤、现场注意事项及相应操作要点，通过对接种污泥的培养、驯化，成为符合工艺要求的污泥。

二、准备工作

1. 知识准备

活性污泥处理系统正式投产运行前首先需要在曝气生物反应池中培养出足够数量的活性污泥，即 MLSS 足够。同时，其质量也要足够好，即 MLVSS 要足够（MLVSS 与 MLSS 比值应在 0.5 以上），以及培养出的活性污泥能适应所处理污水的性质和环境条件。整个培菌过程来讲，需要有详细的培菌计划和严格的培菌控制条件才能在最短时间内完成培菌。本子任务详细阐述污泥培养的具体过程，要求掌握不同阶段的具体做法。

活性污泥培菌通常分为两种，即接种培菌和自培菌。一般市政污水项目要求通水时间紧凑，工期短，有很多时候利用自培菌的方式培养非常受限，这里利用常用的接种培菌法进行阐述，从而保证整个活性污泥处理系统在调试阶段能够尽快启动。详细的活性污泥培养主要步骤见表 2.2-1。

表 2.2-1　活性污泥培养主要步骤

周期节点	运行方式	运行内容	运行数据
接种闷曝阶段 2 d 左右	在 A^2/O 池好氧段多点投加外接污泥	投加接种污泥	计算须投加的脱水干泥重量
	控制气量，不可过大	闷曝	取正常设计值的一半，控制 DO 1.5 mg/L 左右
间歇进水闷曝阶段 5 d 左右	间歇性换水闷曝	进水、闷曝、沉淀	每天 2 次，每次静沉 1 h，换水 5 h，闷曝 6 h
		作报表记录	每天 2 次作 SV30 的观察、DO 测定和镜检
连续进水培养阶段（硝化菌的培养和驯化）30 d 左右	A^2/O 池、沉淀池，污泥内、外回流系统连续运行，适当调节回流比，根据污泥浓度和增殖速率适当排泥	连续进、出水和回流污泥	水量和空气量均匀分配调整，适当排泥
		进水曝气，对污泥进行驯化	厌氧段 DO 小于 0.1 mg/L，缺氧段小于 0.5 mg/L，好氧段末端小于 2 mg/L
		作报表记录	作 SV30 的观察、DO 测定、MLSS 和镜检

周期节点	运行方式	运行内容	运行数据
稳定运行阶段10 d左右	A^2/O池和沉淀池，污泥回流系统连续运行	连续进、出水和回流污泥	空气量视DO值作适时调整
	按设计水量运行	进水曝气	按设计处理能力运行
	可以根据MLSS和SV30值综合考虑进行适量的排泥	作报表记录	增加分析项目和镜检
		控制回流污泥和内回流	转入常规分析项目

2. 现场准备

1）接种污泥投加

采用机械投加、人工辅助的方式。投加机械包括吊车、泥斗、转载机等。投泥的过程中，保持推流器、内回流系统和曝气系统的开启状态，防止污泥直接沉到池底或附积在曝气膜片上。

2）接种污泥投加量来源

根据生化池容积、所需的污泥浓度计算投加干泥量，同时考虑污泥运距和污泥适应性来确定接种污泥来源。

三、方法步骤

具体操作步骤及注意要点如下。

1. 配水

单组A^2/O生化池内配水后的水位为正常运行水位的1/2或2/3水位。

生化池水质的主要检测项目为SS、BOD_5、COD、pH、NH_3-N、TP、TN等，在整个调试和运行的过程中，生化池内的pH必须控制在6.5～8.0。

2. 污泥接种

由于调试原污水水质情况一般不太稳定，在污泥驯化期间，根据污水的水质情况考虑营养比问题，如果营养比不够，则需要同步添加营养源，主要为乙酸钠、葡萄糖等物质。

3. 闷曝阶段

（1）接种闷曝是启动污泥培养的主要过程，闷曝通过在曝气池中只进行曝气而不进水，或者进水后立即曝气，以达到特定的处理效果。由于污泥尚未大量形成，产生的污泥也处于离散状态，因而曝气量一定不能太大，控制在正常设计曝气量的1/2，否则污泥絮体不易形成，DO值控制在1～2 mg/L，并开启推流器加大水流循环形成动态接种闷曝。

（2）当A^2/O生化池内被接种污泥充满后，停止接种，继续加大循环流量进行闷曝，此时污泥结构虽然松散，但若菌胶团开始形成，镜检开始出现较多游离细菌，如鞭毛虫和变形虫，则认为初期培养效果满意。其间作 SV30 量筒沉淀物的观察和 DO 测定，作报表记录。当污泥浓度达到 1.5 g/L 及以上，接种闷曝结束。

（3）在投加接种污泥后对污泥培养池进行取样，如发现 SVI、MLVSS 明显降低时，如果不存在水体 pH、空气量或其他毒性物质等因素，则可能是营养物不足，投加乙酸钠可加速污泥增长。

（4）调试的过程中营养物质的投加根据水质具体检测结果进行调整，满足 A^2/O 生化池内 BOD_5：N：P 约为 100：5：1 的条件。

4．间歇换水闷曝（补充养分）

为了及时补充营养，同时防止微生物的代谢产物抑制生长，需要对污泥培养池换水，换水量和频率根据调试情况进行确定，换水步骤如下：

（1）换水之前，A^2/O 生化池需要停止曝气、回流，静止沉淀，保证池内污泥不会大量流失。

（2）静沉 1～2 h 后，排出上层清液（排水时注意观察是否有大量污泥流失），进行换水，进水完毕后，停止污水提升泵，重新开启离心鼓风机和所有搅拌器，继续闷曝。根据池内水质情况，确定一次换水量（如池内原污水 COD 增高，则一次换水量减少），根据生化池内养分消耗情况确定换水频率（如 COD 降到 100 mg/L 时就换水）。

（3）初始阶段的换水频率为 1 次/d，持续时间暂定为 5 d，待污泥适性较好后，逐渐增加换水频率和换水量，保证微生物生长具有足够的营养。在整个闷曝过程中，DO 控制在 1.5～2 mg/L。

（4）如果因有机物浓度不够，造成污泥的性质没有达到预期的效果，甚至污泥浓度连续减少，应该再适当补充部分污泥，并投加大量的营养物以提供充足的养分。

间歇换水一次换水量和换水频率根据污泥生长情况灵活调整，原则上早期换水少，根据污泥生长情况，逐步提高换水频率增加污泥负荷，当污泥负荷达到设计值 50%及以上时，可进一步加大换水频率，待出水水质好且稳定时，方可连续进水，进入动态培养阶段。

5．动态培养（连续进水）及污泥驯化阶段

1）动态培养阶段（连续进水）

动态培养在连续进污水的情况下进行，一般运行负荷按设计值的一半运行，在连续进水动态培养阶段，控制负荷逐步提高，使污泥更稳定。进入动态培养阶段即可开启污泥回流加快污泥更新。

（1）提高污泥负荷应逐步进行，当运行稳定后（COD 去除率稳定或提高）再提高负荷，若提高负荷后运行不好（如 COD 去除率大幅下降等），则放缓提高负荷的速度。

（2）由于在闷曝阶段污泥积存了大量的颗粒杂质，虽然 MLSS 达到了设计值，但 MLVSS 可能还比较低，同时，部分老化的污泥需要排除，在系统连通后，需要适当排除部分污泥，以不影响系统的 MLSS、MLVSS 为准。

2）污泥驯化阶段

污泥驯化是 A^2/O 池系统启动的后期阶段，采取 5～7 d 为一周期，逐步提高系统的负荷，优化控制污泥性能（SV、MLSS、MLVSS）、内回流比、外回流比、DO 等控制参数，保证 COD 去除效果稳定，运行负荷达到设计负荷的 90%及以上。待 MLSS 稳定后，开始硝化菌的驯化阶段。硝化菌种的培养和驯化通过控制溶解氧浓度（厌氧段 DO 小于 0.1 mg/L，缺氧段 DO 小于 0.5 mg/L，好氧段末端 DO 小于 2 mg/L）对目标菌种的生长进行外部干预，使硝化菌成为活性污泥生物群落中的优势种群。活性污泥培养成功后，镜检污泥中原生生物应以鞭毛虫和游动性纤毛虫为主。

6．稳定运行阶段

稳定运行是进一步检验深度处理前的工艺能否在设计条件下稳定达到设计值的阶段，保持连续（10～15 d）稳定达标排放，并在该过程中进一步摸索合理的工艺运行参数，以为后续正式运行提供经济、合理的技术数据。

稳定运行阶段的主要工作内容有：

（1）确定各项工艺控制参数，其中比较重要的有鼓风机开启台数及空气量的控制，以及回流比、污泥浓度和排污量的控制。

（2）确定水量和水质，即准确测定污水流量，以及入流污水的 BOD_5 及有机污染物的大体组成。

（3）确定 BOD_5 污泥负荷。

（4）确定混合液污泥浓度 MLSS：根据处理厂的实际情况，确定稳定的 MLSS。

（5）DO 控制参考值：厌氧段 DO 小于等于 0.2 mg/L；缺氧段 DO 小于等于 0.5 mg/L；好氧段 DO 等于 2.0 mg/L，每天综合分析在线仪表、便携式 DO 测定仪或实验室取样获取生化池各处理段的 DO 数据，同时考虑进水水质、污泥浓度、污泥龄、微生物镜检和天气等因素调节鼓风机供气量。

（6）核算曝气时间。

（7）确定鼓风机投运台数：风机输出风量作为主控信号，DO 及 NH_3-N 浓度为辅助信号，控制鼓风机开启台数与变频，具体风量可根据池中溶解氧来确定。

（8）确定回流比 R：回流比 R 是运行过程中的一个调节参数，R 应在运行过程中根据需要加以调节，但 R 的最大值受二沉池泥水分离能力的限制。另外，R 太大，会增大二沉池的底流流速，干扰沉降。在运行调度中，应确定一个最大回流比，以此作为调度的基础。

（9）控制 SVI：控制在 70～150 mL/g 为宜。

以上工艺参数在稳定运行阶段过程中应经常核算，及时记录、收集系统内各项工艺参数，为日后稳定运营提供数据支撑。

四、注意事项

（1）及时测定指标：接种前后要定期测定进、出水水质指标，并根据实际情况调整接种菌量。

（2）掌握菌群状态：定期观察污泥接种后的菌群状态，如感官颜色从黄褐色转变为其他颜色等异常情况时，应及时调整。

（3）保持水质均匀：接种过程中要保持水质均匀，避免出现死水区或水汽堆积现象。

子任务 2.3 生化池混合搅拌强度调控

一、任务目的

掌握不同工况下搅拌器台数的控制，调整生化系统的推流、混合效果。

二、准备工作

1．知识准备

生化池搅拌混合系统是借助在水下提供推动力的水下旋转机械设备、推流设备使原生污水和活性污泥充分混合的系统。目的在于推动水流匀速流动，增加池底流速，避免污泥下沉并提高曝气效果。

2．实训场地

（1）远程控制：中控室。

（2）手动控制：生化池现场。

3．实训设备

（1）中控室上位机系统。

（2）生化池搅拌系统主要设备（表 2.3-1）。

表 2.3-1　生化池搅拌系统主要设备

序号	类别	设备名称	安装位置	用途
1	生化池搅拌系统	曝气系统	生化系统（好氧区）	控制生化系统曝气搅拌强弱
2		潜水推流器		提供水下推动力，防止污泥沉降

三、方法步骤

以处理规模 5 万 t/d（对应的处理水量为 2 083.3 m^3/h）的水厂为例，鼓风机房配置 2 台风机，单台风机的风量为 60～120 m^3/min，进水 COD 日均值为 150～200 mg/L，设计气水比小于等于 5∶1。

搅拌系统运行方式控制步骤如下：

（1）检查现场推流器转换开关是否置于“远控/自动”挡。

（2）在中控室点击“风机设备”，点击“启动”，输入“出口风量值 60～80 m^3/min”。

（3）在中控室查看实时进水 COD 浓度情况及各廊道 DO 含量，保证 DO 处于合理范围（3～4 mg/L）。

（4）明确总风量、支管阀门开度与搅拌强度的关系，合理控制各支管阀门开度。

（5）进水 COD 浓度较低时，风量较大，空气搅拌强度较高，应减少搅拌器的开启台数。

（6）进水 COD 浓度较高时，风量较小，空气搅拌强度较小，应增加搅拌器的开启台数。

（7）在中控室持续监测进水污染物变化情况，实时调整风机风量及搅拌器台数。

四、注意事项

定期监测生化池流速，合理调整搅拌强度，避免污泥沉积。

子任务 2.4　鼓风曝气系统曝气量调节

一、任务目的

熟悉鼓风曝气系统的曝气量调节，实现溶解氧的合理控制。

二、准备工作

1．实训场地

（1）远程控制：中控室。

（2）手动控制：设备安装现场。

2．实训设备

（1）中控室上位机系统。

（2）生化系统控制设备。

三、方法步骤

1．调节曝气量

当便携式溶解氧仪误差在允许范围内时，即使在线 DO 瞬时值不在允许范围内，也可暂不作调整，但如果其在 3 h 内不恢复正常值，则应对阀门、鼓风机出口导叶或风机风量进行调整；如果发现 DO 呈规律性变化，则需在 DO 突变时调整各支管阀门开度和鼓风机出口导叶开度或频率。鼓风机调控界面见图 2.4-1，空气管道调节阀门见图 2.4-2。

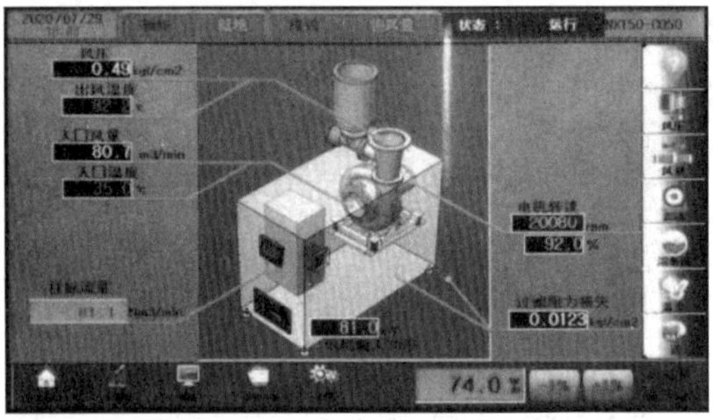

图 2.4-1　鼓风机调控界面

图 2.4-2　空气管道调节阀门

2．好氧工艺段 DO 控制

图 2.4-3 为上位机生化池界面，可判断好氧池前段、中段、末端出口处 DO 是否在运营管理标准范围内。好氧池前段平均 DO 为 1.0～2.0 mg/L，中段硝化反应区域 DO 达到 2.0～3.0 mg/L 即可使硝化反应正常进行，末端出口处可控制在 0.5 mg/L 左右。水量水质的变化会影响好氧池的 DO。

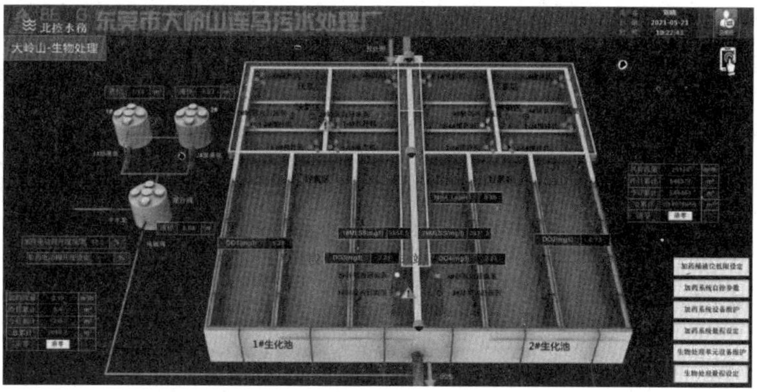

图 2.4-3　上位机生化池界面

四、注意事项

（1）进水水量水质的变化均会影响生化池各项运行参数，应及时分析调整。

（2）曝气量的调节跟生化池其他参数密切关联，有时单纯调控某一参数并不能解决问题，应统筹考虑各类参数的合理性，最后得出合理的工艺调整方案。

任务小结

通过学习本任务，掌握了生化系统厌氧、缺氧、好氧运行参数调控的基本方法；通过活性污泥接种、培养、驯化步骤加深了对活性污泥法处理污水机理的理解；学会了生化池混合搅拌强度和曝气量调节的基本方法。

任务练习

（1）生化系统中的厌氧池、缺氧池、好氧池的溶解氧控制范围是什么？

（2）简述硝化反应的原理。

（3）简述反硝化反应的原理。

（4）好氧工艺段 DO 如何控制？

任务 3　沉淀工艺运行调控

任务目的

（1）熟悉通过观察絮凝反应状态和沉淀效果合理调节加药量的方法。

（2）熟悉通过分析影响沉淀出水浊度的因素，掌握控制出水浊度的方法。

（3）掌握混凝搅拌试验及数据处理方法，确定混凝剂投加量。

（4）掌握絮凝药剂最佳投加量的分析计算方法。

专业知识

一、混凝法

混凝法是工业废水经常采用的一种处理方法，近年来随着城镇生活污水处理要求的提高，混凝法也越来越多地用于生活污水深度处理工艺。通过混凝法可以去除污水中细分散固体颗粒、乳状油及胶体物质等，降低污水的浊度和色度。通过这种方法，可以除去多种高分子物质、有机物、某些重金属毒物（汞、镉、铅）和放射性物质等，也可以去除能够导致水体富营养化的氮、磷等可溶性无机物。因此，混凝法在污水处理中使用非常广泛，既可以作为独立的处理法，也可以和其他处理法配合，作为预处理、中间处理或最终处理的常用方法。

（一）胶体的特性

1. 胶体的双电层结构

水中的各种悬浮杂质大多可以通过自然沉降的方法去除，而细微颗粒的悬浮物特别是胶体颗粒的自然沉降速度则是极其缓慢的，在停留时间有限的水处理构筑物内难以沉降下来。这类污染物的去除，有赖于破坏其胶体的稳定性，加入混凝剂使胶体脱稳，使颗粒相互聚结形成大絮凝体，从而容易去除。

水处理工程所研究的分散体系中，颗粒直径为 1 nm 至 0.1μm 的称为胶体溶液，颗粒直径大于 0.1 μm 的称为悬浮液。胶体分子聚合而成的胶体颗粒称为胶核，胶核表面吸附了某种离子而带电。由于静电引力的作用，溶液中的异号离子（反离子）就会被吸引到胶体颗粒周围形成吸附层，而其他异号离子，离核较远，不随胶核运动，但有向水中扩散的趋势，从而形成扩散层。

通常将胶核与吸附层合在一起称为胶粒，胶粒与扩散层组成胶团。胶团的结构构成如图 3-1 所示。

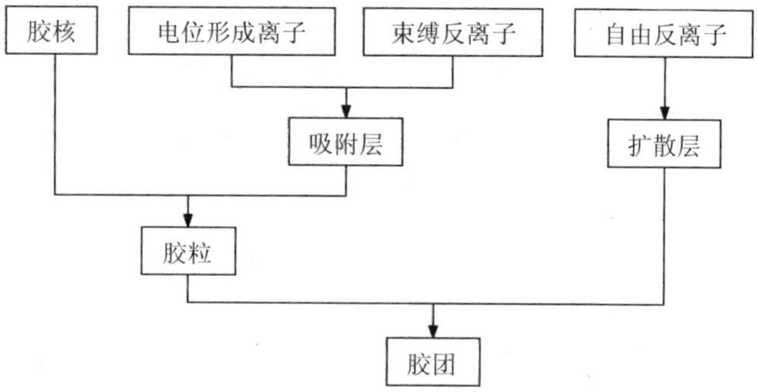

图 3-1　胶团的结构构成

图 3-2 为一个想象的天然水中的黏土胶团。天然水的浑浊大多由黏土颗粒形成。黏土的主要成分是 SiO_2，颗粒带有负电，其外围吸引了水中常见的许多带正电荷的离子。吸附层的厚度很薄，只有 2～3 Å①。扩散层比吸附层厚得多，有时可能是吸附层的几百倍。在扩散层中，不仅有正离子及其周围的水分子，而且可能有比胶核小的带正电的胶粒，以及夹杂一些水中常见的 HCO_3^-、OH^-、Cl^-等负离子和带负电荷的胶粒。

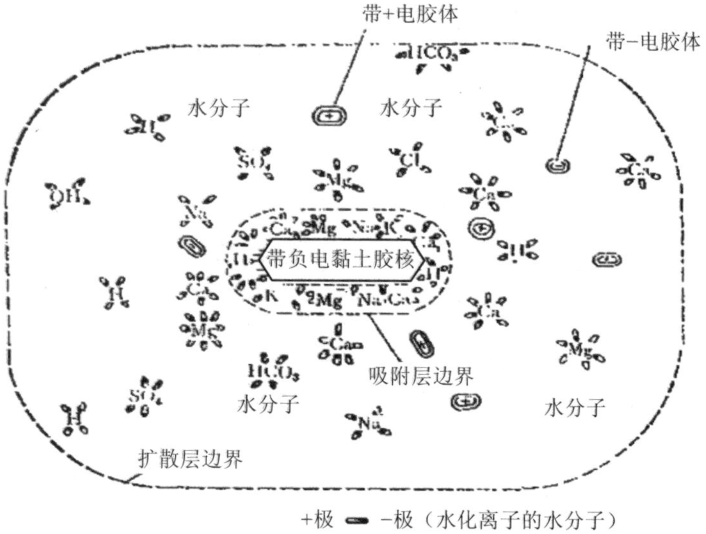

图 3-2　天然水中的黏土胶团示意

① 1Å=0.1 nm=10^{-10} m。

由于胶核表面所吸附的离子总比吸附层里的反离子多，所以胶粒带电。而胶团具有电中性，是因为带电胶核表面与扩散于溶液中的反离子电性中和，构成双电层结构，如图 3-3 所示。

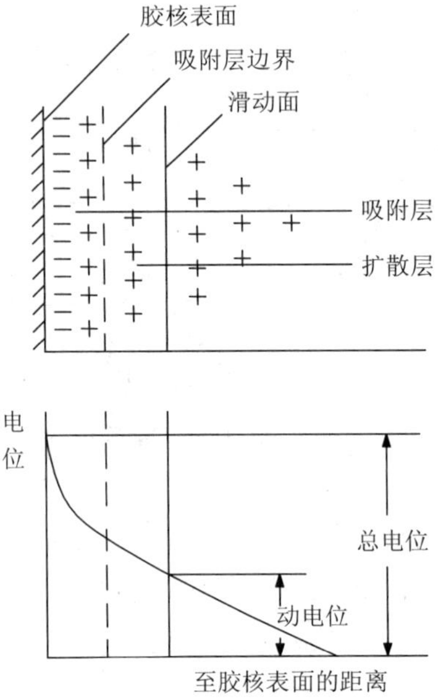

图 3-3 胶体双电层结构示意

扩散层中的反离子由于与胶体颗粒所吸附的离子间吸附力很弱，当胶体颗粒运动时，大部分离子脱离胶体颗粒，这个脱开的界面称滑动面。胶核表面上的电位离子和溶液主体之间形成的电位称总电位，即 ψ 电位。胶核在滑动时所具有的电位称动电位，即 ξ 电位，它是在胶体运动中表现出来的，也就是在滑动面上的电位。在水处理研究中，ξ 电位具有重要意义，可以用激光多普勒电泳法或传统电泳法测得。天然水中胶体杂质通常带负电。地面水中的石英和黏土颗粒，根据组成成分的酸碱比例不同，其 ξ 电位大致在 –40～–15 mV。一般在河流和湖泊水中，颗粒的 ξ 电位大致在–25～–15 mV，当含有机污染时，ξ 电位可达–60～–50 mV。简单来说，胶体表面一般带负电荷。

2．胶体稳定性

胶体稳定性是指胶体颗粒在水中长期保持分散悬浮状态的特性。胶体颗粒具有稳定性的主要原因是颗粒的布朗运动、胶体颗粒间同性电荷的静电斥力和颗粒表面的水化作用。

胶体颗粒的布朗运动，构成了动力学稳定性，反映为颗粒的布朗运动对抗重力影响的能力。水中粒度较微小的胶体颗粒，布朗运动足以抵抗重力的影响，因此能长期悬浮于水中而不发生沉降，称为动力学稳定性。

胶体颗粒间的静电斥力和颗粒表面的水化作用，构成了聚集稳定性。反映了水中胶体颗粒之间因其表面同性电荷相斥或者由于水化膜的阻碍作用而不能相互凝聚的特性。

布朗运动一方面使胶体具有动力学稳定性，另一方面也为碰撞接触吸附絮凝创造了条件。但由于有静电斥力和水化作用，使之无法接触。

因此，胶体稳定性，关键在于聚集稳定性，如果聚集稳定性一旦破坏，则胶体颗粒就会结大而下沉。

（二）混凝原理

混凝是指水中胶体颗粒及微小悬浮物的聚集过程，它是凝聚和絮凝的总称。凝聚是指水中胶体被压缩双电层而失去稳定性的过程；絮凝是指脱稳胶体相互聚结成大颗粒絮体的过程。凝聚是瞬时的，而絮凝则需要一定的时间才能完成，二者在一般情况下不好截然分开。因此，将能起凝聚和絮凝作用的药剂统称为混凝剂。

1．混凝机理

目前普遍用四种机理来定性描述水的混凝现象。

（1）压缩双电层作用机理。胶体双电层结构决定了颗粒表面处反离子浓度最大。胶体颗粒所吸附的反离子浓度与距颗粒表面的距离成反比，随着与颗粒表面的距离增大，反离子浓度逐渐降低，直至与溶液中离子浓度相等。

当向溶液中投加电解质盐类时，溶液中反离子浓度增高，胶体颗粒能较多地吸引溶液中的反离子，使扩散层的厚度减小。根据浓度扩散和异号电荷相吸的作用，这些离子可与颗粒吸附的反离子发生交换，挤入扩散层，使扩散层厚度缩小，进而更多地挤入滑动面与吸附层，使胶粒带电荷数减少，ξ 电位降低，这种作用称为压缩双电层作用。此时两个颗粒相互间的排斥力减小，同时由于它们相撞时的距离减小，相互间的吸引力增大，胶粒得以迅速聚集。这个机理是借单纯静电现象来说明电解质对胶体颗粒脱稳的作用。

压缩双电层作用机理不能解释其他一些复杂的胶体脱稳现象。混凝剂投量过多时，凝聚效果反而下降，甚至重新稳定；可能与胶粒带同号电荷的聚合物或高分子有机物有好的凝聚效果有关；等电状态应有最好的凝聚效果，但在生产实践中，ξ 电位往往大于零时，混凝效果最好。

（2）吸附和电荷中和作用机理。吸附和电荷中和作用指胶粒表面对异号离子、异号胶粒或链状分子带异号电荷的部位有强烈的吸附作用而中和了它的部分电荷，减少了静电斥力，因而容易与其他颗粒接近而互相吸附。这种吸附力，除静电引力外，一般认为还存在范德华力、氢键及共价键等。

当采用铝盐或铁盐作为混凝剂时，随着溶液 pH 的不同可以产生各种不同的水解产物。当 pH 较低时，水解产物带有正电荷。给水处理原水中的胶体颗粒一般带有负电荷，因此带正电荷的铝盐或铁盐水解产物可以对原水中的胶体颗粒起中和作用。

（3）吸附架桥作用机理。吸附架桥作用是指高分子物质与胶体颗粒的吸附与桥连。当高分子链的一端吸附了某一胶粒后，另一端又吸附另一胶粒，形成“胶粒-高分子-胶粒”的絮凝体，高分子物质在这里起了胶体颗粒之间相互结合的桥梁作用。高分子物质投量过少，不足以将胶粒架桥连接起来；投量过多，胶粒的吸附面均被高分子覆盖，又会产生“胶体保护”作用，使凝聚效果下降，甚至重新稳定，即所谓的再稳。

除长链状有机高分子物质外，无机高分子物质及其胶体颗粒，如铝盐、铁盐的水解产物等，都可以产生吸附架桥作用。

（4）沉淀物网捕作用机理。沉淀物网捕，又称为卷扫，是指向水中投加含金属离子的混凝剂（如硫酸铝、氧化钙、氯化铁等高价金属盐类），当药剂投加量和溶液介质的条件足以使金属离子迅速形成金属氢氧化物沉淀时，所生成的难溶分子就会以胶体颗粒或细微悬浮物作为晶核形成沉淀物，即所谓的网捕、卷扫水中胶粒，以致产生沉淀分离。这种作用基本上是一种机械作用，混凝剂投加量与原水杂质含量成反比。

在水处理工程中，以上所述的四种机理有时可能会同时发挥作用，只是在特定情况下以某种机理为主。

2．影响混凝效果的主要因素

（1）水温。水温对混凝效果有明显影响。低温水絮凝体形成缓慢，絮凝颗粒细小、松散，沉淀效果差。水温低时，即使过量投加混凝剂也难以取得良好的混凝效果。一般冬天混凝剂用量比夏天多。

无机盐混凝剂水解是吸热反应，低温时水解困难，造成水解反应慢。如硫酸铝，水温降低 10℃，水解速度常数降低为原来的 1/4～1/2。水温在 5℃时，硫酸铝水解速度极其缓慢。

为提高低温水混凝效果，常用的办法是投加高分子助凝剂，如投加活化硅酸后，可对水中负电荷胶体起到桥连作用。如果与硫酸铝或三氯化铁同时使用，可降低混凝剂的用量，提高絮凝体的密度和强度。

（2）pH。混凝过程中要求有一个最佳 pH，使混凝反应速度达到最快，絮凝体的溶解度最小。这个 pH 可以通过试验确定。混凝剂种类不同，pH 对混凝效果的影响程度也不同。

对于铝盐与铁盐混凝剂来说，不同的 pH，其水解产物的形态不同，混凝效果也各不相同。

对于硫酸铝来说，用于去除浊度时，最佳 pH 在 6.5～7.5；用于去除色度时，pH 一般在 4.5～5.5。对于三氯化铝来说，适用的 pH 范围较硫酸铝要宽。用于去除浊度时，最佳 pH 在 6.0～8.4；用于去除色度时，pH 一般在 3.5～5.0。

高分子混凝剂的混凝效果受水的 pH 影响较小，故对水的 pH 变化适应性较强。

（3）悬浮物含量。浊度高低直接影响混凝效果，过高或过低都不利于混凝。浊度不同，混凝剂用量也不同。对于去除以浊度为主的地表水，主要的影响因素是水中的悬浮物含量。

水中悬浮物含量过高时，所需铝盐或铁盐混凝剂投加量将相应增加。为了减少混凝剂用量，通常投加高分子助凝剂，如聚丙烯酰胺及活化硅酸等。对于高浊度原水的处理，采用聚合氯化铝具有较好的混凝效果。

水中悬浮物浓度很低时，颗粒碰撞速率大幅减小，混凝效果差。为提高混凝效果，可以投加高分子助凝剂，如活化硅酸或聚丙烯酰胺等，通过吸附架桥作用，使絮凝体的尺寸和密度增大；投加黏土类矿物颗粒，可以增加混凝剂水解产物的凝结中心，提高颗粒碰撞速率并增加絮凝体密度；也可以在原水投加混凝剂后，经过混合直接进入滤池过滤。

（4）水力条件。要使杂质颗粒之间或杂质与混凝剂之间发生絮凝，一个必要条件是使颗粒相互碰撞。推动水中颗粒相互碰撞的动力来自两个方面，一是颗粒在水中的布朗运动，二是在水力或机械搅拌作用下所造成的流体运动。布朗运动造成的颗粒碰撞聚集称为“异向絮凝”，流体运动造成的颗粒碰撞聚集称为“同向絮凝”。

同向絮凝要求有良好的水力条件，控制混凝效果的水力条件，往往以速度梯度 G 值和 GT 值作为重要的控制参数。

GT 值是速度梯度 G 与水流在混凝设备中的停留时间 T 的乘积，可间接地表示在整个停留时间内颗粒碰撞的总次数。

在混合阶段，异向絮凝占主导地位。药剂水解、聚合及颗粒脱稳进程很快，故要求混合快速剧烈，通常搅拌时间在 10～30 s，一般 G 值为 500～1 000 s^{-1}。在絮凝阶段，同向絮凝占主导地位。絮凝效果不仅与 G 值有关，还与絮凝时间 T 有关。在此阶段，既要创造足够的碰撞机会和良好的吸附条件，让絮体有足够的成长机会，又要防止生成的小絮体被打碎，因此搅拌强度要逐渐减小，反应时间相对加长，一般在 15～30 min，平均 G 值为 20～70 s^{-1}，平均 GT 值为 1×10^4～1×10^5。

（三）混凝剂

为了使胶体颗粒脱稳而聚集所投加的药剂，统称为混凝剂，混凝剂具有破坏胶体稳定性和促进胶体絮凝的功能。习惯上将低分子电解质称为凝聚剂，这类药剂主要通过压缩双电层和电性中和机理起作用，而把主要通过吸附架桥机理起作用的高分子药剂称为絮凝剂。

混凝剂的基本要求：混凝效果好，对人体健康无害，适应性强，使用方便，货源可靠，价格低廉。

混凝剂种类很多，按化学成分可分为无机和有机两大类，如表 3-1 所示。

表 3-1　混凝剂的类型及名称

<table>
<tr><th colspan="3">类型</th><th>名称</th></tr>
<tr><td rowspan="3">无机类</td><td colspan="2">无机盐类</td><td>硫酸铝、硫酸亚铁、三氯化铁</td></tr>
<tr><td rowspan="2">无机高分子类</td><td>阴离子型</td><td>活化硅酸（AS）</td></tr>
<tr><td>阳离子型</td><td>聚合氯化铝（PAC）、聚合硫酸铝（PAS）、聚合氯化铁（PFC）、聚合硫酸铁（PFS）、聚合磷酸铝（PAP）、聚合磷酸铁（PFP）</td></tr>
<tr><td colspan="3">有机类</td><td>聚丙烯酰胺、聚丙烯酸钠、聚乙烯吡啶盐、聚乙烯亚胺</td></tr>
<tr><td colspan="3">助凝剂</td><td>pH 调整剂：氧化钙、氢氧化钙、碳酸钠、碳酸氢钠、碳酸钙
絮体结构改良剂：水玻璃、活性硅酸、粉煤灰、黏土等
氧化剂：氯气、次氯酸钠、漂白粉</td></tr>
</table>

1. 无机类混凝剂

（1）无机盐类。无机低分子混凝剂即普通无机盐，包括硫酸铝、硫酸亚铁、三氯化铁等。在水处理混凝过程中，投加铝盐或铁盐后，发生金属离子水解和聚合反应过程，其产物兼有凝聚和絮凝作用的特性。无机电解质在水中发生电离水解生成带电离子，其电性与水中颗粒所带电性相反，水解离子的价态越高，凝聚作用越强。但用于水处理时，无机低分子混凝剂成本高，腐蚀性大，在某些场合净水效果还不理想。以下是几种常见的无机盐类混凝剂。

①硫酸铝：硫酸铝使用方便，混凝效果较好，是使用历史最久、目前应用仍较广泛的一种无机盐混凝剂。净水用的明矾就是硫酸铝和硫酸钾的复盐 $Al_2(SO_4)_3 \cdot K_2SO_4 \cdot 24H_2O$，其作用与硫酸铝相同。硫酸铝的分子式是 $Al_2(SO_4)_3 \cdot 18H_2O$，其产品有精制和粗制两种。精制硫酸铝是白色结晶体；粗制硫酸铝质量不稳定，价格较低，其中 Al_2O_3 量为 10.5%～16.5%，不溶杂质含量 20%～30%，增加了药液配制和排除废渣等方面的难度。硫酸铝易溶于水，pH 在 5.5～6.5，水溶液呈酸性反应，室温时溶解度约 50%。

硫酸铝使用时水的有效 pH 范围较窄，与原水硬度有关。对于软水，pH 在 5.7～6.6；中等硬度的水，pH 在 6.6～7.2；较高硬度的水，pH 在 7.2～7.8。

除固体硫酸铝外，还有液体硫酸铝。液体硫酸铝制造工艺简单，含 Al_2O_3 量约为 6%，一般用坛装或灌装，通过车、船运输。液体硫酸铝使用范围与固体硫酸铝相似，但配制和使用均比固体硫酸铝方便得多，近年来在南方地区使用较为广泛。

②硫酸亚铁：硫酸亚铁分子式为 $Fe_2SO_4·7H_2O$，为半透明绿色晶体，又称为绿矾。易于溶水，水温 20℃时溶解度为 21%，硫酸亚铁离解出的 Fe^{2+}只能生成最简单的单核络合物，所以没有三价铁盐那样良好的混凝效果。残留在水中的 Fe^{2+}会使处理后的水带色，Fe^{2+}与水中的某些有色物质作用后，会生成颜色更深的溶解物。因此，在使用硫酸亚铁时，应将二价铁先氧化为三价铁，再进行混凝。

处理饮用水时，硫酸亚铁的重金属含量应极低，应考虑在最高投药量处理后，水中的重金属含量应在国家饮用水水质标准的限度内。

铁盐使用时，水的 pH 适用范围较宽，为 5.0～11.0。

③三氯化铁：三氯化铁分子式为 $FeCl_3·6H_2O$，是黑褐色晶体，也是一种常用的混凝剂，存强烈吸水性，极易溶于水，其溶解度随着温度的上升而增加，形成的矾花沉淀性能好，絮体结得大，沉淀速度快。处理低温水或低浊水时效果要比铝盐好。我国供应的三氯化铁有无水物、结晶水物和液体。液体、结晶水物或受潮的无水物具有强腐蚀性，尤其是对铁的腐蚀性最强。同时，它们对混凝土也有腐蚀，而且会使塑料管因发热而产生变形。因此，调制和加药设备必须考虑用耐腐蚀器材。例如，采用不锈钢的泵轴运转几周就会腐蚀，一般采用钛制泵轴有较好的耐腐蚀性能。三氯化铁 pH 适用范围较宽，但处理后的水的色度比用铝盐高。

（2）无机高分子类。无机高分子絮凝剂是 20 世纪 60 年代在传统的铝盐、铁盐的基础上发展起来的一类新型的水处理剂。药剂加入水中后，在一定时间内吸附在颗粒物表面，以其较高的电荷及较大的分子量发挥电中和及黏结架桥作用。相比原有低分子絮凝剂，它可成倍地提高效能，且价格相对较低，因而有逐步成为主流药剂的趋势。近年来，研制和应用聚合铝、铁、硅及各种复合型絮凝剂成为热点。

①聚合氯化铝：聚合氯化铝是目前生产和应用技术成熟、市场销量最大的无机高分子絮凝剂。在实际应用中，聚合氯化铝具有比传统絮凝剂用量省、净化效能高、适应性宽等优点，比传统低分子絮凝剂用量少 1/3～1/2，成本低 40%以上，因此在国内外已得到迅速发展。

聚合氯化铝也称碱式氯化铝。聚合氯化铝分子式表示为$[Al_2(OH)_n·Cl_{6-n}]_m$，其中，n 可取 1～5 的任何整数，m 为小于等于 10 的整数。这个化学式实际指 m 个 $Al_2(OH)_n·Cl_{6-n}$（羟基氯化铝）单体的聚合物。

聚合氯化铝的外观状态与盐基度、制造方法、原料、杂质成分及含量有关。盐基度小于 30%时为晶状固体；30%～60%为胶状固体；40%～60%为淡黄色透明液体；大于 60%时为无色透明液体，玻璃状或树脂状固体；大于 70%时的固体状不易潮解，易保存。

②聚合硫酸铝：除聚合氯化铝外，聚合硫酸铝在处理天然河水时，剩余浊度的质量分数低于 4 μg/g，COD_{Cr} 低于 6 mg/L，脱色效果明显；在处理含氟污水时，F^-含量低于 104 μg/g。聚合硫酸铝除浊效果显著，并且有较宽的温度和 pH 适用范围。

③聚合硫酸铁：聚合硫酸铁是一种红褐色的黏性液体，是碱式硫酸铁的聚合物。其化学式为$[Fe_2(OH)_n\cdot(SO_4)_{3-n/2}]_m$，其中 n、m 分别为 $n<2$、$m>10$ 的整数。聚合硫酸铁具有絮凝体形成速度快、絮团密实、沉降速度快、对低温高浊度原水处理效果好、适用水体的 pH 范围广等特性，同时能去除水中的有机物、悬浮物、重金属、硫化物及致癌物，无铁离子的水相转移，脱色、脱油、除臭、除菌功能显著，它的腐蚀性远比三氯化铁小。与其他混凝剂相比，它有很强的市场竞争力，其经济效益也十分明显，值得大力推广应用。

④活化硅酸：活化硅酸又称活化水玻璃、泡化碱，其分子式为$Na_2O\cdot xSiO_2\cdot yH_2O$。活化硅酸是粒状高分子物质，属阴离子型絮凝剂，其作用机理是靠分子链上的阴离子活性基团与胶体微粒表面间的范德华力、氢键作用而引起的吸附架桥作用，而不具有电中和作用。活化硅酸是在 20 世纪 30 年代后期作为混凝剂开始在水处理中得到应用的。活化硅酸呈真溶液状态，在通常的 pH 条件下其组分带有负电荷，对胶体的混凝是通过吸附架桥机理使胶体颗粒黏连，因此常称其为絮凝剂或助凝剂。

活化硅酸一般在水处理现场制备，无商品出售。因为活化硅酸在储存时易析出硅胶而失去絮凝功能。实质上活化硅酸是硅酸钠在加酸条件下水解聚合反应进行到一定程度的中间产物，其电荷、大小、结构等组分特征，主要取决于水解反应起始的硅浓度、反应时间和反应时的 pH。活化硅酸适用于硫酸亚铁与铝盐混凝剂，可缩短混凝沉淀时间，节省混凝剂用量。在使用时宜先投入活化硅酸。在原水浊度低，悬浮物含量少及水温较低（14℃以下）时使用，效果更为显著。在使用时要注意加注点，要有适宜的酸化度和活化时间。

2. 有机类混凝剂

有机类混凝剂，指线型高分子有机聚合物，即我们通常所说的絮凝剂。其种类按来源可分为天然类高分子絮凝剂和人工合成类高分子絮凝剂；按官能团的性质和所带电性可分为阴离子型、阳离子型、非离子型和两性型。另外，按反应类型可分为缩合型和聚合型。凡基团离解后带正电荷者称阳离子型，带负电荷者称阴离子型，分子中既含有正电荷基团又含有负电荷基团者称两性型，若分子中不含可离解基团者称非离子型。常用的有机类混凝剂，主要是人工合成的有机高分子混凝剂。

有机混凝剂品种很多，以聚丙烯酰胺为代表。其优点是投加量少，存放设施小，净化效果好。但对其毒性，各国学者看法不一，有待深入研究。聚丙烯酰胺是非离子型聚合物的主要品种，另外还有聚氧化乙烯。

聚丙烯酰胺是使用最为广泛的人工合成有机高分子絮凝剂，它是由丙烯酰胺聚合而成的有机高分子聚合物，无色、无味、无臭、易溶于水，没有腐蚀性。聚丙烯酰胺在常温下稳定，高温、冰冻时易降解，并会降低絮凝效果。因此，在贮存和配制投加时，注意温度控制在 2～55℃。

聚丙烯酰胺的聚合度可高达 20 000～90 000，相应的分子量高达 150 万～600 万。它的混凝效果在于对胶体表面具有强烈的吸附作用，在胶粒之间形成桥联。聚丙烯酰胺每一链节中均含有一个酰胺基（— $CONH_2$）。由于酰胺基之间的氢键作用，线性分子往往不能充分伸展开来，桥联作用削弱。

3．助凝剂

当单独使用某种絮凝剂不能取得良好效果时，还需要投加助凝剂。助凝剂是指与混凝剂一起使用，以促进混凝过程的辅助药剂。助凝剂通常是高分子物质。其作用往往是为了改善絮凝体结构，促使细小而松软的絮粒变得粗而密实，可调节和改善混凝条件。水处理常用助凝剂有骨胶、聚丙烯酰胺及其水解产物、活化硅酸、海藻酸钠等。

在水处理过程中还会用到其他一些种类的助凝剂，按助凝剂的功能不同，可以分为 pH 调整剂、絮体结构改良剂和氧化剂三种类型。

（1）pH 调整剂。在污水 pH 不符合工艺要求时，或在投加混凝剂后 pH 变化较大时，需要投加 pH 调整剂。常用的 pH 调整剂包括氧化钙、氢氧化钙、碳酸钠等。

（2）絮体结构改良剂。当生成的絮体较小，且松散易碎时，可投加絮体结构改良剂（如采用活化硅酸、黏土等）以改善絮体的结构，增加其粒径、密度和强度。

（3）氧化剂。当污水中有机物含量高时易起泡沫，絮凝体不易沉降。这时可以投加氯气、次氯酸钠等氧化剂来破坏有机物，从而提高混凝效果。

（四）混凝的过程与设备

水处理过程中，向水中投加药剂，进行了水与药剂的混合，从而使水中的胶体物质产生凝聚或絮凝，这一综合过程称为混凝过程。混凝的工艺操作包括药剂的配制与投加、混合和反应等几个步骤，每个步骤采用相应功能的设备（构筑物）。混凝过程之后，需要采用分离絮体和污水的措施。

二、沉淀池

1．作用

沉淀池是用来分离水中悬浮颗粒的一种主要处理构筑物，应用十分广泛，如混凝系统产生的絮体，就可以用沉淀工艺进行固液分离。

2. 分类

按照沉淀池内水流方向的不同，沉淀池可分为平流式、竖流式、辐流式和斜流式四种。

（1）平流式沉淀池：平流式沉淀池池型呈长方形，水在池内按水平方向流动，从池的一端流入，从另一端流出（图 3-4）。按功能区分，沉淀池可分为流入区、流出区、沉降区、污泥区以及缓冲层五个部分。流入区的任务是使水流均匀地流过沉降区，流入装置常用潜孔，在潜孔后（沿水流方向）设有挡板，其作用一方面是消除入流污水能量，另一方面也可使入流污水在池内均匀分布。为使入流污水均匀、稳定地进入沉淀池，进水区应有流入装置。流入装置由设有侧向或槽底潜孔的配水槽挡流板组成，起均匀布水作用。挡流板入水深不小于 0.25 m，水面以上部分为 0.15～0.2 m，距流入槽 0.5 m。常见的几种平流式沉淀池流入装置见图 3-5。

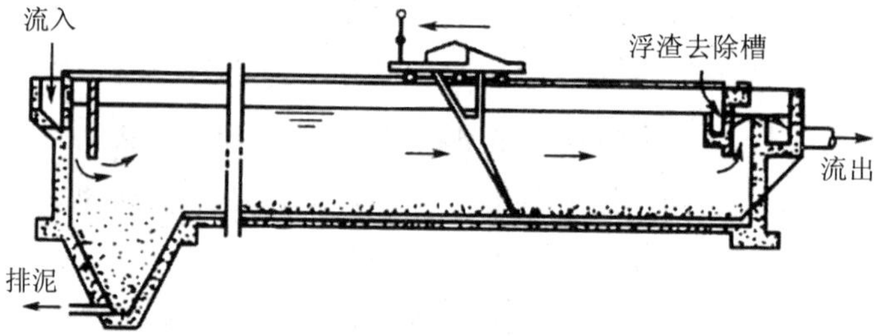

图 3-4　平流式沉淀池

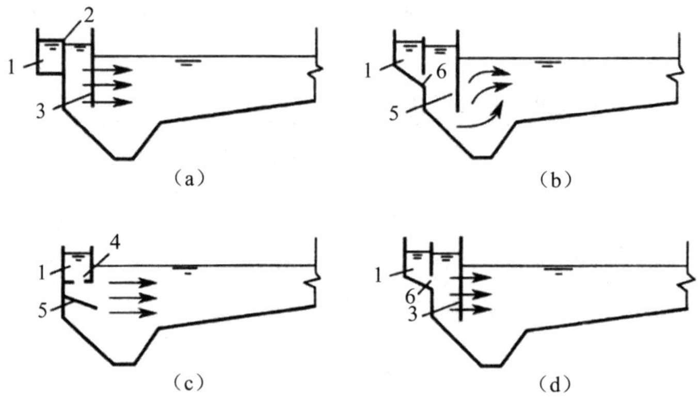

1-进水槽；2-溢流堰；3-穿孔整流墙；4-底孔；5-挡流板；6-潜孔。

图 3-5　平流式沉淀池流入装置

流出区设有流出装置（多采用自由堰型式），出水堰可用来控制沉淀池内的水面高度，且对池内水流的均匀分布有直接影响，安置要求是沿整个出流堰单位长度的溢流量相等。初次沉淀池溢流堰最大负荷不宜大于 2.9 L/（m·s），二次沉淀池不应大于 1.7 L/（m·s）。为了减少负荷，改善出水水质，溢流堰可采用多槽沿程布置。为此，锯齿形三角堰水面宜位于齿高的 1/2 处，见图 3-6（a）。为适应水流的变化，在堰口处设有能使堰板上下移动的调节装置，使出口堰口尽可能水平。为防止浮渣随出水流走，距溢流堰 0.25～0.5 m 堰前也应设挡板或浮渣槽。挡板应高出池内水面 0.1～0.15 m，并浸没在水面下 0.3～0.4 m。锯齿堰及沿程布置流出槽见图 3-6（b）。

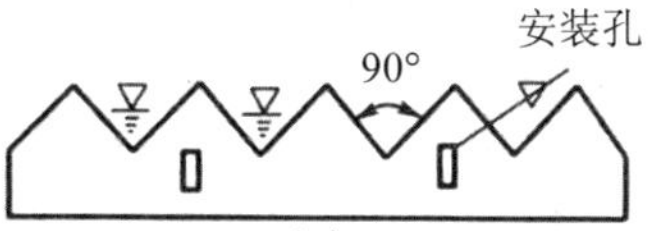

（a）

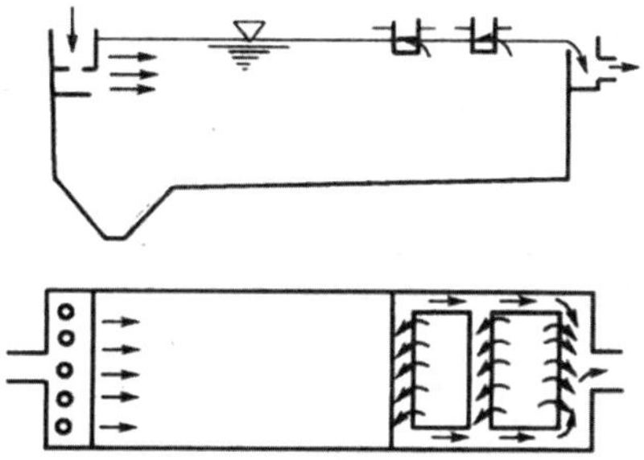
（b）

图 3-6 溢流堰及多槽流出装置

沉降区是可沉颗粒与水进行分离的区域。污泥区用于贮放和排出污泥，在沉淀池前端设有污泥斗，其他池底设有 0.01～0.02 的底坡。收集在泥斗内的污泥通过排泥管排出池外，排泥方法分为重力排泥与机械排泥，重力排泥的水静压力应大于等于 1.5 m，排泥管的直径通常不小于 200 mm。为了使已沉入池底与泥斗中的污泥不再浮起，有一层分隔沉降区与污泥区的水层，称为缓冲层，其厚度为 0.3～0.5 m。

不设置机械刮泥设备，可采用多斗式沉淀池，在每个贮泥斗单独设置排泥管，各自独立排泥，互不干扰，以保证污泥的浓度。

平流式沉淀池的沉降区有效水深一般为 2～3 m，污水在池中停留时间为 1～2 h，表面负荷 1～3 m^3/（m^2·h），水平流速一般不大于 5 mm/s。为了保证污水在池内分布均匀，池长与池宽比值以 4～5 为宜。

平流式沉淀池的主要优点是有效沉降区大，沉淀效果好，造价较低，对污水流量适应性强；缺点是占地面积大，排泥较困难。

（2）竖流式沉淀池：竖流式沉淀池在平面图形上一般呈圆形或正方形，原水通常由设在池中央的中心管流入，在沉降区的流动方向是由池的下面向上作竖向流动，从池的顶部周边流出（图 3-7）。池底锥体为贮泥斗，它与水平的倾斜角常不小于 45°，排泥一般常采用静水压力。

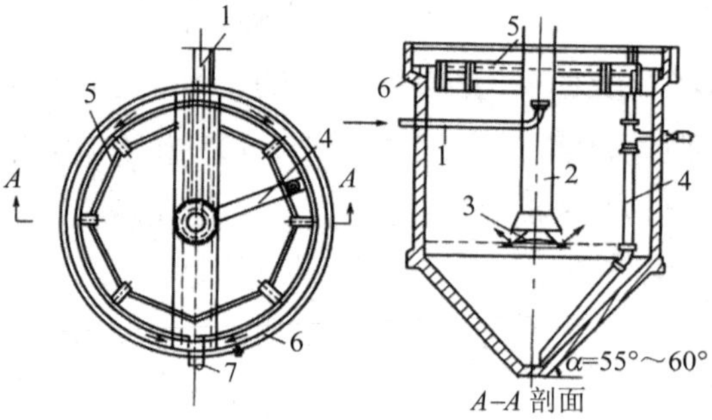

1-进水管；2-中心管；3-反射板；4-排泥管；5-挡板；6-流出槽；7-出水管。

图 3-7 圆形竖流式沉淀池

竖流式沉淀池的直径或边长一般在 8 m 以下，沉降区的水流上升速度一般采用 0.5～1.0 mm/s，沉降时间 1～1.5 h。为保证水流自下而上垂直流动，要求池子直径与沉降区深度的比值不大于 3。中心管内水流速度应不大于 0.03 m/s，而当设置反射板时，可取 0.1 m/s。污泥斗的容积视沉淀池的功能而异。对于初次沉淀池，池斗一般以贮存 2 d 污泥量来计算，而对于活性污泥法后的二次沉淀池，其停留时间取 2 h 为宜。

竖流式沉淀池的优点是排泥容易，不需设机械刮泥设备，占地面积较小。其缺点是造价较高，单池容量小，池深大，施工较困难。因此，竖流式沉淀池适用于处理水量不大的小型污水处理厂。

（3）辐流式沉淀池：辐流式沉淀池是一种圆形的、直径较大而有效水深则相应较浅的池子，池径一般在 30 m 以上，池中心处池深为 2.5～5 m，池周处池深为 1.5～3 m。池径与池高比值一般为 4～6。污水一般由池中心管进入，在穿孔挡板（称为整流板）的作用下使污水在池内沿辐射方向流向池的四周，水力特征是水流速度由大到小变化。由于池四周较长，出口处的出流堰口不容易控制水平，通常用锯齿形三角堰或淹没溢流孔出流，尽量保证出水均匀。

圆形大型辐流式沉淀池常采用机械刮泥，把污泥刮到池中央的泥斗，再靠重力或泥浆泵将污泥排走，其工艺构造见图 3-8。

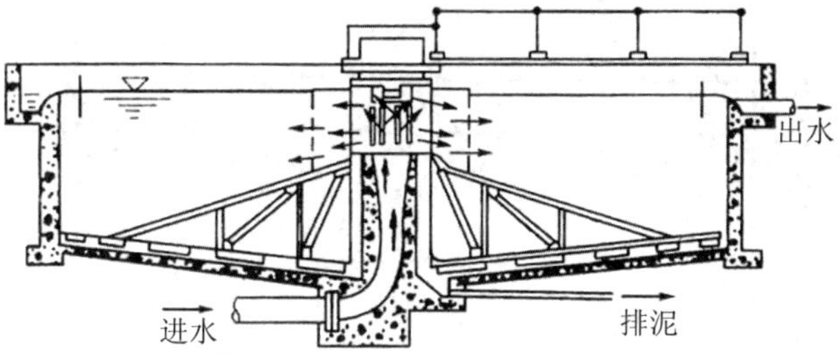

图 3-8　辐流式沉淀池工艺构造

辐流式沉淀池的优点是建筑容量大，采用机械排泥，运行较好，管理较简单。其缺点是池中水流速度不稳定，机械排泥设备复杂，造价高。这种池子适用于处理水量大的场合。

辐流式沉淀池按照进出水方式的不同分为三种，分别为中心进水周边出水的辐流式沉淀池、周边进水中心出水的辐流式沉淀池和周边进水周边出水的辐流式沉淀池，见图 3-9。目前以周边进水周边出水的辐流式沉淀池使用最为广泛。

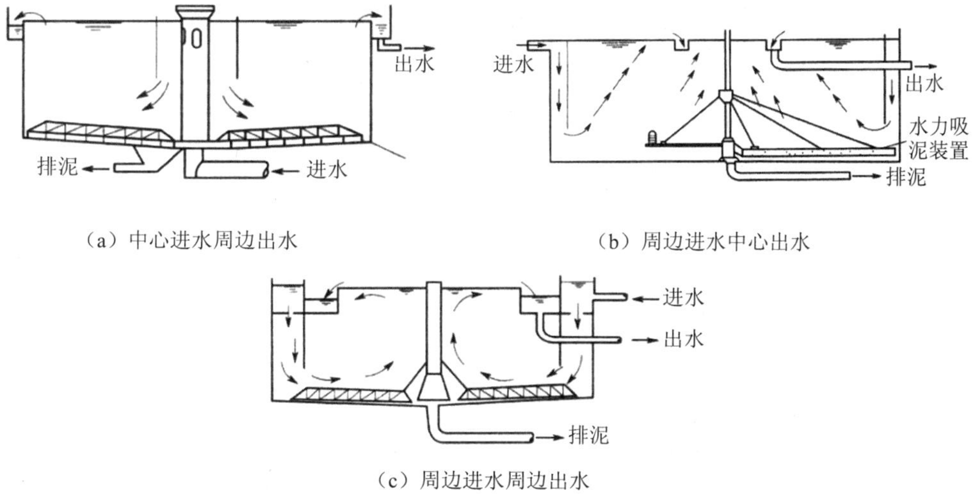

（a）中心进水周边出水　　（b）周边进水中心出水

（c）周边进水周边出水

图 3-9　几种不同进出水方式的辐流式沉淀池

（4）斜流式沉淀池：斜流式沉淀池是根据浅池理论，在沉淀池的沉淀区加斜板或斜管而构成。它由斜板（管）、沉淀区、配水区、清水区、缓冲区和污泥区等组成（图 3-10）。

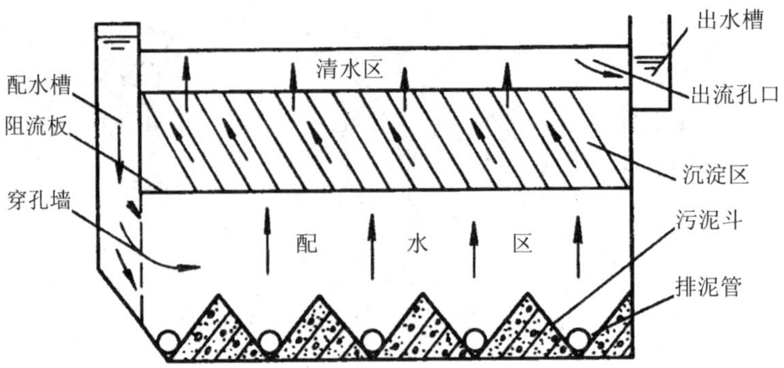

图 3-10　升流式斜流沉淀池

按斜板（管）间水流与污泥的相对运动方向来区分，斜流式沉淀池有异向流、同向流和横向流三种（图 3-11）。在污水处理中常采用升流式异向流斜流沉淀池（图 3-12）。

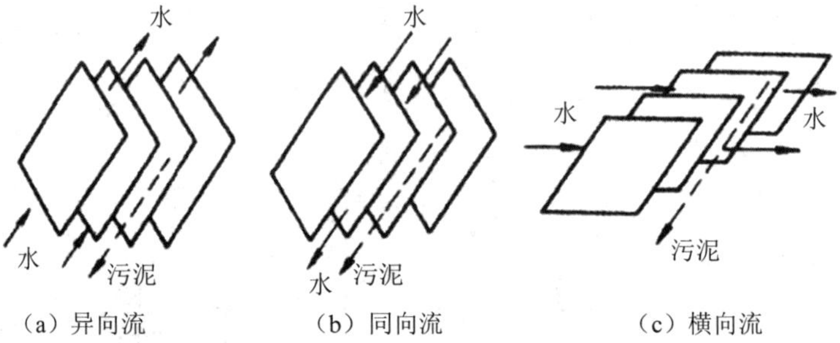

图 3-11　斜流式沉淀池泥、水流动方向示意

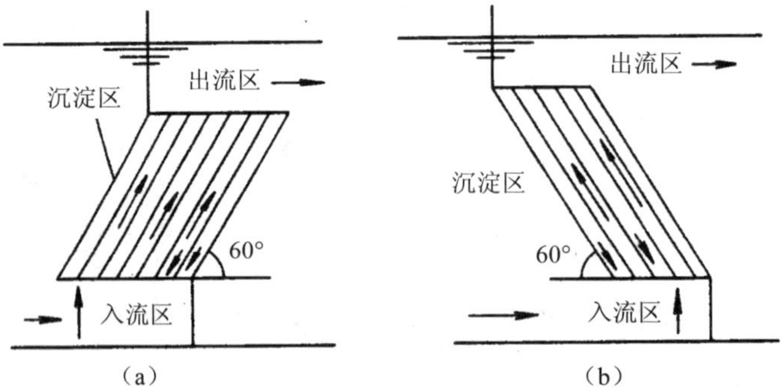

图 3-12　升流式异向流斜流沉淀池的两种形式

升流式异向流斜流沉淀池中，斜板（管）与水平面呈 60°，长度通常为 1.0 m 左右，斜板净距（或斜管孔径）一般为 80～100 mm。斜板（管）区上部清水区水深为 0.7～1.0 m，底部缓冲层高度为 1.0 m。

斜流沉淀池具有沉淀效率高、停留时间短、占地少等优点，在给水处理中得到比较广泛的应用。而在污水处理中的应用不普遍，尤其是生活污水。在选矿水、尾矿浆的浓缩、炼油厂含油污水的隔油等方面已有较成功的经验，在印染污水处理和城市污水处理中也有应用。

沉淀池各种池型的优缺点和适用条件见表 3-2。

表 3-2　沉淀池各种池型的优缺点和适用条件

池型	优点	缺点	适用条件
平流式	（1）沉淀效果好； （2）对冲击负荷和温度变化的适应能力较强； （3）施工简易，造价较低	（1）池子配水不易均匀； （2）采用多斗排泥，每个泥斗需要单独设排泥管各自排泥，施工建设工作量大；采用链带式刮泥机排泥时，链带的支撑件和驱动件都浸于水中，易锈蚀	（1）适用于地下水位高及地质较差地区； （2）适用于中、小型污水处理
竖流式	（1）排泥方便，管理简单； （2）占地面积小	（1）池子深度大，施工困难； （2）对冲击负荷和温度变化的适应能力较差； （3）造价较高； （4）池径不宜过大，否则布水不匀	适用于处理水量不大的小型污水处理厂
辐流式	（1）多为机械排泥，运行较好，管理较简单； （2）排泥设备已趋定型	机械排泥设备复杂，对施工质量要求高	（1）适用于地下水位较高地区； （2）适用于大、中型污水处理厂
斜流式	（1）沉淀效率高； （2）停留时间短； （3）占地少	池子不易清洗检修	（1）适用于小型污水处理厂； （2）适用于给水厂

三、澄清池

澄清池是利用池中积聚的活性泥渣与原水中的杂质颗粒相互接触、吸附，使杂质从水中分离出来，从而达到使水变清的构筑物，在一个构筑物中完成混合、絮凝、沉淀三个过程。澄清池适用于给水处理和污水处理，近年来，在污水深度处理工艺中应用越来越广泛。

澄清池利用活性泥渣加强了混凝过程，加速了固液分离，提高了澄清效率。但澄清池对水量、水质和水温的变化适应性差，管理技术要求较高。

澄清池的种类和型式较多，基本可分为泥渣循环澄清池和泥渣过滤澄清池两类，见图 3-13。

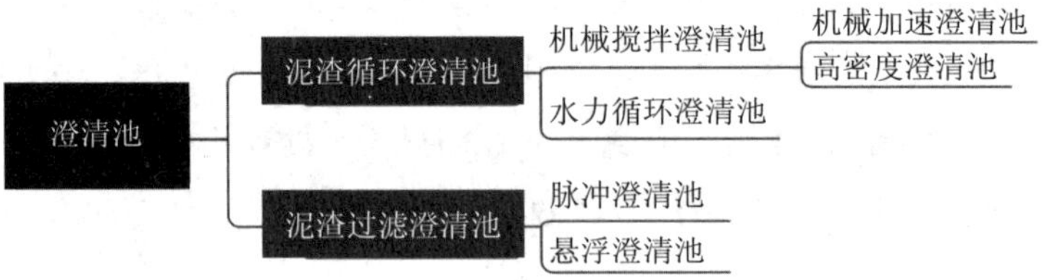

图 3-13　澄清池的分类

泥渣循环澄清池的原理是利用机械或水力的作用，使部分活性泥渣循环回流，在回流的过程中，活性泥渣不断地接触、吸附原水中的杂质，将杂质从水中分离出来。其主要池型有机械搅拌澄清池和水力循环澄清池。

泥渣过滤澄清池的原理：当原水通过处于悬浮状态的污水泥渣层时，水中杂质有机会与泥渣接触、碰撞，并被悬浮泥渣层吸附、过滤而截留下来，使水得到澄清。悬浮状态的泥渣层是利用上升水流速度与泥渣层重力下降速度的平衡，形成悬浮层的。其主要池型有脉冲澄清池和悬浮澄清池。泥渣过滤澄清池在管理上要求高，因此小水厂较多地采用泥渣循环澄清池。

下面介绍几种常用的泥渣循环澄清池。

1．机械加速澄清池

机械加速澄清池主要由进水管、配水槽、反应区、分离区、集水区、污泥浓缩室、搅拌设备等构成，见图 3-14。

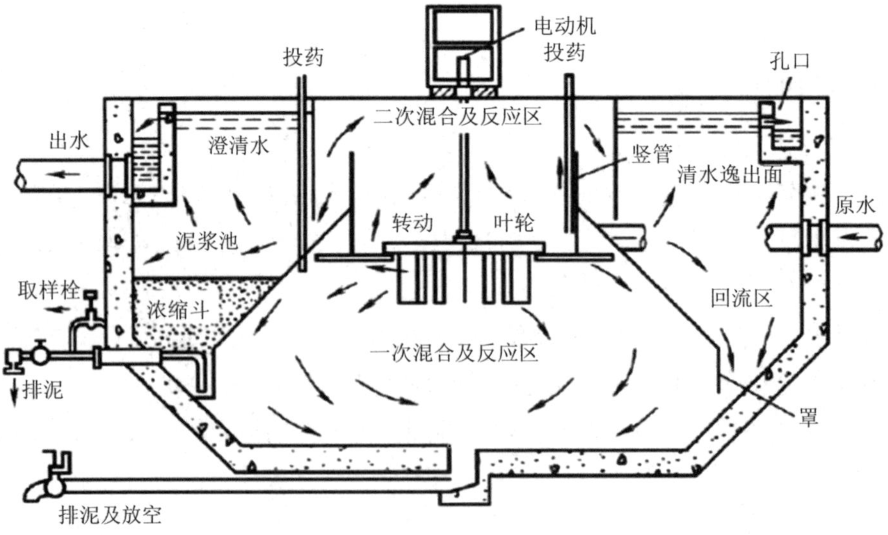

图 3-14　机械加速澄清池结构

机械加速澄清池的工作原理：原水由进水管引入，经环状三角形配水槽均匀地从锥体内壁流至一次混合及反应区。在搅拌叶轮的带动下，水体不断旋转，使原水、凝絮剂和回流的大量活性泥渣充分混合进行初步凝聚，生成细小矾花，再由提升叶轮将水（提升水量一般为进水量的 3～5 倍）送入二次混合及反应区，水流仍继续旋转，水中杂质被活性泥渣吸附，生成大颗粒矾花。当水体进入分离室后，由于面积突然扩大，流速急骤降低，形成泥、水分离的有利条件，清水上升经集水槽出水管流出，泥渣在重力作用下，沿伞形罩外壁下沉。由于叶轮的抽吸作用，大量泥渣回流至第一絮凝室，又和新进入的原水和凝聚剂混合，多余一部分泥渣进入浓缩室，经浓缩后由排泥管定期排出。

机械搅拌澄清池对水量、水质变化的适应性较强，处理效果较稳定，一般适用于进水浊度在 5 000 mg/L 以下的情况，短时间内允许达到 5 000～10 000 mg/L。但其需要机械搅拌设备，维修麻烦。

2. 高密度澄清池

高密度澄清池综合了斜管沉淀和泥渣循环回流的优点，工艺结构可分为反应区、预沉-浓缩区、斜管分离区 3 个主要部分，见图 3-15。

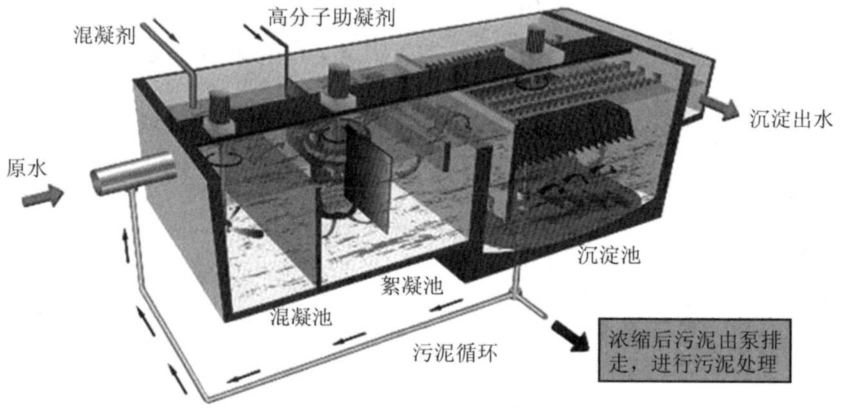

图 3-15　高密度澄清池结构

（1）反应区。在该区进行物理-化学反应。反应区分为两个部分，具有不同的絮凝能量，中心区域配有一个轴流叶轮，使流量在反应区内快速絮凝和循环；在周边区域，主要是柱塞流使絮凝以较慢速度进行，并分散低能量以确保絮状物增大致密。

加注混凝剂的原水经高密度澄清池前部的快速混合池混合后进入反应区，与浓缩区的部分沉淀泥渣混合，在絮凝区内投加助凝剂并完成絮凝反应。经搅拌反应后的出水以推流形式进入沉淀区域，反应池中悬浮固体（絮状物或沉淀物）的浓度保持在最佳状态，泥渣浓度通过来自泥渣浓缩区的浓缩泥渣的外部循环得以维持。

因此，反应区可获得大量高密度、均质的矾花，以满足接触絮凝要求。这些絮状物以较高的速度进入预沉区域。

（2）预沉-浓缩区。矾花慢速地从一个大的预沉区进入澄清区，这样可避免损坏或产生旋涡，使大量的悬浮固体颗粒在该区均匀沉积。

矾花在澄清池下部汇集成污泥并浓缩。浓缩区分为两层，一层位于排泥斗上部，另一层位于其下部。上层为再循环污泥的浓缩，污泥在这层的停留时间为几小时，然后排到排泥斗内。排泥斗上部的污泥入口处较大，无须开槽。部分浓缩污泥自浓缩区用污泥泵排出，循环至反应池入口。下层是产生大量浓缩污泥的地方，浓缩污泥的浓度不小于20 g/L。污泥浓缩区设有超声波泥位控制开关，用来控制污泥泵的运行，这能保证浓缩污泥层在所控制的范围内，并保证浓缩池的正常工作。

采用污泥泵从预沉-浓缩区的底部抽出剩余污泥，送至污泥脱水间直接进行脱水处理。

（3）斜管分离区。斜流式异向流沉淀池可将剩余的矾花沉淀，通过固定在清水收集槽下侧的纵向板进行水力分布，这些板有效地将斜管分为独立的几组以提高对水流的均匀分配。澄清水由一个集水槽系统回收。絮凝物堆积在澄清池的下部，形成的污泥也在这部分区域浓缩。通过刮泥机栅条的慢速搅动，将污泥间空隙水排挤，浓缩污泥在刮泥机轴心较小范围内聚集，部分循环至反应池入口处，剩余污泥排放。

3. 水力循环澄清池

水力循环澄清池主要由进出水系统、混凝系统、分离系统、排泥系统四个部分构成，见图 3-16。进出水系统包括进水管、出水槽、出水管，混凝系统包括喷嘴、喉管、喇叭口、第一絮凝室（反应室）和第二絮凝室（反应室）；分离系统主要为分离室；排泥系统包括浓缩室、排泥管、放空管。

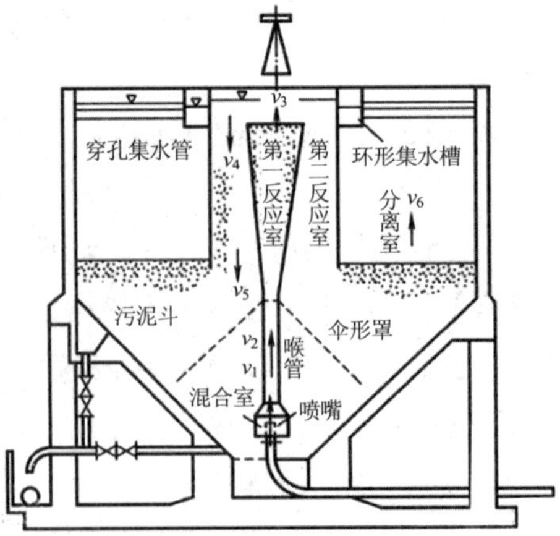

图 3-16 水力循环澄清池结构

水力循环澄清池的工作原理：投加凝聚剂的原水由进水管引入，利用进水本身的动能，使喷嘴产生高速水流进入喉管，在喇叭口四周形成真空，将数倍于进水量的活性泥渣吸入喉管，使原水、凝聚剂、活性泥渣在此进行剧烈而均匀地快速混合，然后进入絮凝室。

水流通过第一絮凝室和第二絮凝室时，由于水流断面的逐渐扩大，水流速度逐渐降低，在这种流速的作用下，增加了颗粒间的接触碰撞，又因利用了活性泥渣较大的吸附能力，在絮凝室中迅速形成较大的矾花颗粒，有效地完成了混凝过程。

当水流进入分离室后，流速突然降低，产生泥、水分离的有利条件，清水通过分离室上的清水区进入出水槽，从出水管中流出，泥渣由于重力作用而下沉，一部分通过浓缩室由排泥管排出，以保持池内泥渣量的平衡，大部分泥渣进行循环回流，重复利用。

水力循环澄清池体积小、效率高，其构造简单，无机械、真空、虹吸等一套较复杂的构件，能充分利用进水本身的动能，节省能耗；有较大的适应性，处理浊度范围较广；可连续工作，也允许间隙运转、施工，以及运转管理较方便。它适用于与无阀滤池配套使用。

水力循环澄清池单池产水量为 40～320 m^3/h，进水悬浮物含量一般要求小于 2 000 mg/L。

任务实施

子任务 3.1　絮凝沉淀池加药量调控

一、任务目的

本子任务通过介绍高效沉淀池絮凝反应状态和沉淀效果来判断加药量是否合理，并调节加药量到最合适的值。

二、准备工作

1. 知识准备

（1）絮凝反应区也就是慢混区，由可调速搅拌机控制加药后混合水的搅拌速度，促进矾花的增大，使矾花密实均匀。絮凝反应区中污水在助凝剂和回流污泥的作用下，形成高浓度的悬浮泥渣层来增加颗粒碰撞机会，有效吸附胶体、悬浮物、乳化油、COD及金属离子等污染物。污泥回流不仅可以节省药剂投加量，而且可使反应区内的悬浮固体浓度维持在最佳水平，从而达到优化絮凝反应的目的。

同时，需注意以下几点：

①絮凝剂投加点：投加在底部导流筒内。

②搅拌速度：控制速度梯度 G 值（G 值为 30～60 s^{-1}，单位池容搅拌功率为 6～12 W）。

③污泥回流：回流至絮凝区，回流点在回流桶内，回流比根据烧杯试验确定。

④污泥回流量：2%～4%；泵应设置变频器。

（2）絮凝剂投加。絮凝剂 PAM 投加量取决于进水中悬浮固体物的性质和浓度，必须通过浓度更高的进水来确定。实验中需控制的参数是絮凝物、污泥量和沉淀速度。投加点上的聚合物的浓度必须稀释到 0.05～0.1 g/L，以实现最好的絮凝效果。

2. 实训场地

（1）远程控制：中控室。

（2）手动控制：设备安装现场。

3. 实训设备

（1）中控室上位机系统（控制界面见图 3.1-1）。

（2）现场高效沉淀池加药系统主要设备（表 3.1-1）。

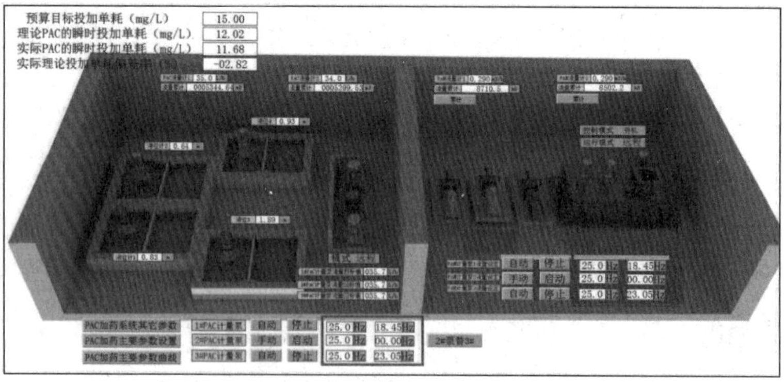

图 3.1-1　高效沉淀池加药系统中控室上位机系统控制界面

表 3.1-1　高效沉淀池加药系统主要设备

序号	设备名称	安装位置	用途
1	PAC 加药计量泵	加药间	调节 PAC 的加药量
2	PAM 加药计量泵	加药间	调节 PAM 的加药量

三、方法步骤

（1）现场判断高效沉淀池絮凝区矾花颗粒状态及出水浊度情况（图 3.1-2）。①当絮凝池末端出现矾花颗粒细小，水体浑浊，且沉淀池出水浊度升高时，可以判断为混凝剂投加不足［图 3.1-2（a）］。②当絮凝池末端出现矾花颗粒大而松散，沉淀池出水异常清澈，但出水中携带大量矾花时，可以判断为混凝剂投加过量［图 3.1-2（b）］。③当絮凝池末端出现矾花颗粒大，水体浑浊，且沉淀池出水浊度升高时，可以判断为混凝剂投加过量，絮凝剂投加不足，混凝剂和絮凝剂的投加比例一般控制在 100∶1［图 3.1-2（c）］。

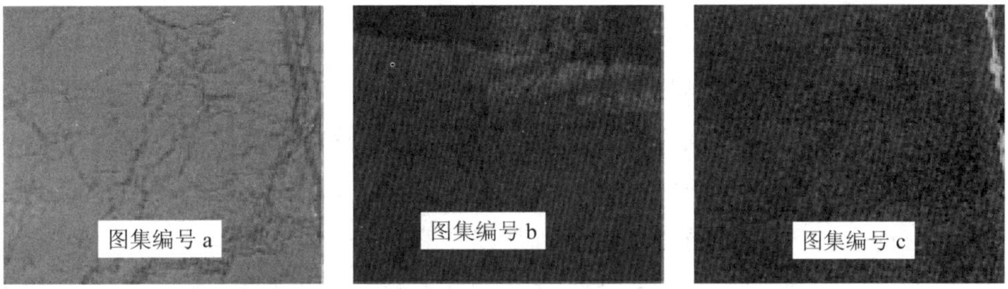

（a）　（b）　（c）

图 3.1-2　高效沉淀池絮凝区矾花颗粒状态

（2）在中控室混凝剂和絮凝剂加药系统的控制界面，根据矾花颗粒状态及出水浊度，将混凝剂和絮凝剂计量泵频率调整至合适值。

（3）调整之后需要持续观察出水 TP 和 SS 情况，确认调整有效。

子任务 3.2　沉淀池出水浊度的调控

一、任务目的

本子任务讲解影响沉淀出水浊度的因素，从而掌握控制出水浊度的方法。

二、准备工作

1. 知识准备

1）沉淀区

沉淀区由以下两部分组成。

斜管下方的成层沉淀：大部分矾花在此区域中沉淀。

斜管澄清模块：使斜管增大了沉淀面积，这个模块用于去除剩余的矾花和产出合格的出水。

2）沉淀池

沉淀池是高效沉淀池系统中重要的部分，大部分矾花在这里沉淀和浓缩。连续刮扫促进了沉淀污泥的浓缩，部分污泥回流到反应池中。这种精确控制的外部污泥回流用来维持均匀絮凝所要求的高污泥浓度。斜板放置在沉淀池的顶部，用于去除剩余的矾花和产出合格的水。

3）出水浊度影响因素

（1）反应池污泥回流比的控制有以下内容：

①污泥回流比的控制原则。确定污泥的沉降性能：污泥在带有刻度的量筒（1 L）中沉淀 10 min 后的泥层高度即污泥的沉降比（以%表示）。量筒中沉淀污泥的量应该是 30～150 mL，也就是说，性能良好的泥层的沉降比一般在 3%～15%。

如果没有足够的污泥，所取得的处理效果就不会好。如果泥量过多，就会超出固体负荷的限制，泥床有上升的危险。好的污泥回流能达到 3%～5%的污泥沉降比，甚至更高。

②污泥回流调节。改变回流泵的流量，可以调节污泥的沉降比。最佳调节是在流量最大的情况下完成的。请注意下列数据：如果污泥比超过 15%，则减小回流泵的流量；如果泥床升高了，则降低预设的沉降比值（回流泵流量）；当回流污泥的沉降比值得到满足时，不管进水流量如何，回流泵的调整值均可以保持不变。

如果流量陡增或泥位升高，可以采取以下手段：降低污泥回流流量；逐步提高进水流量：每次约为最大流量的 10%，每次所需的时间为 20～30 min。

当系统内没有污泥时启动，应从底部进行污泥回流以便反应池尽快达到适合的污泥浓度。当泥床位置升至 0.5～1 m 时（或泥位超过低位探头时），恢复从池锥部位回流污泥。

（2）泥位。泥床的作用在于为回流积攒足够的污泥并提高污泥的浓度。泥位的稳定性是判断高效沉淀池运行状况的一个指标。通过一系列的仪表监测污泥界面，并以此为依据对排泥进行控制和调节。

（3）混凝剂的投加量。

（4）絮凝剂的投加量。

（5）回流污泥浓度不小于 8 000 mg/L。

4）浊度高时调节的控制参数

（1）现场找到高效沉淀池的泥位计或者手工测量泥位，判断泥位是否在 0.5～1 m，如果低于 0.5 m，则需关闭排泥泵；如果高于 1 m，则需加大排泥，增开排泥泵或者加大排泥时间。

（2）检查测算污泥回流是否控制在 3%～5%，如果低于这个范围，则需通过调节回流泵增大或者减少回流量。

（3）检查混凝剂和絮凝剂投加量是否合理。

（4）检查回流污泥浓度是否不小于 8 000 mg/L。

2. 实训场地

（1）远程控制：中控室。

（2）手动控制：设备安装现场。

3. 实训设备

（1）中控室上位机系统。

（2）现场高效沉淀池主要设备（表 3.2-1）。

表 3.2-1　高效沉淀池主要设备

序号	设备名称	安装位置	用途
1	混凝搅拌机	混凝区	帮助进水与混凝剂混合并避免矾花沉淀
2	絮凝搅拌机	絮凝区	确保絮凝剂搅拌充足和絮凝良好
3	回流污泥泵	污泥泵房	回流污泥至絮凝区，加速矾花的生长以及增加矾花的密度
4	剩余污泥泵	污泥泵房	排放剩余污泥
5	刮泥机	沉淀区	将沉淀区的污泥刮至底部
6	泥位计	沉淀区	观察污泥泥床的泥位
7	PAC 加药计量泵	加药间	调节 PAC 的加药量
8	PAM 加药计量泵	加药间	调节 PAM 的加药量

三、方法步骤

（1）通过中控室界面，观察判断高效沉淀池出水 TP 和 SS 是否在标准范围。执行《城镇污水处理厂污染物排放标准》（GB 18918—2002）一级 A 标准时，TP≤0.5mg/L，SS≤10 mg/L。

（2）通过中控室控制界面（图 3.2-1），观察判断泥位是否在 0.5～1 m，如果低于 0.5 m，则需关闭排泥泵；如果高于 1 m，则需加大排泥，增开排泥泵或者加大排泥时间。

（3）检查测算污泥回流是否控制在 3%～5%，如果高于 5%，需通过减少回流泵频率减少回流量；如果低于 3%，则需通过加大回流泵频率加大回流量。

（4）观察絮凝区的矾花颗粒状态，执行子任务 3.1 中调控加药量的方法。

（5）检查回流污泥浓度是否不小于 8 000 mg/L，如果低于这个范围，则需增大排泥的间隔时间（一般为每 2 h 排泥 2～3 min，可加大到每 3～4 h 排泥 2～3 min）。

（6）调整之后需要持续观察出水 TP 和 SS 情况，确认调整有效。

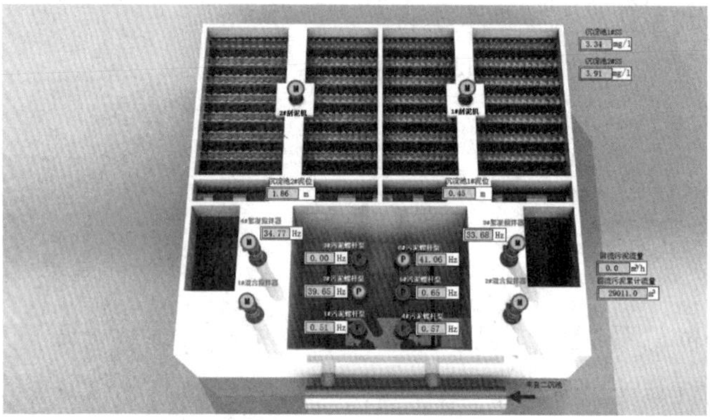

图 3.2-1　高效沉淀池中控室控制界面

子任务 3.3　混凝搅拌试验及数据处理

一、任务目的

本子任务讲解混凝搅拌试验方法步骤，要求掌握混凝搅拌试验及数据处理方法。

二、准备工作

1. 知识准备

（1）实验原理。水中粒径小的悬浮物以及胶体物质，由于微粒的布朗运动、胶体颗粒间的静电斥力和胶体表面的水化作用，水中这种含浊状态稳定。向水中投加混凝剂后，产生以下作用：①能降低颗粒间的排斥能峰，降低胶粒的 δ 电位，实现胶粒的“脱稳”；

②发生高聚物式高分子混凝剂的吸附架桥作用；③网捕作用，从而达到颗粒的凝聚。

（2）化学除磷原理。化学除磷是通过化学沉析过程完成的，化学沉析是指通过向污水中投加无机金属盐药剂，与污水中溶解性的盐类，如磷酸盐混合后，形成颗粒状、非溶解性的物质，这一过程涉及相转移过程，反应方程如下：

$$FeCl_3+K_3PO_4 \longrightarrow FePO_4\downarrow +3KCl$$

实际上投加化学药剂后，污水中进行的不仅是沉析反应，还进行着化学絮凝反应。

污水沉析反应可以简单地理解为：水中溶解状的物质，大部分是离子状物质转换为非溶解、颗粒状形式的过程，而絮凝则是细小的非溶解状的固体物互相黏结成较大形状的过程，所以絮凝不是相转移过程。

2. 实训场地

化验室。

3. 实训设备

实验室设备。

三、方法步骤

1. 准备实验设备及仪器

（1）智能型六联搅拌器（附 1 000 mL 烧杯 6 个）。

（2）分光光度计。

（3）1 000 mL 烧杯 12 个。

（4）200 mL 烧杯 14 个。

（5）100 mL 注射器 2 个（移取上清液用）。

（6）1 000 mL 量筒 1 个（量取原水体积）。

（7）10%的 PAC 溶液。

（8）天平。

（9）PAM 固体粉末。

2. 配制药剂

配制 PAC 溶液：将药剂稀释 100 倍后，用移液管吸取 1 mL 药剂于 100 mL 容量瓶中，加自来水稀释至刻度线，反复摇匀，保存在容量瓶中备用。

配制阴离子 PAM 溶液（0.5 g/L）：取 0.5 g PAM 粉末置于 1 000 mL 烧杯中，加 500 mL 自来水充分溶解，溶解过后移入 1 000 mL 容量瓶中，加自来水稀释至刻度线，反复摇匀，保存在容量瓶中备用。

3．实验操作步骤

（1）熟悉智能型六联搅拌器的使用方法。

（2）用 1 000 mL 量筒取 6 个 800 mL 水样至 6 个 1 000 mL 烧杯中（所取水样已经过均匀混合搅拌，且取样时是一次量取），分别编号 1、2、3、4、5、6。

（3）投药量：分别按 5 mL、10 mL、15 mL、20 mL、25 mL、30 mL PAC 溶液投加。

（4）将水样置于搅拌器下（搅拌时间和程序已按说明书预先设定好）。与此同时，按设定的投药量，用移液管分别移取不同量的药液至加药管中。

（5）开动机器，在第一次自动加药后，用蒸馏水冲洗加药试管两次。

（6）混凝实验搅拌器以 200 r/min 的速度搅拌 2 min，在搅拌结束前 30 s 加入 0.8 mL PAM 溶液，快速搅拌改成慢速搅拌（40 r/min），慢速搅拌 10 min 后停止搅拌。

（7）沉淀 30 min 后，取上清液测定 TP 和 SS，比较除磷效果和混凝沉淀效果。

4．实验数据记录

实验数据记录见表 3.3-1。

表 3.3-1　实验数据记录

编号	1	2	3	4	5	6
投药量/mL	5	10	15	20	25	30
剩余 TP/（mg/L）						
剩余 SS/（mg/L）						

5．数据处理

根据投药量及剩余 TP、剩余 SS 绘制曲线图，当剩余 TP 和剩余 SS 都降到出水标准要求值以下，且投加量最低时为最佳投加量。

子任务 3.4　加药系统最佳投加量分析

一、任务目的

掌握确定加药系统最佳投加量的方法。

二、准备工作

1．知识准备

（1）混凝沉淀原理。该水中含有多种组分，可以分为三类。

悬浮颗粒物：这些物质可能是源于矿物质的沙子、淤泥、黏土等，或源于有机物，如动植物的分解物、腐殖酸或富里酸，此外还含有细菌、浮游生物、藻类、病毒等微生物。这些物质是浊度和色度不达标的原因。

胶体颗粒（小于 1 μm）：它们与悬浮颗粒物同源，但是它们更小并且沉降速度非常慢。这些物质同样是造成浊度和色度不达标的原因。

溶解性物质（小于 0.2 nm）：它们通常为阳离子或阴离子。部分有机物可溶于水。气体也同样存在于水中，如氧气、二氧化碳、硫化氢等。

混凝沉淀工艺去除的对象是污水中呈胶体和微小悬浮状态的有机和无机污染物。从表观而言，就是去除污水中的色度和浊度。另外，混凝沉淀还可以去除污水中的某些溶解性物质，如磷、砷、汞等。

混凝沉淀技术是将适当数量的混凝剂投入污水中，经过充分混合、反应，使污水中微小悬浮颗粒和胶体颗粒互相产生凝聚作用，成为颗粒较大，而且易于沉淀的絮凝体（颗粒粒径大于 20 μm），再经过沉淀加以去除。

水处理的混凝作用是通过压缩双电层、电荷中和作用、吸附架桥以及沉淀物网捕等一系列反应，形成絮凝体。此外，在对某些物质的去除过程中，还可能存在物理吸附和络合等反应。混凝搅拌器转速一般为 50～100 r/min，絮凝搅拌器转速一般为 15～30 r/min。混凝沉淀主要控制参数为搅拌强度和搅拌时间。搅拌强度常用相邻两个水层中的两个颗粒的速度梯度 G 表示：

$$G=\sqrt{\frac{p}{\mu}}$$

式中，μ为水的动力黏度，Pa·s；p 为单位体积流体所耗功率，W/m^3；G 为速度梯度，s^{-1}。

混凝过程的控制参数为：

混合池：G=500～1 000 s^{-1}

T=0.3～2 min（一般不超过 2 min）

GT=1×10^4～3×10^4

絮凝池：G=20～70 s^{-1}

T=15～30 min

GT=1×10^4～1×10^5

G 值越高则颗粒物越趋于聚集，但过高的速度梯度将会因为剪切力过大而破坏矾花。

（2）加药系统最佳投加量的控制意义。磷的去除有化学除磷和生物除磷两种工艺，生物除磷是一种相对经济的除磷方法，但由于使用该除磷工艺目前出水还不能保证稳定达到 0.5 mg/L 的要求，所以常需要采取化学除磷措施来满足要求。为了控制生产成本及降低化学污泥的产生，需寻找混凝剂的最佳投加量。

2．实训场地

（1）远程控制：中控室。

（2）手动控制：设备安装现场。

3．实训设备

（1）中控室上位机系统（控制界面见图 3.4-1）。

（2）加药系统控制设备。

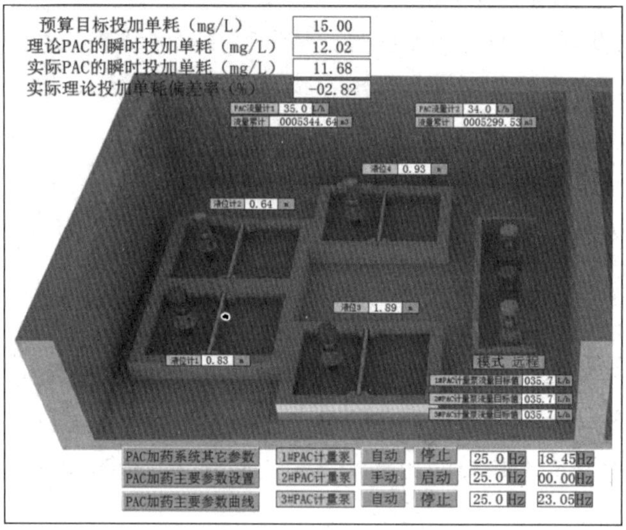

图 3.4-1 高效沉淀池混凝剂中控室控制界面

三、方法步骤

（1）通过理论计算，判断目前药剂的投加量是否合适，并得到理论的最佳投加量。

除磷剂投加量计算示例：

某污水处理厂采用传统活性污泥法，污水处理量为 10 000 m^3/d，假定 24 h 水量相同，二沉池出水实测 TP 为 1.5 mg/L，预控制出水 TP 为 0.4 mg/L，本次采用有效成分为 40%、密度为 1.42 kg/L 的 $FeCl_3$ 溶液或有效成分为 10%（Al_2O_3）、密度为 1.2 kg/L 的 PAC 溶液，$FeCl_3$ 溶液和 PAC 溶液投加量计算方法如下。

$FeCl_3$ 溶液投加量计算方法为：

沉淀化学除磷按照 1 mol 磷需要 1.5 mol 的铝盐或者铁盐来考虑。

$$\text{TP 去除量}= 1.5\ \text{mg/L} - 0.4\ \text{mg/L}=1.1\ \text{mg/L}$$

$$FeCl_3\text{溶液投加量} = \frac{1.1\times 1.5\times \dfrac{56}{31}\times \dfrac{56+35.5\times 3}{56}}{40\%}\ \text{mg/L} = 21.6\ \text{mg/L}$$

$$FeCl_3\text{每天投加量}= 10\ 000\ \text{m}^3 \times 21.6\ \text{mg/L} =10\ 000\ \text{m}^3 \times 21.6\ \text{g/m}^3 = 216\ \text{kg} = 0.216\ \text{t}$$

$$FeCl_3\text{溶液流量} = \frac{216\ \text{kg/d}}{24\ \text{h/d}\times 1.42\ \text{kg/L}} = 6.34\ \text{L/h}$$

PAC 溶液投加量计算方法为：

$$\text{PAC溶液投加量} = \frac{1.1\times 1.5\times \dfrac{27}{31}\times \dfrac{27\times 2+16\times 3}{27\times 2}}{10\%}\ \text{mg/L} = 27.2\ \text{mg/L}$$

$$\text{每天 PAC 投加量}= 10\ 000\ \text{m}^3 \times 27.2\ \text{mg/L} = 272\ \text{kg} = 0.272\ \text{t}$$

$$\text{PAC溶液流量} = \frac{272\ \text{kg/d}}{24\text{h/d}\times 1.2\ \text{kg/L}} = 9.48\ \text{L/h}$$

（2）按照混凝沉淀实验步骤进行小试实验，确定最佳投加量。

（3）根据小试实验，计算得出生产所需药剂投加量。

（4）点击进入中控室混凝剂加药系统的控制界面，根据所需投加量将混凝剂计量泵频率调整至合适值。

（5）观察出水的 SS 和出水 TP 是否在标准范围，如果超出标准范围，则重复（4），继续加大投加量，直至出水 SS 和 TP 在标准值以下，执行《城镇污水处理厂污染物排放标准》（GB 18918—2002）一级 A 标准时，TP≤0.5mg/L，SS≤10 mg/L。

任务小结

本子任务主要学习了根据高效沉淀池絮凝反应情况和沉淀效果合理调节加药量；通过分析沉淀出水浊度的影响因素，控制出水浊度；利用混凝试验分析计算适应水质的最佳投加量；按照沉淀混凝效果来调节加药系统控制参数。

任务练习

（1）简述混凝搅拌实验的操作步骤。

（2）当出现絮凝池末端矾花颗粒细小，水体浑浊，且沉淀池出水浊度升高时，如何进行工艺调控？

任务 4　滤池过滤工艺调控

任务目的

（1）掌握滤池过滤系统、反冲洗系统运行指标。

（2）掌握合理控制滤池反冲洗的方法。

专业知识

污水均匀而缓慢地通过一层或几层滤料去除污染物的工艺，称为过滤。

二级出水经混凝沉淀工艺之后，仍含有部分颗粒物质及磷等污染物，如进一步将其去除，应采用过滤工艺。在污水深度处理系统中，过滤工艺可去除前级生物处理及混凝沉淀工艺都不能去除的一些细小悬浮颗粒及胶体颗粒，使水污染中的 SS、浊度、BOD_5、COD、磷、重金属、细菌及病毒的浓度进一步降低。

任务实施

子任务 4.1　滤池过滤系统、反冲洗系统运行指标的调控

一、任务目的

掌握滤池过滤系统、反冲洗系统运行指标的调控方法。

二、准备工作

1. 知识准备

过滤系统设备包括滤池本体、反冲洗鼓风机房、控制柜、反冲洗水泵间、废水池。

整个滤池系统均设计在一座或几座建（构）筑物内。

滤池工作时，过滤过程称为恒水位过滤。就地柜 PLC 通过检测滤池实际水位和基准水位之间的偏差，调节进水阀门或出水阀门的开度来控制过滤水位，达到恒水位过滤的目的；当滤池的反冲洗周期达到设定值、压头损失达到设定值或强制时，自动反冲洗，允许反冲洗后滤池进入反冲洗过程，即气洗—气水洗（联洗）—水洗—熟化四个步骤，每次只有一格滤池冲洗，如果有两格滤池同时要求冲洗，则按先后顺序排队等候，时间间隔 2 min。主要参数可通过触摸屏或上位机进行设定和修改。

2．实训场地

（1）远程控制：中控室。

（2）手动控制：设备安装现场。

3．实训设备

（1）中控室上位机系统。

（2）生化系统控制设备。

三、方法步骤

1）反冲洗系统控制指标

图 4.1-1 为上位机滤池参数设定界面，反冲洗系统控制指标主要参数如下。

（1）恒水位：1.0～1.5 m。

（2）反冲洗周期：80～240 h。

（3）水头损失：80%～100%。

（4）气洗时间：0.5～5 min。

（5）联洗时间：0.5～5 min。

（6）水洗时间：1～5 min。

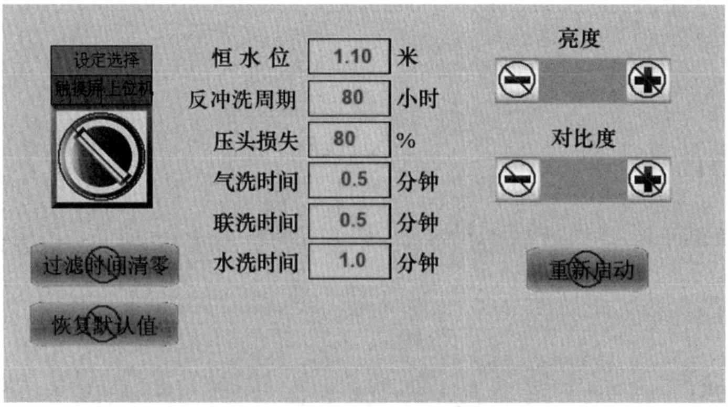

图 4.1-1　上位机滤池参数设定界面

2）恒水位运行参数调整

根据进水量的变化，通过控制滤池运行组数、出水阀门，保持恒水位运行。

（1）当进水量偏低时，通过中控室操作界面将进水阀门关闭，同时关闭该组滤池所有设备，并将控制拨到“0”。

（2）当水位偏高或者偏低时，通过减小/增大出水阀门开度来保证恒水位运行：①手动增大/减小出水阀门开度，现场手动摇杆记录丝杆长度，保证恒水位运行；②电动增大/减小出水阀门开度，现场点击“开/关”按钮进行开度调整，记录丝杆长度，保证恒水位运行。

3）反冲洗运行参数调整

（1）进入图 4.1-2 上位机滤池参数设定界面。

（2）根据水质及滤池运行情况，设定合理的反冲洗条件（反冲洗周期、水头损失）。

（3）根据水质及滤池运行情况，设定合理的反冲洗参数（反冲洗周期、气洗时间、水洗时间、联洗时间）。

（4）将滤池转换到“自动”运行状态，滤池运行达到反冲洗条件时，启动自动反冲洗程序对滤池进行反冲洗。

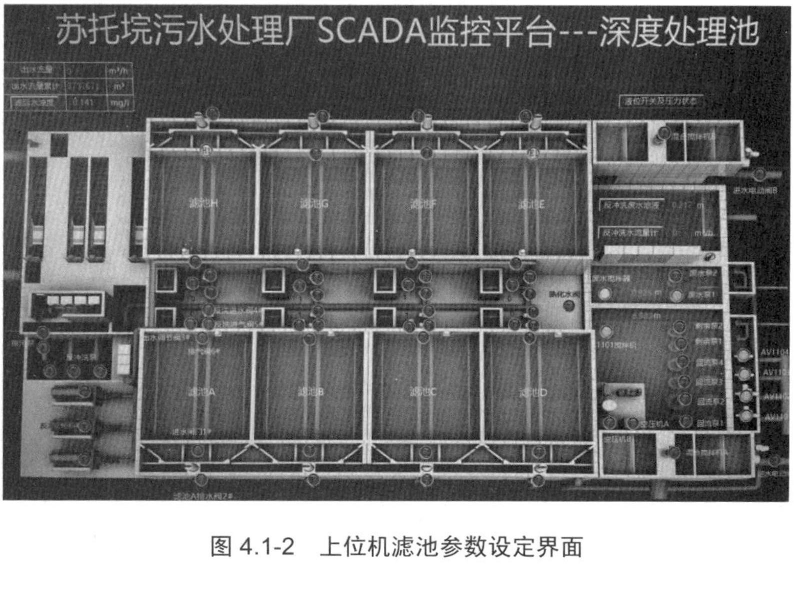

图 4.1-2　上位机滤池参数设定界面

子任务 4.2　滤池运行参数监控及设备操作

一、任务目的

掌握滤池运行参数的监控，掌握设备运行操作程序和控制方法。

二、准备工作

1．知识准备

滤池过滤系统一般由自动控制系统监控运行，监视多种运行指标，反映滤池运行状况。

过滤时，开启进水阀门，关闭冲洗阀门，浑水依次经过进水总管、支管、浑水渠进入滤池，进入滤池的水经过滤料层、承托层过滤后，由配水支管汇集起来，再经配水干管、清水支管、清水总管流往清水池。

由于水中杂质被截留在滤料层中，滤料层中截留的杂质量越来越多，滤料颗粒间孔隙越来越小，滤层中的水头损失越来越大。当水头损失增至一定程度（普通快滤池一般为 2.0～2.5 m），以致滤池出水流量下降，甚至滤池出水的浊度上升，不符合出水水质要求时，滤池就要停止过滤，进行反冲洗。

2．实训场地

（1）远程控制：中控室。

（2）手动控制：设备安装现场。

3．实训设备

（1）中控室上位机系统。

（2）生化系统控制设备。

三、方法步骤

（1）监控中控室滤池运行界面，滤池液位、流量、滤后浊度是否正常、是否异常报警。图 4.2-1 为滤池液位及报警设置界面。

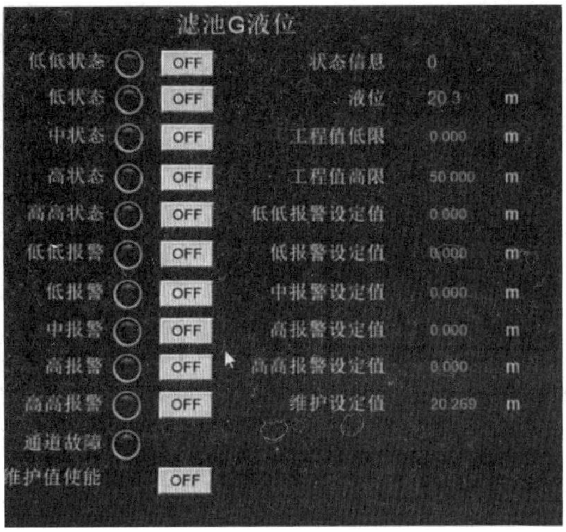

图 4.2-1　滤池液位及报警设置界面

（2）滤池运行控制进/出水阀门。将出水阀门转换开关打到“开”或“关”位置，旋转开度调节旋钮，观察触摸屏上显示的阀门开度，在合适的开度时将开关打到“停止”位置。

（3）反冲系统的自动运行。滤池运行达到自动反冲洗条件时，系统进入自动反冲洗程序，按照设定参数运行，按照气洗—气水洗（联洗）—水洗—熟化步骤执行。反洗完成后滤池投入自动运行或退出状态。打开系统界面，可监视滤池反冲洗运行步骤。

（4）确认滤池系统是否正常运行。

子任务 4.3　滤池运行参数设置及调整

一、任务目的

掌握滤池运行参数设置及调整方法。

二、准备工作

1．知识准备

过滤过程为恒水位过滤。通过调节出水阀门的开度来控制过滤水位，达到恒水位过滤的目的；恒水位的控制有手动操作和程序控制两种。主要参数可通过触摸屏或上位机进行设定和修改。

2．实训场地

（1）远程控制：中控室。

（2）手动控制：设备安装现场。

3．实训设备

（1）中控室上位机系统。

（2）生化系统控制设备。

三、方法步骤

1．滤池水位手动控制

（1）根据进水量，判断运行格数是否在合理范围，按照子任务 4.1 方法步骤执行。

（2）进入中控室滤池控制界面，查看液位计，判断滤池是否在恒水位运行。

（3）根据水位情况手动调节出水阀门，当滤格水位超过恒水位时，开大出水阀门；当滤格水位低于恒水位时，关小出水阀门。

（4）查看滤后水浊度及水量。

2．滤池自动控制恒水位运行

（1）设置滤池自动运行参数（图 4.3-1）。

（2）在上位机界面上点击“M/A/I/O”窗口中的“A”，进入自动运行状态。

（3）检查滤池运行方式，是否按照设置好的参数执行。

（4）查看滤后水浊度及水量。

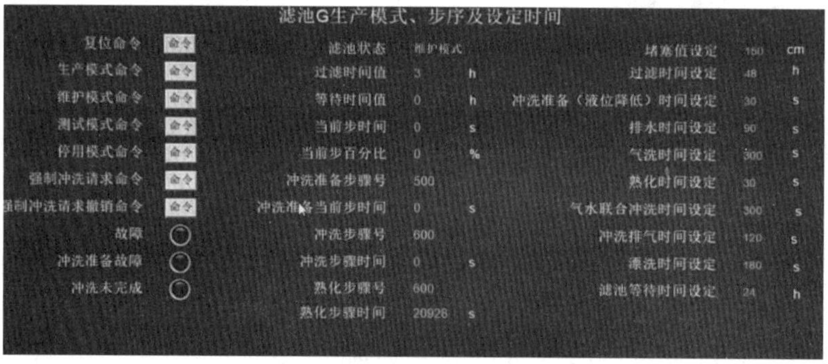

图 4.3-1　设置滤池自动运行参数

四、注意事项

滤池转到自动运行状态时，运行值班人员要密切观察一段时间，确保系统运行正常，参数设置准确。

子任务 4.4　反冲洗参数设置及调整

一、任务目的

掌握反冲洗参数的设置方法，观察反冲洗效果。

二、准备工作

1．知识准备

1）反冲洗周期确定

应根据水头损失、滤后水浊度和运行时间确定。对于自来水厂，反冲洗条件为水头损失达到 1.7 m（压差为 17 kPa）、滤后浊度超过 0.5 NTU 或运行时间超过 48 h。污水处理厂反冲洗条件按照出水水质指标和滤池水头损失确定。

2）反冲洗强度控制

应将水位降至排水槽顶后进行。滤池采用气洗、气水洗、水洗步骤进行反冲洗，同时用滤水进行表面扫洗。

（1）气洗强度控制在 15 L/（m^2·s）左右，历时 2～4 min。

（2）气水洗时，气洗强度控制在 15 L/（m^2·s）左右，水洗强度控制在 2.1 L/（m^2·s）左右，历时 3～4 min。

（3）单独水洗时，冲洗强度控制在 4.2 L/（m^2·s）左右，历时 3～5 min。

（4）表面扫洗强度为 5～7.2 m^3/（m^2·h）。

3）反冲洗方式

反冲洗方式有三种：高速水流反冲洗、气水反冲洗、表面扫洗。

（1）高速水流反冲洗：高速水流反冲洗利用高速水流反向通过滤料层，使滤料层膨胀呈流态化，利用在水流剪切力和滤料颗粒间碰撞摩擦的双重作用，把截留在滤料层中的杂质从滤料表面剥落下来，然后被冲洗水带出滤池。这是应用最早的冲洗方法，滤池结构和设备简单，操作简便。

为了保证冲洗效果，要求必须有一定的冲洗强度、适宜的滤层膨胀度和足够的冲洗时间（注：当采用表面冲洗设备时，冲洗强度可取低值）。

（2）气水反冲洗：将压缩空气压入滤池，利用上升空气气泡产生的振动和擦洗作用，将附着于滤料表面的杂质清除下来并使其悬浮于水中，然后再用水反冲洗把杂质排出池外。气水反冲洗所需的空气由鼓风机或空气压缩机和储气罐组成的供气系统供给，冲洗水由冲洗水泵或冲洗水箱供应，配气、配水系统多采用长柄滤头。

（3）表面扫洗：表面扫洗是在滤料砂面以上 50～70 mm 处放置穿孔管。反冲洗前先用穿孔管孔眼或喷嘴喷出的高速水流，冲洗去表层 10 cm 厚度滤料中的污泥，然后再进行水反冲洗。表面扫洗可提高冲洗效果，节省冲洗水量。

根据穿孔管的安置方式，表面扫洗可分为固定式（较多的穿孔管均匀地固定布置在砂面上方）和旋转式（较少的穿孔管布置在砂面上方，冲洗臂绕固定轴旋转，使冲洗水均匀地布洒在整个滤池）两种。其表面冲洗强度分别是 2～3 L/（m^2·s）和 0.50～0.75 L/（m^2·s），冲洗时间均为 4～6 min。

4）反冲洗排水

滤池反冲洗水的排出设施包括反冲洗排水槽和排水渠。反冲洗时，反冲洗水先溢流入反冲洗排水槽，再汇集到排水渠，然后排入回收水池。

2. 实训场地

（1）远程控制：中控室。

（2）手动控制：设备安装现场。

3. 实训设备

（1）中控室上位机系统。

（2）生化系统控制设备。

三、方法步骤

1. 自动反冲洗

将滤池“手动/自动”转换开关拨到“自动”位置。将各阀门及风机水泵的转换开关切换到“自动”位置，滤池根据预设好的程序自动运行。

滤池自动反冲洗运行参数设置见图 4.4-1：

（1）延长/缩短反冲洗周期，点击数字框进行更改。

（2）增加/减少气洗时间，点击数字框进行更改。

（3）增加/减少水洗时间，点击数字框进行更改。

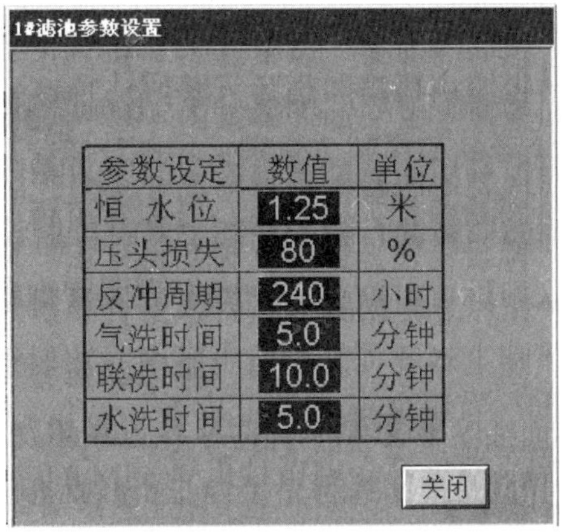
1#滤池参数设置

参数设定	数值	单位
恒 水 位	1.25	米
压头损失	80	%
反冲周期	240	小时
气洗时间	5.0	分钟
联洗时间	10.0	分钟
水洗时间	5.0	分钟

关闭

图 4.4-1 滤池自动反冲洗运行参数设置

2. 自动反冲洗的控制步骤

（1）逐个点击确认：滤池全貌→控制窗口→自动冲洗、滤池个数→自动，选择背景变为绿色。

（2）将所有设备现场就地箱打至远程，在触摸屏上点击为联控，再将所需要开启的滤池点至生产模式，即可实现自动控制。

3. 滤池可以由三种方式触发进入自动反冲洗过程

（1）强制反冲：按住滤池就地柜上或上位机界面中“强制反冲”按钮 3 s 可以使滤池进入反冲洗状态，反冲洗的过程为全自动。

（2）压头损失：当压头损失超过设定值时，滤池自动进入反冲洗。

（3）反冲周期：当过滤时间超过设定值时，滤池自动进入反冲洗。

滤池的自动反冲洗指的是反冲洗过程自动控制，但是反冲洗的触发条件是可以人工干预的，并不会有冲突。当同时有多组滤池申请自动反冲洗时，系统根据申请的次序进行自动排队等待，两组滤池之间间隔 2 min。

四、注意事项

（1）压缩空气要保证在 0.6 MPa 以上。

（2）禁止两个滤池同时进行反冲洗。

（3）在水洗时，要保证清水池有足够的冲洗水。

（4）系统在自动控制状态时，严禁人员进入机器内部进行作业，如果需进入，则应断电挂牌。

（5）开机后观察设备是否正常运行，水量、水质是否符合要求。

任务小结

通过学习本任务，掌握了滤池的运行操作方式，学会了滤池运行参数及反冲洗参数设置和调整方法。

任务练习

（1）滤池反冲洗的方式有哪些？

（2）如何确定滤池反冲洗周期？

项目三

中控系统运行调度

学习目标

一、知识目标

掌握中控运行操作基本技能；熟悉常规设备基本操作并能够操控设备启停；熟悉中控调度基本流程和步骤，能胜任中控运行调度的基础工作。

二、技能目标

掌握中控系统上位机界面操作、中控系统运行数据监测和中控系统异常信号处理常规方法。

项目综述

本项目包括三个工作任务，分别是中控系统上位机界面操作、中控系统运行数据监测、中控系统异常信号处理。

任务 1　中控系统上位机界面操作

任务目的

（1）熟悉识别上位机监控界面中工艺设备各种工况状态，并操作控制设备启停。

（2）掌握查询工艺设备异常报警信息和处理记录。

（3）掌握按照报警类别处理程序下达异常处理工单。

（4）掌握调用曲线页面，查看运行数据曲线。

任务综述

本任务包括四个工作子任务，分别是设备运行状态监视与启停操作、工艺设备异常报警信息查询和处理记录、报警处理流程和异常工单下达、曲线页面调用和运行数据曲线查询。

实训设备

运行中控程序的电脑 1 台。

任务实施

子任务 1.1　设备运行状态监视与启停操作

一、任务目的

熟悉集控系统设备运行状态监视操作，以及设备状态指示信号，学会设备启停运行操作。

二、方法步骤

1. 设备运行状态监视

在中控系统上位机各工艺段监控画面和总流程监控画面上，每个设备都有表示其当前状态的指示灯，如“”，实际运行中用“绿/红/黄”三种颜色分别表示“运行/停止/故障”三种状态，通过查看设备状态指示灯的颜色，就可以掌握现场设备的实际状态。图 1.1-1 为预处理 3D 监控画面。

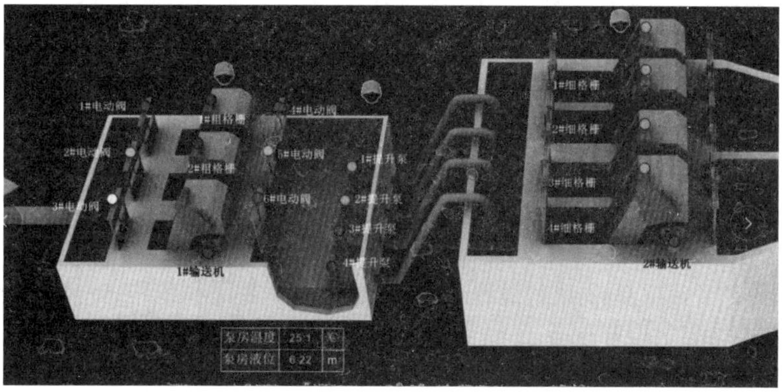

图 1.1-1 预处理 3D 监控画面

2. 设备的启停操作

在工艺段监控画面上，用鼠标点击单台设备图标时，将会弹出这台设备的控制操作窗口，如图 1.1-2 所示。

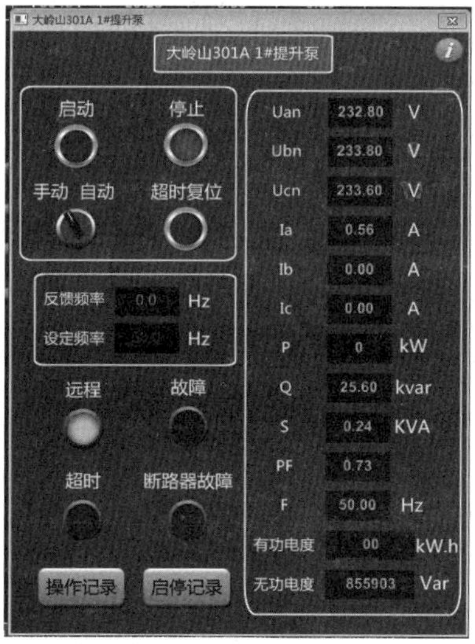

图 1.1-2 设备控制操作窗口

在弹出的设备控制操作窗口中，显示有 2 个功能区。左侧为设备操作按钮区，包含操作按钮、仪表参数（包括频率设定和反馈值）显示、设备状态显示、操作记录和启停记录查询按钮等；右侧功能区显示界面为该设备电力参数信息，包括线电压、线电流、功率（有功、无功、视在）、功率因数等。

如果设备没有故障报警信号，并且在“远程+手动”条件下，鼠标点击“启动”按钮后，相应设备会执行启动动作。启动操作之后，如果长时间没有“运行”信号反馈，系统将会提示“超时”报警，这种情况下，必须先点击“超时复位”清除超时报警，才能再次启动该设备。在点击“超时复位”后，重新操作启动该设备，设备仍然没有“运行”信号反馈，建议操作人员现场检查设备是否存在问题。

如果设备存在故障，操作窗口的“故障”报警指示灯就会亮起，这时将无法开启该设备，建议操作或维修人员现场检查该设备。

如果某设备有自动控制功能，在“远程”模式下把“手动/自动”切换开关切换到“自动”状态，在满足所有自动运行的条件后，该设备将按照预先设计的程序自动运行。

设备弹窗下方有查询该设备的历史操作记录按钮“操作记录”和启停记录按钮“启停记录”。

（1）点击“操作记录”后，系统默认打开该设备当天的操作记录，如图 1.1-3 所示。

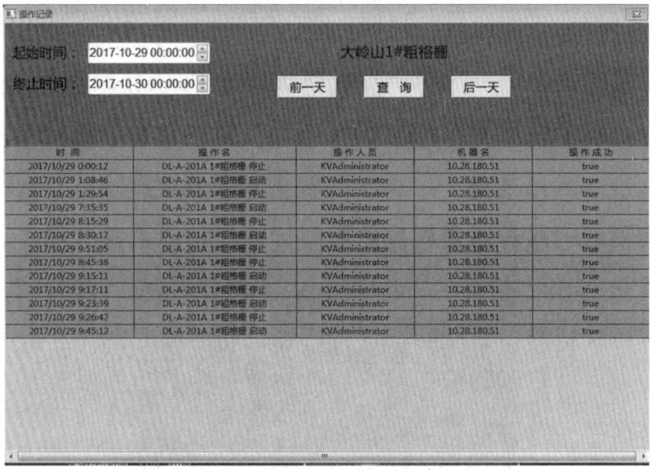

图 1.1-3 设备操作记录

操作记录的显示包括当天每次操作的时间、操作名、操作人员（上位机登录用户名）、指令发出操作的电脑 IP 信息等。点击“前一天”“后一天”按钮，可查询该日期 0 点到 24 点设备在中控室操作系统的操作记录，也可以根据自定义的时间段查询记录。

（2）点击“启停记录”按钮后，默认打开该设备当天的启停记录，如图 1.1-4 所示。

启停记录显示设备的启停类别，以及启停发生的时间，“1”表示设备启动，“0”表示设备停止。操作人员可以自定义时间段查询设备的启停记录，选中要修改的时间参数，如“日”“时”等，可以直接输入设定值，也可以点击时间后面的上、下箭头来增减这些参数。

图 1.1-4　设备启停记录

3. 设备档案信息

设备控制操作窗口的右上方有一个信息图标按钮“ⓘ”，点击该按钮，将出现设备的信息卡片，信息卡片显示设备的名称、设备编号、制造厂家、出厂编号、规格型号以及该设备的其他重要参数信息，如图 1.1-5 所示。

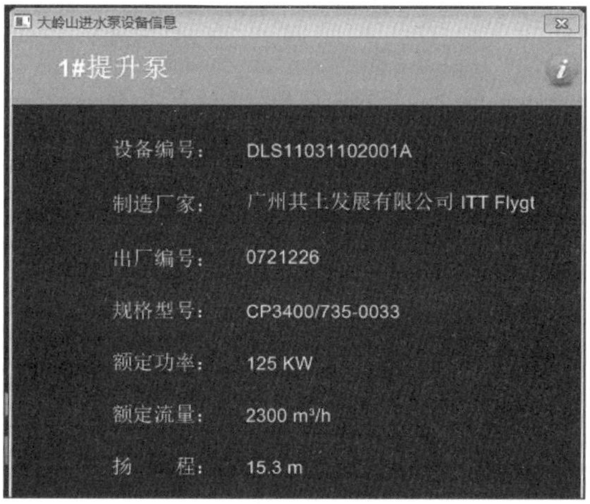

图 1.1-5　设备档案信息

点击信息卡片右上方的图标按钮“ ”可以打开简介窗口，显示该设备的运行、维保等信息，如图 1.1-6 所示。

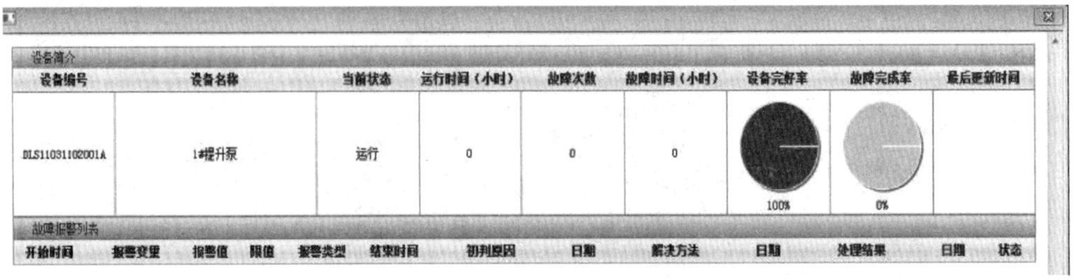

图 1.1-6　设备简介窗口

点击设备简介窗口中的设备完好率图标“ ”，可以展开该设备所有的详细信息，如图 1.1-7 所示。

图 1.1-7　设备详细信息窗口

子任务 1.2　工艺设备异常报警信息查询和处理记录

一、任务目的

掌握集控系统工艺设备异常报警信息查询和异常信息处理方法。

二、方法步骤

1. 报警信息查询

如图 1.2-1 所示，点击设备报警界面，直接显示的是当前厂区的实时报警信息。报警记录查询分为实时报警记录和历史报警记录，双击工艺段名称显示本工艺段的报警记录，双击报警信息可以确认该条报警信息。

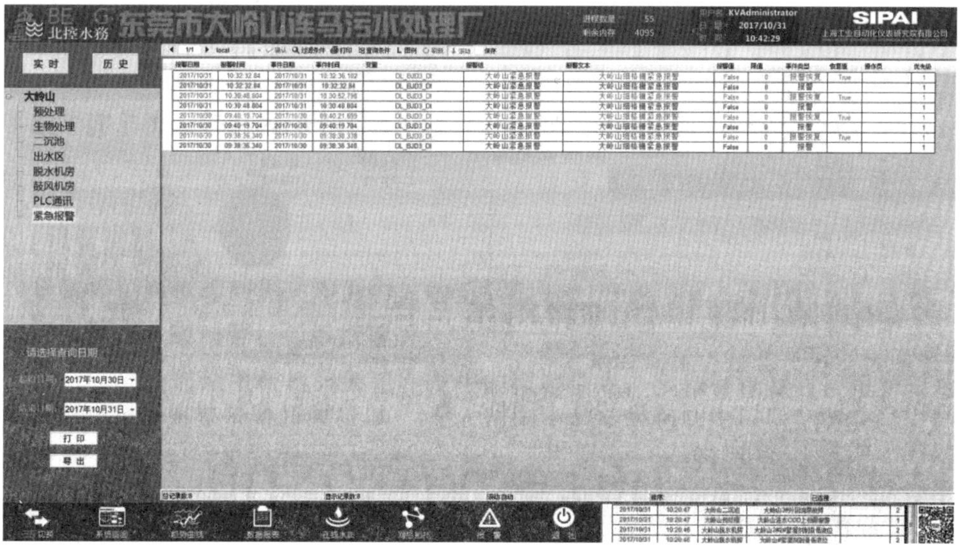

图 1.2-1　设备报警界面

2. 报警类别

设备报警按照报警的记录方式可分为实时报警和历史报警，按照报警的重要程度可分为一级报警、二级报警、三级报警等。

实时报警记录显示上位机当天正在发生的报警信息，当报警恢复时，报警记录会自动删除。

历史报警记录显示曾经发生过的报警，包含已经解除的报警信息。点击“历史”按钮，屏幕左下方会出现时间的选择，操作人员可以选择时间期限，筛选查询该时间段内所选工艺段的报警记录。

进出水水质参数的报警尤为重要，不仅会出现在页脚的报警显示栏和报警界面中，还会体现在进出水参数显示值本身的颜色变化，数据正常时为绿色，异常时变为红色。进出水水质参数如果长时间不发生变化时，仪表可能出现异常，此时会产生一级报警，并且弹出提醒窗口，如图 1.2-2 所示，点击“确认”可关闭该窗口。

图 1.2-2　设备报警确认界面

子任务 1.3　报警处理流程和异常工单下达

一、任务目的

掌握集控系统报警处理流程，学会异常报警后下达异常工单的方法。

二、方法步骤

1. 报警处理概述

集控系统的报警管理，主要是记录生产过程中发生的各类异常状况，方便快捷地查询仪表监测和设备运行情况的历史报警信息，当报警信息数量较多时，可以根据日期和变量名、工艺段对历史报警信息进行筛选过滤查询。报警记录可导出为 Excel 文件，并可生成各类统计报表。这为故障信息统计分析提供了参考依据，并可针对发生的故障报警信息和报警描述进行初步判断分析，快速查找原因并提供解决方法。

报警提醒功能可以通过在测量点模块按不同报警分类进行预设。

通常报警管理的功能包括以下方面：

（1）报警查询：可根据时间段和报警点名称进行组合查询，快速找到所需要的报警记录。

（2）异常统计：报警异常的统计情况，并以图表形式进行展现，可导出为 Excel 文件。

（3）分类统计：根据各大类常见异常分类进行统计，并以图表的形式进行展现，可导出为 Excel 文件。

（4）异常分析：针对异常报警采取报警闭环机制，初步判断异常原因，从风险管控库或实际经验中获得解决方案及措施，最终形成处理结果。

（5）异常数据报警：数据超标、数据停滞、周期异常、数据突变可以设置自动报警。

（6）报警批量处理：可以单个或批量多个进行同一报警源信息的分析处理。

（7）报警设定：可针对不同的报警设置进行分类预设。

2．一般常见报警分析处理的基本方法

（1）设备类常见的故障报警。常见的设备故障报警包括综合故障、变频器故障、断路器故障、软启动器故障、超时或开关故障等，特殊设备如浮球开关，有高液位、低液位保护等。

综合故障：大多数为现场热继电器故障，主回路电流可能超过设定值。

变频器故障：变频器输出故障信号，需要根据其故障代码查询手册定性分析。

断路器故障：断路器分断失败等。

浮球高低液位报警：测量液位过高或者过低。

超时为程序判断报警，软保护作用。

一旦发生现场设备报警，应立即停止该设备，并现场检查。

设备报警检查的一般过程：对比设备控制箱上报警指示灯是否与中控一致；测量 PLC 进线端设备信号输入，与现场设备端实际状态对比，是否一致，如不一致，可判断为线路传输故障；测量设备端信号输出，与实际设备状态对比，是否一致，如不一致，可判断为设备输出信号故障。

（2）常见仪表类型故障。常见的仪表报警包括上极限、上限、下限、下极限、数据停滞报警等。

上、下限报警时，可查看分析工艺的运行状况，核实中控系统中仪表显示数据是否与现场一致，核实中控量程是否与现场一致，核实上、下限设定是否合理等。

数据停滞报警，可检查仪表曲线是否长时间数据保持不变，并分析工艺运行状况。

（3）紧急报警。例如，现场巡检人员遇到突发情况按下报警点的紧急报警按钮，中控室会弹出“紧急报警”的提醒框。将紧急报警按钮复位后，将会弹出“报警解除”的提醒框。遇到紧急报警，需要迅速查明原因并立即上报，必要时启动相应的应急预案。

（4）通信报警。当中控数据采集与监视控制系统（SCADA）画面大量数据显示问号、视频画面卡顿无法浏览时，通常可以判定为通信连接故障。可通过通信状态查询、网络拓扑、PING 指令进一步查询判断分析，从而判断通信连接故障点的位置，进而排除网络报警。

3．异常工单的下达

异常处理一般程序：当巡检或值班人员等发现设备异常后，填写设备异常工单（图 1.3-1），内容包括设备基本信息（自动生成）、故障现象描述等，然后提交至集控值班人员进行处理。

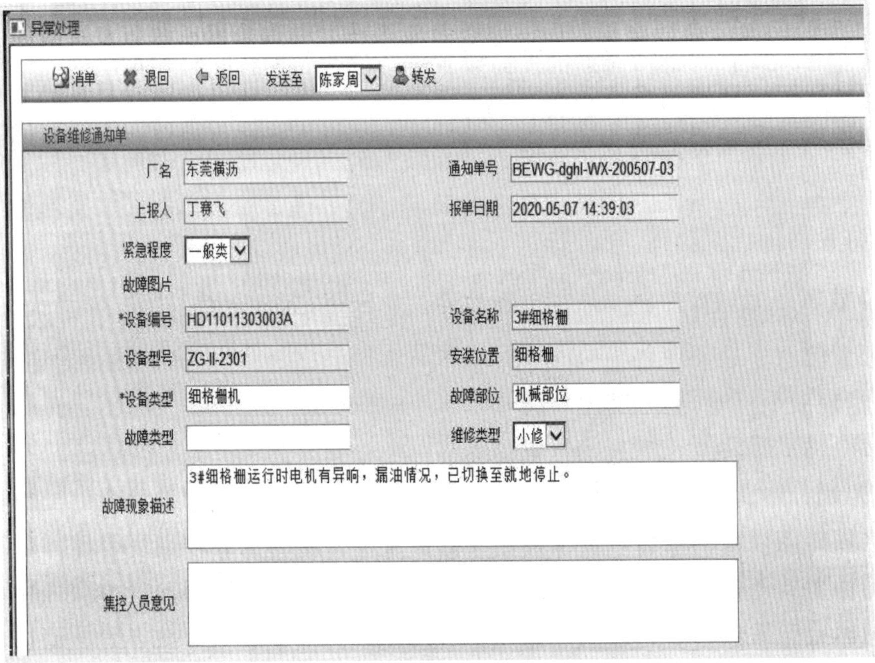

图 1.3-1　设备异常工单

集控值班人员接到异常工单后，对该异常情况进行复核和初步判断，根据判定结果下发执行人进行处理，若该异常需要技术人员或及上级管理人员进一步诊断，则需要转发该工单至相应的管理或技术人员，若属于重复填单或者异常状态描述不清晰，则进行消单或退回填报人补充后再上报。

异常工单处理完成后，处理人反馈工单处理情况，包括异常是否排除恢复、现场实际情况及存在的问题，待验收人员审核、验收后，该异常处理工单方可完成。

子任务 1.4　曲线页面调用和运行数据曲线查询

一、任务目的

掌握集控系统曲线页面的调用和运行数据曲线的查询，通过分析历史数据曲线，查找工艺运行过程中存在的问题，并指导工艺运行优化，作出相关优化调整。

二、方法步骤

1．单条曲线查询

在中控系统上位机界面中显示的仪表数据值，如各工艺段、流程总图以及其他各界面上的仪表显示数据值都可以查询其历史记录和历史曲线，方法是单击相应显示数据值，如点击进水 COD 实时数据，将会弹出如图 1.4-1 所示的历史曲线窗口。

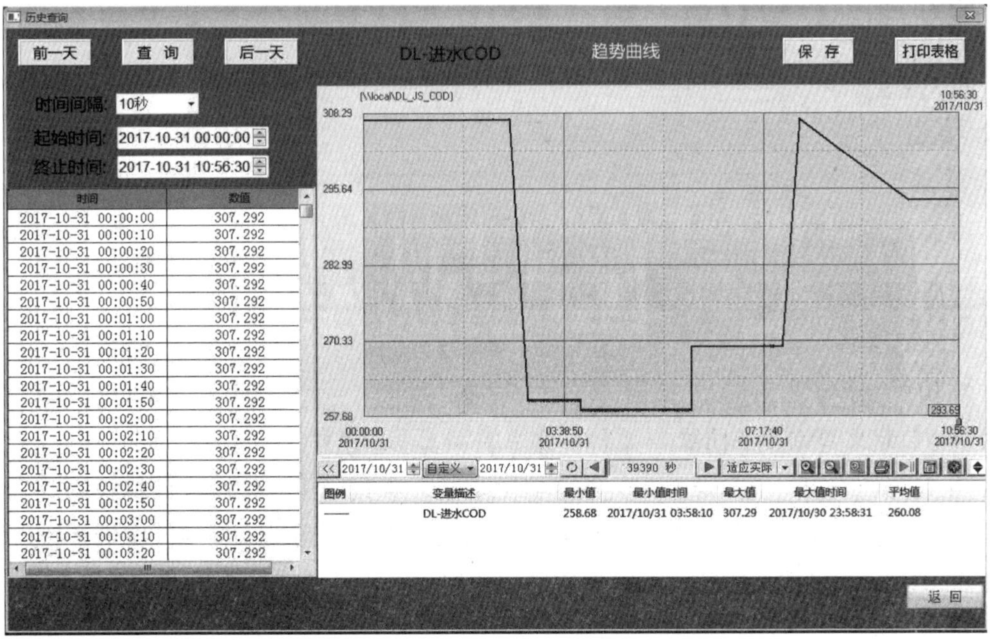

图 1.4-1　历史曲线窗口

历史曲线窗口打开时直接显示当天的数据表格和实时曲线，我们可以通过设置查询“起始时间”和“终止时间”来显示选定时间段的数据列表和数据趋势曲线。列表中数据的显示还可以设定时间间隔。点击“保存”按钮可以将当前表格保存为.xls格式的文件。点击“打印表格”可以直接通过连接的打印机打印当前表格。曲线可以放大、缩小、调整时间区间以及设置其他的显示属性。

2．综合数据曲线查询（环保对标曲线查询）

综合数据曲线系统，又称趋势曲线系统或环保对标曲线系统，点击主控屏幕页脚“趋势曲线”按钮，即可打开并显示环保对标曲线软件。该软件可以在一个窗口对环保检查的多条曲线进行同步查阅，也可以查阅环保核查的日、月数据报表（图 1.4-2）。

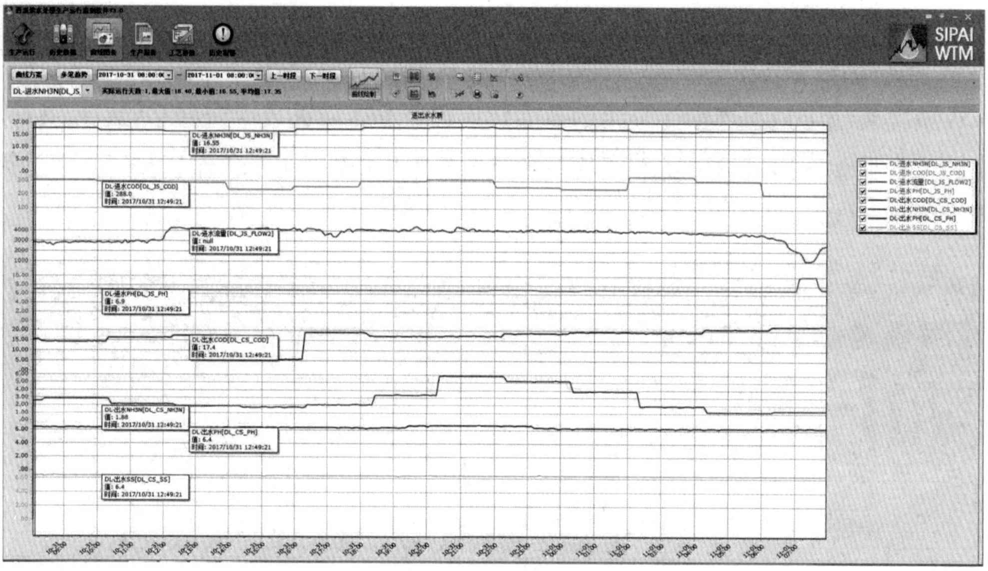

图 1.4-2　多笔趋势查询

3．自定义查询多条曲线

在趋势曲线窗口点击屏幕上方的“多笔趋势”按钮，可以弹出多曲线绘制窗口，在弹出的测量点表选中想要共同显示的参数列表后，在右下角输入曲线方案的名称，点击“方案保存”，这样就生成了一个新的自定义查询方案。随时可以在曲线方案中调阅查询，如图 1.4-3 所示。

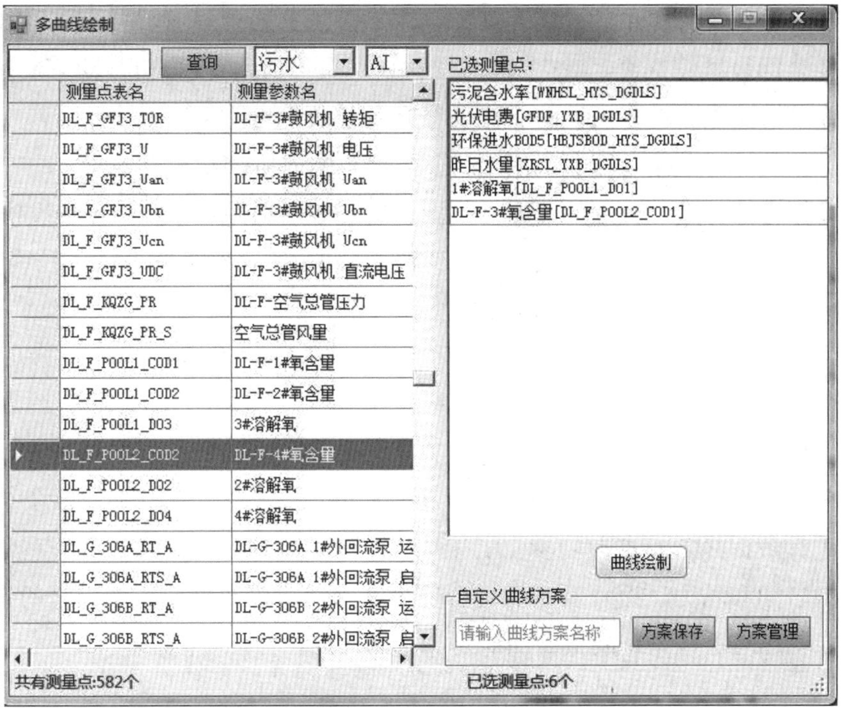

图 1.4-3　多条曲线绘制

4．数据异常分析

利用趋势曲线系统可以设置数据发生异常时的颜色显示，以便于在曲线上快速查找和发现异常数据，并对异常数据进行原因分析和标识备注，如该异常发生时段进行的仪表清洗、校正等，便于在日后查询分析时快速找到原因，方便及时应对各种情况（图 1.4-4）。

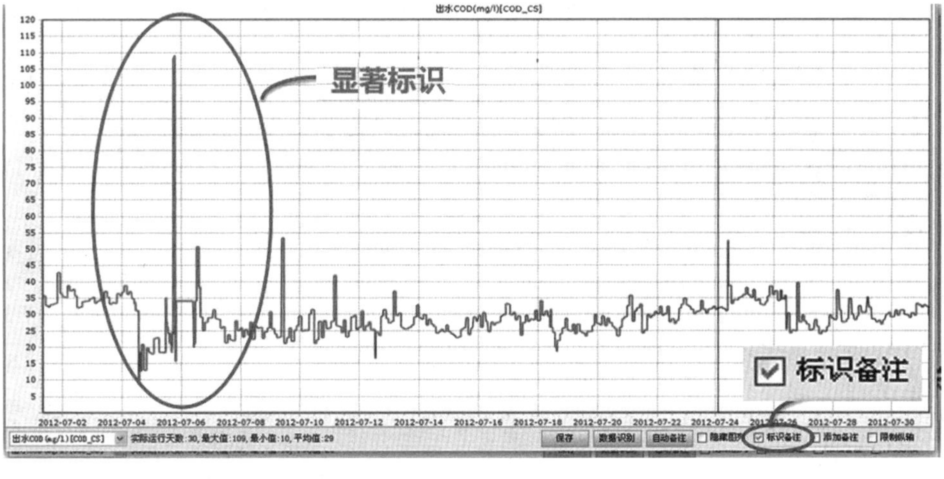

图 1.4-4　数据异常

利用趋势曲线工具提供的功能，对每一个敏感测量参数设置异常报警功能，当达到设定的条件时即可触发报警，我们根据系统报警信息进行查找分析，即可快速定位报警的参数和报警时间段。这些预设的趋势报警方案有以下几种：

（1）数据超标：数据超出规定的上、下限值范围即可触发报警。

（2）数据停滞：超过规定的数据采集周期后，数据仍保持不变即可触发报警。

（3）数据周期异常：异常的数据周期变化，如进出厂 COD 仪表每 2 h 检测 1 次。如果是 1 h 数据发生了变化，则可以触发报警。

（4）数据突变：实时测量的参数相邻两个采集的数据变化幅度在 1.4 倍以上，则认定数据可能会存在异常，从而触发报警。

趋势曲线系统提供了多种快捷简便的方法帮助我们查找和分析数据异常，给我们日常监控和分析运行数据提供了便利，在不具备上述功能条件的系统中，我们也可以通过人工方法进行数据异常的查询，参照上述数据异常判定的条件，进行分析和判断，但这需要大量的时间和精力，而且及时性也会受影响，从而可能会使数据异常的处置响应延误，因此完善趋势曲线系统的报警功能是非常必要的。

任务小结

本任务主要学习中控系统上位机界面的操作，四个子任务分别讲解设备运行状态监视与启停操作、工艺设备异常报警信息查询和处理记录、报警处理流程和异常工单下达、曲线页面调用和运行数据曲线查询，通过学习本任务，可以初步掌握中控上位机界面的操作方法，完成中控值班人员的一些基本操作。

任务练习

（1）简述设备启停操作的方法。

（2）简述单条曲线查询和多条曲线查询的操作方法。

任务 2　中控系统运行数据监测

任务目的

（1）掌握通过上位机界面监视工艺运行参数，并按照运行技术规程调控工艺正常运行。

（2）掌握正确使用数据查询曲线记录，并监测运行指标变化趋势。

（3）掌握在线仪表异常和数据传输异常，并下达异常处理通知。

（4）熟悉数据异常的分类处理方法，下达异常处理工单。

任务综述

本任务包括四个工作子任务，分别是上位机界面工艺运行参数监视与调控、通过查询数据曲线监测运行指标变化趋势、在线仪表异常和数据传输异常判断和处理流程、数据异常处理工单下达。

实训设备

中控上位机系统。

任务实施

子任务 2.1　上位机界面工艺运行参数监视与调控

一、任务目的

能够利用上位机界面实时监视工艺运行参数变化情况，掌握进水预处理单元中进水水质、格栅渠等运行参数的调控方法。

二、方法步骤

以某污水处理厂上位机进水区预处理工艺界面为例，值班人员通过工艺界面可对进水渠、粗格栅间、提升泵房、细格栅间、旋流沉砂池的进水水质、进水流量、粗细格栅机泵房液位等运行参数进行实时监视与操作，使各运行参数指标保持在合理区间内，保证水质达标，生产正常稳定（图 2.1-1）。

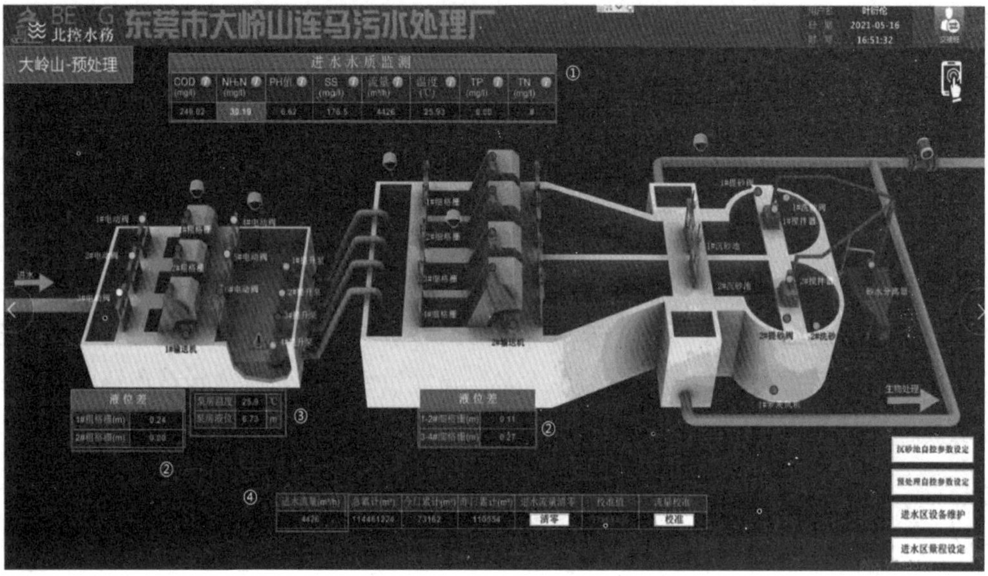

图 2.1-1　上位机进水区预处理工艺界面

1. 进水水质监视与调控

进水水质指标共 6 个，分别为 COD、NH_3-N、pH、SS、TP、TN，值班人员应实时监视参数变化情况，当某一指标超过设定的报警限值，系统自动报警提醒值班人员处理，值班人员按照工艺调控技术规程进行相应操作。如 pH 指标，一般市政水厂控制范围为 6～9，当低于 6 时，其调控方法如下：

（1）当 $5.1 \leqslant pH \leqslant 5.8$ 时（可修改），值班人员启动液碱应急投加，远程调节液碱投加系统的投加量，使 pH 恢复到合理区间，同时下发临时任务通知分厂值班人员到现场观察来水情况，并进行现场取样。

（2）当 $pH \leqslant 5$（可修改）或连续投加液碱一段时间但 pH 持续下降时，值班人员应启动应急预案，并按照预案要求采取减少进水量甚至停止进水等措施，并下发临时任务给分厂值班人员到现场查看来水情况，进行现场取样，同时通知上级相关负责人。

2. 格栅渠液位差监视与调控

一般回转式粗格栅前后均安装有液位差计，值班人员应实时监视格栅前后液位差的变化情况，防止因液位差过大，导致格栅机翻车事故发生。在日常生产中，格栅机一般处于自动模式下，按照时间间隔或液位差自动启停，无须人员干预，但在暴雨或液位差超过设定限值时，值班人员应实时监视并进行相应调控操作，其调控方法如下：

（1）当暴雨时，由于存在来水急、水量大，易有大块垃圾进入格栅渠形成堵塞的情况，此时值班人员应将格栅机投入连续运行状态，并实时关注格栅前后液位差变化情况。

（2）当液位差值超过设定的限值时，系统自动触发报警提醒，值班人员将格栅机投入连续运行，并随时观察液位差值是否下降到合理区间，一段时间后，如果液位差不降反增，值班人员则应采取停进水泵、停格栅机等措施，并下发临时任务给分厂值班人员到现场查看具体情况。

子任务 2.2　通过查询数据曲线监测运行指标变化趋势

一、任务目的

熟悉数据曲线查询页面内容，掌握数据曲线查询的操作方法，能够操作系统绘制运行指标变化趋势图。

二、方法步骤

1. 单个参数曲线查询

上位机监控系统中仪表数据总表画面、各单元工艺界面上的仪表数据都可以查询其历史曲线和实时动态曲线（图 2.2-1）。

（1）单个参数曲线页面构成与作用。曲线页面主要分为选择区、检索区、数值区、曲线区、功能区，利用各区窗口设置参数，绘制数据指标趋势曲线，各区域功能简述如下：

选择区：包括两个按钮，第一个“实时/历史”按钮，用于选择要查看的数值指标是历史趋势曲线还是实时变化曲线；第二个“返回”按钮，用于关闭曲线页面。

检索区：与选择区历史趋势曲线查询按钮配合使用，可自定义选择查询数据指标的起始时间、结止时间，也可自定义设置显示数据的时间间隔。

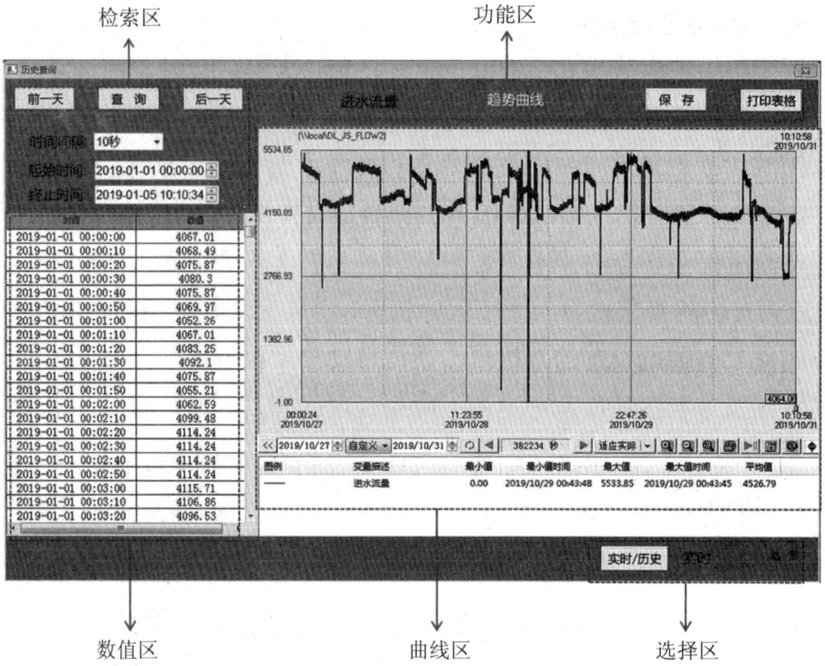

图 2.2-1　上位机趋势曲线页面

数值区：与检索区配合使用，用于显示查询数据指标起止时间内各时间间隔点记录的数据值。当数值比较多时，可上下移动左侧的滚轴查看未显示的数值。

曲线区：与检索区配合使用，用于显示查询数据指标起止时间内的数据值变化趋势曲线，通过左右移动调整坐标轴位置，可以查看曲线上某一时刻的实际数值。

功能区：分为“指标名称”“保存”和“打印表格”按钮，其中“保存”用于保存数值区显示的数据表，保存为 Excel；“打印表格”用于打印曲线区数据值的变化趋势曲线。

（2）数据指标曲线绘制主要包括以下方面。

绘制实时曲线：实时曲线为系统默认，值班人员单击要查看的仪表数据显示框“”，如进水瞬时流量，系统弹出实时曲线页面，此时随着仪表数值的变化，自右向左自动绘制动态曲线。

绘制历史曲线：首先，值班人员按照上述操作，打开曲线页面。然后，在选择区将“实时/历史”按钮选择成“历史”，此时曲线区中曲线为静态形式，不再动态变化。其次，在检索区选择要查看的起止时间段，先选择起始时间，再选择终止时间，选择数值的时间间隔（一般分为 10 s、1 min、1 h 等）。最后，点击“查询”按钮，由系统根据检索条件绘制曲线。

值班人员点击“保存”按钮可以将当前表格保存为 Excel 文件。点击“打印表格”可以直接连接打印机，打印当前表格（图 2.2-2）。

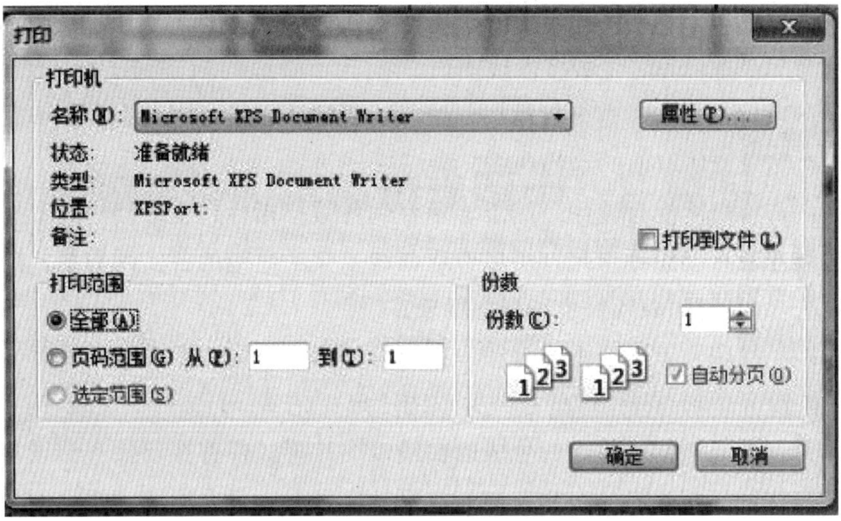

图 2.2-2　上位机打印窗口

2．多指标曲线查询

上位机系统提供了多指标自定义组合绘制曲线功能，用于将各指标历史数据绘制到同一曲线页面进行对比分析，对异常曲线段批注原因，并添加 PDF 版报告（图 2.2-3）。

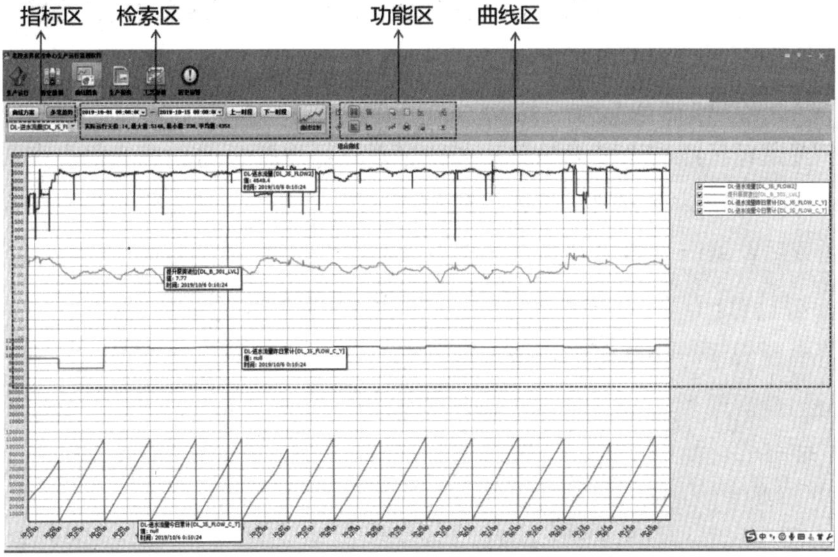

图 2.2-3　多曲线生成方案页面

（1）多指标曲线页面构成与作用如下。

指标区：分为“曲线方案”和“多笔趋势”两个按钮。“曲线方案”用于在已制定的多个方案组中任选一个方案组，一键生成多曲线图表；“多笔趋势”用于在数据库自定义选中要查询的多个指标临时生成多曲线图表。

检索区：可自定义选择查询数据指标的起始时间、终止时间，查看某一时刻内在同一页面上所有测量点所取值的趋势曲线。

曲线区：与检索区配合使用，用于显示查询各数据指标起止时间内的数据值变化趋势曲线，通过左右移动游标卡尺，可以查看曲线上某一时刻的各实际数值。隐藏或显示图例时，勾选“√”可隐藏或显示指标图例表。

功能区：①打印。工具栏上“打印”按钮可打印当时生成的曲线。②复制。工具栏上“复制”按钮可复制当时生成的曲线并以图片形式在 Word 或 PPT 上查看。③另存为。工具栏上“另存为”按钮可使当时生成的曲线以图片形式保存在其他存储设备上。④放大或缩小。按住鼠标左键不放，从左向右放下拉，可放大查看所选曲线页面。⑤添加备注。为曲线异常数据添加拐点分析情况。

（2）多指标曲线绘制方式如下。

首先，值班人员在上位机监控系统下方功能菜单列表中点击“趋势曲线”按钮打开多指标曲线页面（图 2.2-4）。

图 2.2-4 功能菜单列表

其次，在指标区点击“多笔趋势”按钮进入指标选择页面，在左侧查询要绘制曲线的指标并双击，将指标添加到右侧已选测量点区域。待要绘制曲线的指标全部添加到已选测量点区域后，点击“曲线绘制”生成多指标曲线（图 2.2-5）。

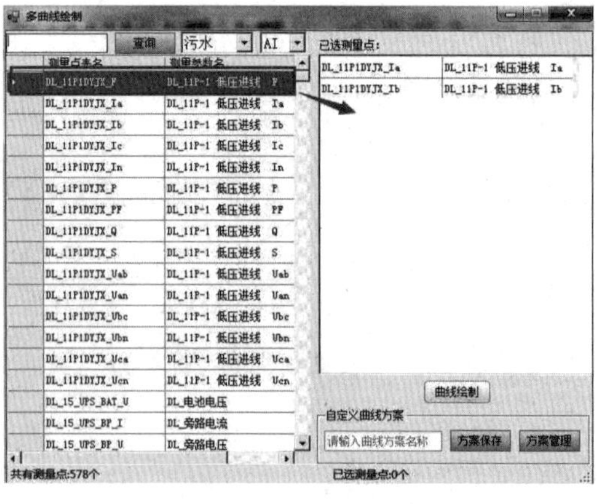

图 2.2-5 选择多个指标

最后，在绘制的多指标曲线页面检索区，选择要查看的起止时间段，先选择起始时间，再选择终止时间，点击“查询”按钮由系统根据检索条件绘制曲线（图 2.2-6）。

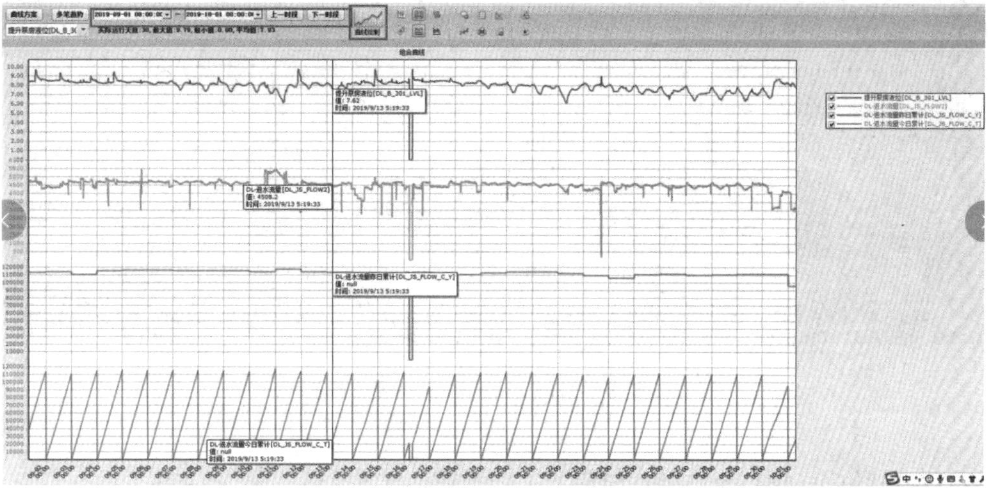

图 2.2-6 多数据指标曲线图

子任务 2.3 在线仪表异常和数据传输异常判断和处理流程

一、任务目的

通过本子任务学习，熟悉在线仪表、数据传输异常事件种类，掌握异常情况判断方法，了解异常事件的处理方法。

二、方法步骤

1. 在线数据异常分类与显示

上位机监控系统（简称中控）各工艺画面中在线仪表数据异常报警分为上、下限异常、数据停滞异常、数据不一致异常、数据通信异常等。以上各异常报警（除数据不一致报警外）已在上位机监控系统中设定逻辑，当有异常产生时，由系统自动触发，并以弹窗、文字颜色变化、报警声音等方式在上位机监控系统的画面显示，如图 2.3-1 所示。

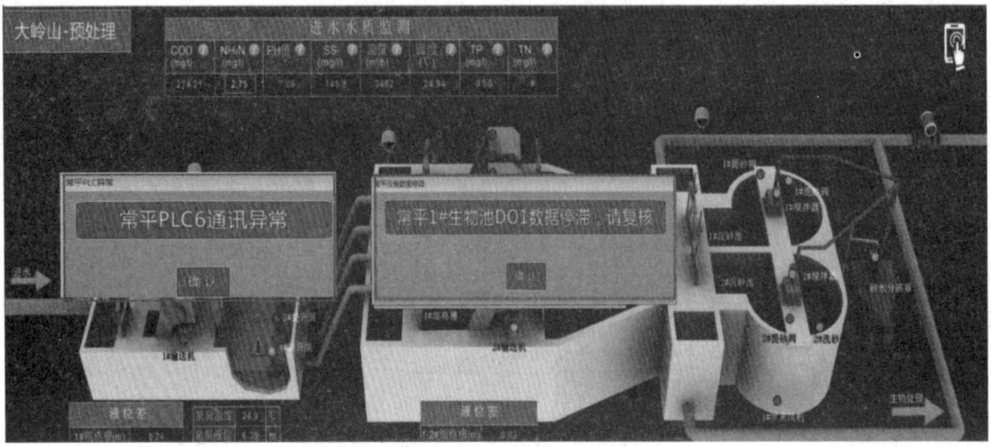

图 2.3-1　上位机监控系统的画面

2．在线数据异常判断与处理流程

以生化池 DO 仪表、模拟量（4～20 mA）电流输出为例，当出现异常报警时的判断及处理方式如下：

（1）上、下限异常：首先，打开中控仪表上、下限设置页面核实上、下限设定是否合理，若不合理则需进行调整。其次，分析工艺运行状况，调整相关设备，当 DO 值过大时，减少风机频率或运行台数，使 DO 值降低；当 DO 值过小时，增加风机频率或运行台数，使 DO 值增加。

（2）数据停滞异常：首先，打开 DO 仪表趋势曲线工具，检查仪表曲线是否长时间数据保持不变，分析工艺运行情况并微调风机频率，观察 DO 仪表数值变化情况，如一定时间内不随风量变化，则通知分厂仪表维保人员进行现场处理。

（3）数据不一致异常：分厂值班人员定时对生产区现场仪表数据与中控数据进行一致性校核。当数据不一致时，首先，核实中控量程是否与现场量程一致，当不一致时，在中控量程设置页面修改此仪表量程，使其与现场量程一致。其次，校核仪表输出电流准确性，用万用表测量仪表的输出电流值，记录此时仪表显示的实时数值、量程值，利用模拟量转换数字量的公式换算出测量电流对应的仪表数值，并与此前记录的仪表数值进行对比，当确定为仪表电流输出有问题时，应及时通知设备维修人员进行处理。

（4）数据通信异常：首先，打开 PLC 通讯页面，查看 PLC 站是否正显示，如由“绿色”变为“灰色”，则通知分厂设备维修人员进行现场处理。

子任务 2.4　数据异常处理工单下达

一、任务目的

了解数据异常处理对应的工单类型、掌握工单构成与作用，在线仪表出现数据异常报警时（如数据停滞异常等），及时下达任务工单，跟踪工单处理进度。

二、方法步骤

上位机监控系统自动触发“××厂 DO1 数据停滞”报警，见图 2.4-1。值班人员按照在线仪表异常判别技术规程进行初步判断，是现场仪表问题时，需下发工单给分厂值班人员处理。

图 2.4-1　数据报警显示画面

1. 临时任务工单构成与作用

数据异常处理工单以临时任务工单为模板。临时任务工单页面分为功能区和任务内容区两部分，其中，功能区包括“发布”和“已发任务”两个按钮，用于发布新的临时任务给分厂人员和查看已发布的临时任务，如图 2.4-2 所示。

图 2.4-2 临时任务工单

2. 临时任务工单创建与下达

首先创建模板，在上位机监控系统菜单区点击“任务工单”按钮，系统自动生成临时任务模板。其次编制任务，值班人员填写任务名称，选择临时任务所属分厂名称，编写任务描述。最后下达任务，值班人员选择任务接单人（系统默认值班人员，可修改），点击“发布”任务，系统自动将任务发给接单人，同时，任务单页面自动生成下发人、下发时间，显示是否发布成功、是否已查看等状态（图 2.4-3）。

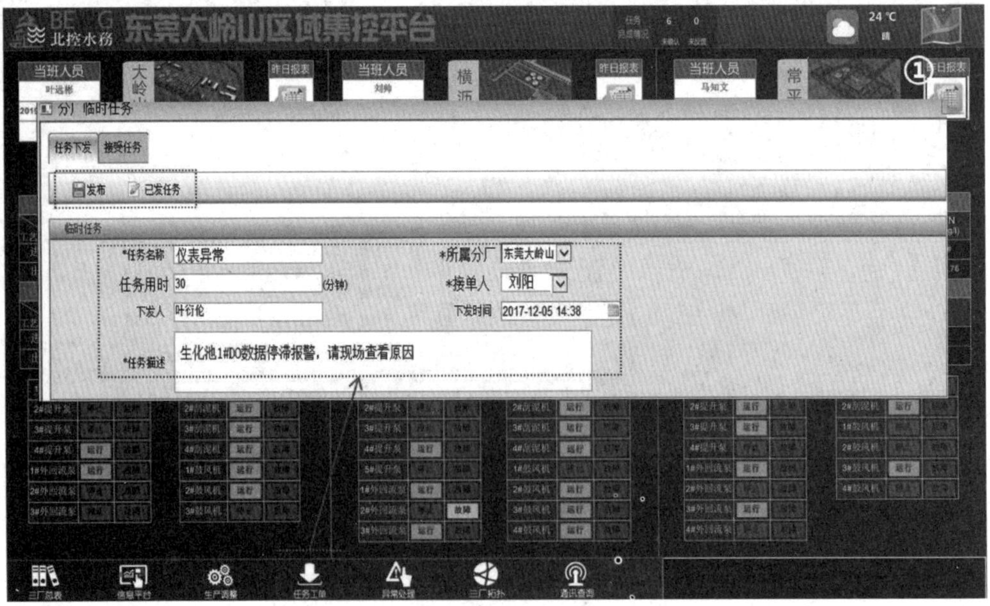

图 2.4-3 临时任务工单下达

任务小结

通过本任务学习，掌握上位机画面工艺运行参数监视、曲线记录查询、异常数据处理方法，通过数据异常分析、水厂运行调控、数据异常工单的下达，确保数据准确完整。

任务练习

（1）进水水质 pH 指标数据异常时如何调控？

（2）单个参数曲线页面构成与作用。

（3）单个参数曲线页面和多指标曲线页面构成有何不同？

（4）上位机画面出现在线仪表数据上、下限异常报警时如何处理？

（5）上位机临时任务工单如何发布？

任务3　中控系统异常信号处理

任务目的

（1）掌握识别中控系统异常信号的方法。

（2）掌握一般报警的处理方法。

（3）熟悉进出水水质异常判断分析及处理方法。

（4）掌握查询工艺设备异常处理进度的方法。

任务综述

本任务包括四个工作子任务，分别是一般工艺报警处理、一般设备报警处理、进出水水质异常判断分析及处理方法、工艺设备异常处理进度查询及督办。

实训设备

中控电脑1台。

任务实施

子任务3.1　一般工艺报警处理

一、任务目的

熟练掌握一般工艺报警处理方法。

二、方法步骤

集控值班人员通过集控系统和视频巡检，发现水厂工艺出现异常时，应及时启动调度指令，通过集控平台派发巡检工单给分厂巡检人员到现场核实情况，接收巡检反馈信息。如果能处理，则填写处理意见并下发给分厂巡检人员处理；如果无法处理，则将工单转发给分厂运行主管。具体流程如下：

1. 集控中心填写并下发临时巡检工单

集控中心临时巡检工单任务填写并下发界面见图 3.1-1。

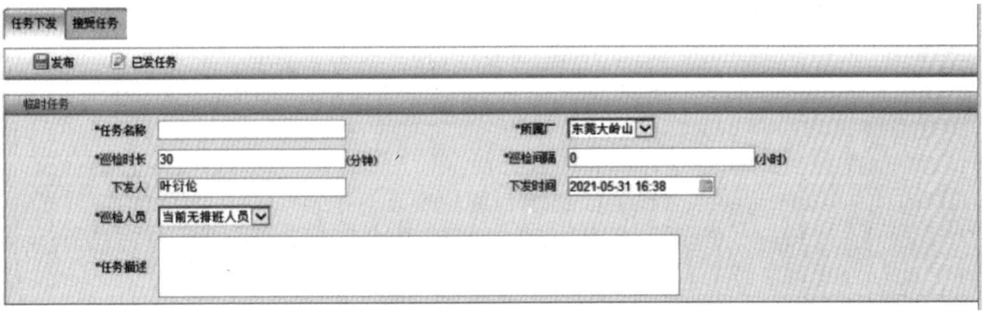

图 3.1-1　临时巡检工单任务填写并下发界面

（1）任务名称：需要描述任务事项。

（2）所属厂：选择工艺异常厂名。

（3）巡检人员：选择值班巡检人员。

（4）巡检时长、时间间隔：依据实际异常情况定义。

（5）任务描述：描述异常的信息。

2. 查询临时巡检工单进展情况

临时巡检工单任务处理进展界面见图 3.1-2。

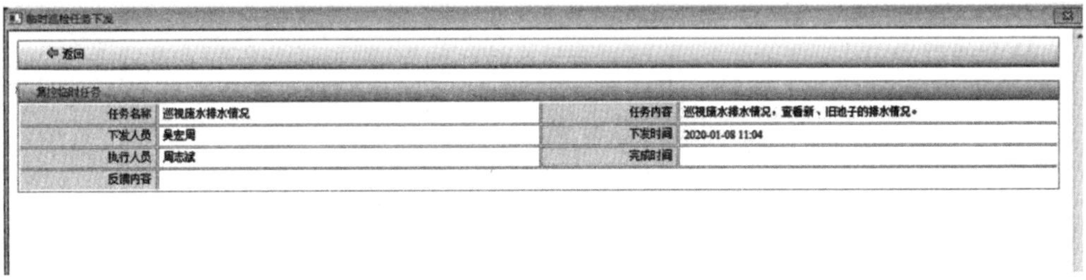

图 3.1-2　临时巡检工单任务处理进展界面

3. 临时巡检工单任务执行反馈查询

临时巡检工单任务执行反馈查询界面见图 3.1-3。

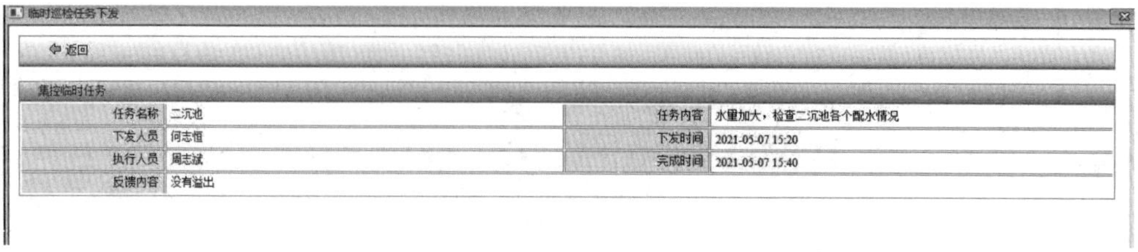

图 3.1-3　临时巡检工单任务执行反馈查询界面

4. 异常上报

集控中心不能处理的事项进行异常上报。异常上报界面见图 3.1-4。

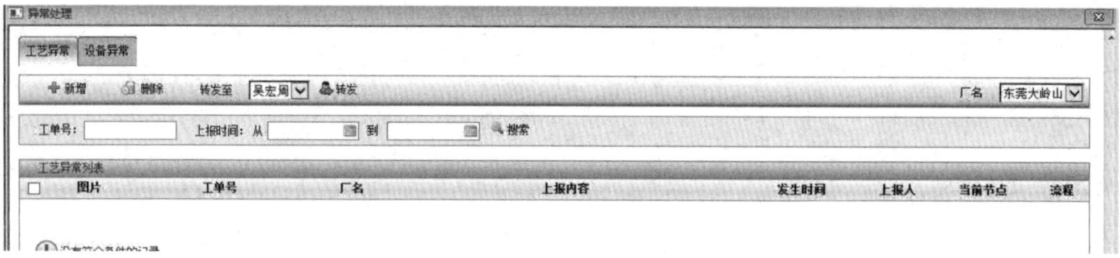

图 3.1-4　异常上报界面

（1）上报名称：需要根据实际情况选择工艺异常。

（2）厂名：选择工艺异常厂名。

5. 点击“新增”按钮实施异常上报

点击“新增”按钮实施异常上报界面见图 3.1-5。

图 3.1-5　实施异常上报界面

（1）厂名：选择工艺异常厂名。

（2）地点：选择异常地点。

（3）紧急程度：依据实际异常情况定义。

（4）异常描述：描述异常的信息。

6. 上报异常内容执行反馈查询

上报异常内容执行反馈查询界面如图 3.1-6 所示。

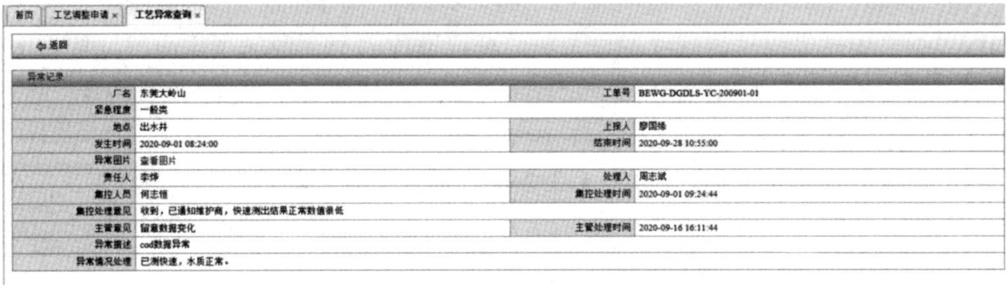

图 3.1-6　上报异常内容执行反馈查询界面

7. 工艺异常工单上报的具体流程

工艺异常工单上报流程如图 3.1-7 所示。

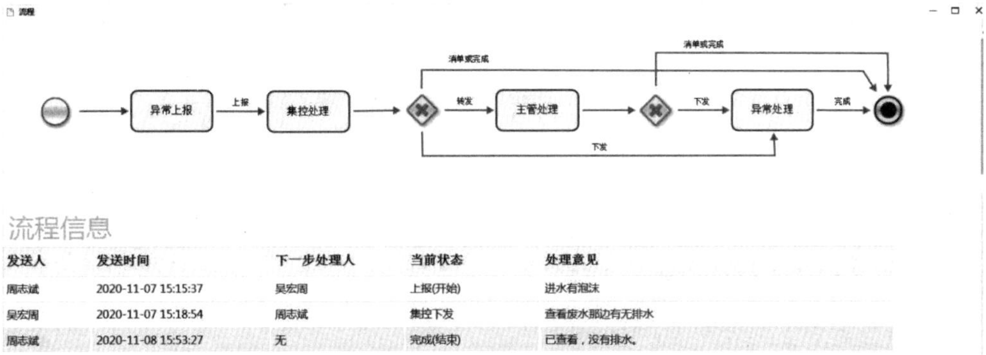

图 3.1-7　工艺异常工单上报流程

工艺异常较为严重时，根据需要可通过运维平台“应急预案”功能对重大异常事件进行指挥调度，本子任务暂不讲解。

子任务 3.2　一般设备报警处理

一、任务目的

熟练掌握一般设备报警处理方法。

二、方法步骤

集控值班人员通过集控系统和视频巡检，发现水厂设备出现异常/故障时，应及时启动调度指令，通过集控平台派发巡检工单给分厂巡检人员到现场核实情况，接收巡检反馈信息。如果能处理，则填写处理意见并下发给分厂巡检人员处理；如果无法处理，则上报设备异常工单，并转发给分厂设备主管处理。

分厂巡检人员在巡检工程中发现设备异常/故障时，应及时通过巡检终端上报设备异常工单至集控中心，由集控中心转发给分厂设备主管处理。

1. 设备异常工单上报具体的流程

设备异常工单上报界面见图 3.2-1。

图 3.2-1　设备异常工单上报界面

（1）上报名称：需要根据实际情况选择设备异常。

（2）厂名：选择工艺异常厂名。

2. 点击“新增”按钮来实施上报

实施异常工单上报界面见图 3.2-2。

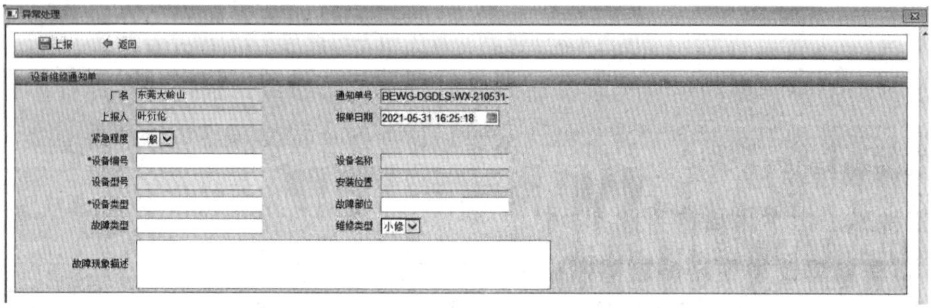

图 3.2-2　实施异常工单上报界面

（1）厂名：选择工艺异常厂名。

（2）设备编号：依据设备编号填写。

（3）设备类型：根据厂内定义设备信息填写。

（4）故障现象描述：描述异常的信息。

3. 上报异常内容执行反馈查询

异常工单上报查询界面见图 3.2-3。

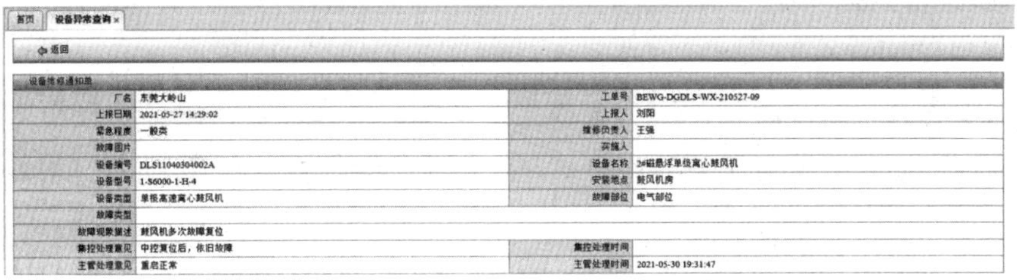
首页 设备异常查询 ×
返回
设备维修通知单

厂名	东莞大岭山	工单号	BEWG-DGDLS-WX-210527-09
上报日期	2021-05-27 14:29:02	上报人	刘阳
紧急程度	一般类	维修负责人	王强
故障图片		实施人	
设备编号	DLS11040304002A	设备名称	2#磁悬浮单级离心鼓风机
设备型号	1-S6000-1-H-4	安装地点	鼓风机房
设备类型	单级高速离心鼓风机	故障部位	电气部位
故障类型			
故障现象描述	鼓风机多次故障复位		
集控处理意见	中控复位后，依旧故障	集控处理时间	
主管处理意见	重启正常	主管处理时间	2021-05-30 19:31:47

图 3.2-3 异常工单上报查询界面

4. 设备异常工单上报的具体流程

设备异常工单上报流程见图 3.2-4。

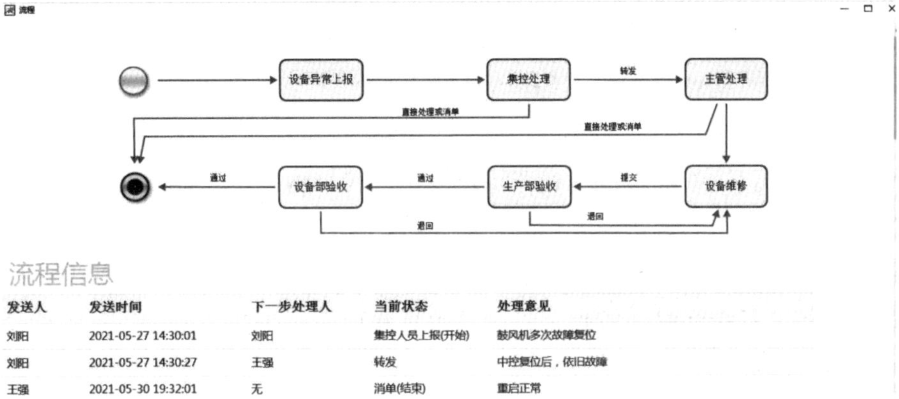

图 3.2-4 设备异常工单上报流程

设备异常较为严重时，根据需要可通过运维平台“应急预案”功能对重大异常事件进行指挥调度。

子任务 3.3 进出水水质异常判断分析及处理方法

一、任务目的

熟悉进出水水质异常判断分析及处理方法。

二、方法步骤

1．水质异常类型

1）进水中含油

当进水中含有大量油污时，油污进入生物系统，将会黏附在微生物表面，阻止微生物与氧气接触，导致微生物处于缺氧状态，生物系统运行将会出现不正常的情况。

2）进水中含有毒物质

当进水中含有毒物质含量超出国家强制性标准时，会导致微生物中毒，其生物活性将会受到抑制，生物系统将无法正常降解污水中的污染物，同时会降低对氧气的需求，最终导致出水水质出现超标。例如，微生物长期处于较高浓度的有毒物质的污水中，将有可能导致微生物中毒死亡，生物系统将出现崩溃，只能重新进行调试、培养微生物。

3）进水 pH 低于 6 或高于 9

微生物的生长、繁殖与 pH 有密切关系，当 pH 超出了一定的范围后，其微生物的活性就会明显下降，严重时会导致微生物解体死亡。

4）进水中常规指标（含 COD、BOD_5、SS 等）超过设计值 20%以上

城市污水处理厂所处理的污水主要包括城市居民生活污水和部分工业企业经处理后达标排放的工业废水，受建设和运行成本的制约，在设计时，其对进水污染物的浓度有较高的要求，如果进水中污染物浓度超过了设计值，将会对污水处理系统产生冲击，如果超标情况严重，且持续时间较长，将会导致污水处理系统超负荷运行，可能会导致出水无法达标排放。

5）进水中常规指标（含氨氮、总氮、总磷等）超过设计值 20%以上

正常情况下，南方城市污水中氮、磷指标均不会太高，城市污水厂一般也按此设计，但实际情况是，大部分城市均会出现进水氮、磷指标超过正常水平的情况，出现此现象的原因主要是工业企业排放的工业废水进入了管网。由于城市污水厂的设计能力限制，加上脱氮除磷工艺的复杂性，一旦进水氮、磷指标浓度超过设计值较多，污水厂就很难通过调整工艺来确保出水达标排放。

2．进水水质异常的处理及分析方法

1）进水中有大量浮油、泡沫或强烈刺激性气味等现象

当发现进水中含有油污等现象时，集控中心与巡检化验员应立即取样观察浮油情况，并由生产经理现场确认后汇报给应急处置领导小组，由领导小组下达减产或停产指令。

2）进水中含有毒物质

当进水中含有毒物质且进入生物系统后，会发现由于有毒物质的抑制，首先生化池

硝化功能出现异常，同时出水氨氮也会快速上升，在出现此种情况时，需要密切关注生化池溶解氧及出水氨氮情况。如果生化池溶解氧无下降趋势、氨氮持续升高时，则说明进水中的有毒物质在持续影响，此时需要适当减少进水量。如果生化池溶解氧有下降趋势，则说明进水中有毒物质浓度已经下降，微生物的活性正在逐步恢复，此时需要适当加大曝气量，为微生物恢复活性提供较好的环境，直到出水氨氮恢复到正常水平。

3）进水 pH 低于 6 或高于 9

当在线仪表检测到进水 pH 低于 6 或高于 9 时，集控中心与巡检化验员应立即取样，对 pH 进行复测确认，如确认为进水 pH 异常，应立即通知运行部经理，对现场情况进行确认，并根据情况停止进水，防止异常 pH 的废水进入生化池，破坏生物系统，同时需要连续对进水和生化池污水 pH 情况进行检测，如生物系统内污水 pH 异常时，应考虑投加酸或碱进行中和，如果进水 pH 恢复到正常状态，则应立即恢复进水。

4）进水异常

（1）进水 COD（BOD_5）超过设计值。当发现进水 COD（BOD_5）超过设计值，且出水 COD（BOD_5）有所上升时，需要注意观察生化池溶解氧变化情况，如生化池溶解氧有下降趋势，应立即加大曝气风量，提高溶解氧至工艺要求水平，并注意观察出水 COD（BOD_5），如果 COD（BOD_5）有下降趋势，则维持调整，直至出水 COD（BOD_5）稳定。

（2）进水 SS 超过设计值 20%以上。当发现进水 SS 超过设计值，且对沉淀效果有影响时，应及时降低处理水量，同时根据沉淀池泥位调整排泥时间，防止沉淀池出水悬浮物较多而影响水质。

（3）进水氨氮超过设计值，主要包括：

①如果发现进水氨氮超过设计值，且中控出水氨氮有上升趋势时，应注意观察溶解氧是否有下降趋势，如果有下降趋势，则应及时调整曝气，将溶解氧控制在适当水平，同时关注出水口氨氮的变化。

②需要检查进、出水 pH 和生化池出水碱度，如果碱度偏低，则需要考虑投加碱液来提高碱度。

③在冬季，如果气温下降，导致出水氨氮上升，则应将生化池溶解氧控制在较高水平。

④如果生化池溶解氧及碱度无异常，但出水氨氮有偏高或超标的情况，则应适当减少水量，降低生化的负荷，将出水氨氮控制在较合适水平。

（4）进水总氮超过设计值，主要包括：

如果化验室检测到进水总氮超过设计值，出水总氮偏高时，则应立即对生化池反硝化情况进行检查。

①检查硝化液回流比是否合理，如果回流比偏低，则适当加大回流量。

②检查生化池出水氨氮，如果出水氨氮偏高，则需要通过工艺调整降低出水氨氮。

如果以上检查结果均正常，则需要减少处理水量，降低负荷，控制出水总氮在达标范围。

（5）进水总磷超过设计值，主要包括：

①对沉淀池出水情况进行检查，如果发现沉淀池出水中悬浮物较多时，则应该根据情况减少处理水量，避免过多的悬浮物携带总磷排出。

②如果进水中总磷浓度过高，同时悬浮物量（用肉眼判断）也很大时，表明是颗粒性物质太多，导致总磷浓度过高，此时可以通过降低进水量，确保沉淀池出水总磷不会有太大波动。

③如果进水中总磷浓度过高，但悬浮物量不多时，此时就需要加大药剂投加量，来提高磷酸盐的去除效果，确保沉淀池出水总磷不会有太大波动。

④无论是哪种原因导致的进水总磷超标，在采取减少进水量或加大药量两种措施中的一种，仍不能保证沉淀池出水水质时，就需要同时采取两种措施来进行应对。

⑤如果采取了以上两种措施后，出水仍存在超标风险，则需投加助凝剂，小试生化池污泥的沉降情况（检测 pH、添加液碱和 PAM 等）。

进水异常包括进水 COD、SS、氨氮、总氮和总磷超过进水设计值比例的 20%以上等情况。当启动应急预案后，污水厂应继续关注进水情况，如果异常情况持续时间较长，则应根据情况组织对管网收集区域进行排查，查找异常废水来源，并将排查情况向主管部门汇报，同时协助主管部门对进水异常情况进行排查。

3. 出水异常的处理及分析方法

出水异常情况发生后，现场值班人员应在第一时间作出正确反应，并及时上报上级领导，启动应急响应，部门经理通知应急预案小组成员，按照设定的应急预案流程执行。应急预案如下：

1）三级响应

（1）出现化验室手工检测出水超标，但核查出水在线未存在超标现象时，化验员应立即报告运行部经理，同步排查可能存在的原因，如药剂失效、化验仪器设备故障、检测方法错误、人为操作失误等，并立即去出水口重新取样，第一时间开展检测，同步开展内部质量控制活动，如平行样检测、加标回收或者带标同步检测。如果复测发现出水超标，运行部经理则应立即上报运营公司总经理，并按照《工艺调控技术规程》开展工艺调控，并及时关注出水在线监测情况。

（2）当发现可能因在线监测设备故障导致的出水在线监测数据出现单点或多点超标时（确认化验室检测结果未超标），运行工应立即上报运行部经理，运行部经理立即上报运营公司总经理，并按照《进出水在线监测管理办法》执行，立即通知第三方运维单位人员到厂，解决在线监测设备故障问题，由第三方运维人员上报异常报告至生态环境部门。

2）二级响应

（1）当存在化验室人工检测出水超标且出水在线监测数据出现单点或多点超标时，化验员和运行工应立即上报运行部经理，运行部经理应立即上报运营公司总经理，总经理组织按照《工艺调控技术规程》开展工艺调控，并及时安排人员关注出水在线监测情况。同时，运行部经理立即通知第三方运维单位人员到厂，排查设备故障等问题，并由第三方运维单位上报异常报告至生态环境部门。

（2）当外部监管取样首次检测存在超标时，按照《外部取样管理办法》执行，化验员应立即上报运行部经理，并对平行样（B 样）再次测定，如果确认超标或数据异常，则由化验员反馈运行部经理后，由运行部经理汇报运营公司总经理，总经理应立即与相关部门沟通协调解决，可从取样规范性、取样代表性（是否为 24 h 混合样）、结果代表性（是否为日均值）等方面申请复测。同时，总经理立即组织按照《工艺调控技术规程》开展工艺调控。

3）一级响应

当出现外部监管取样复测出水水质超标，收到政府相关部门开出的行政处罚预先告知书和听证告知书时，运营公司应立即按照《品牌安全事件上报时限要求》上报业务大区运营管理部，业务大区运营管理部上报集团运营管理中心。运营公司总经理应立即启动申辩或申请听证。

如果申辩或申请听证不成功，并收到正式行政处罚告知书，运营公司总经理可向上一级部门申请行政复议。如果复议不成功再申请行政诉讼，整个事件处理过程应及时反馈给业务大区运营管理部及集团运营管理中心。

子任务 3.4　工艺设备异常处理进度查询及督办

一、任务目的

熟练掌握工艺运行与设备运行异常的处理及分析方法。

二、方法步骤

1. 工艺设备异常处理流程和职责

（1）区控中心运行值班人员通过集控系统、运维平台、水厂巡检人员反馈信息判断水厂异常，并按照程序向生产部门相关人员（包括区控中心和水厂领导、设备部门等）下达调度指令，派发工单，并对异常情况进行处理。

（2）分厂运行主管或区控中心班长及工艺工程师负责工艺调整单编制、申请、跟踪执行。

（3）区控中心运行经理和厂长、总经理负责指挥重大异常情况处理。

（4）分厂主管及班组须严格执行区控中心运行值班人员异常处理指令，现场操作设备，并反馈执行结果。

2. 工艺运行异常处理进度查询及督办

（1）打开运维平台“工艺异常查询”界面，见图 3.4-1。

图 3.4-1 “工艺异常查询”界面

（2）查看“状态”栏，如果显示已完成，则点击本项任务，查看处理过程记录，见图 3.4-2。

图 3.4-2 工单处理过程记录

（3）如果显示进行中，则点击“流程”栏，查看进展情况，见图 3.4-3。

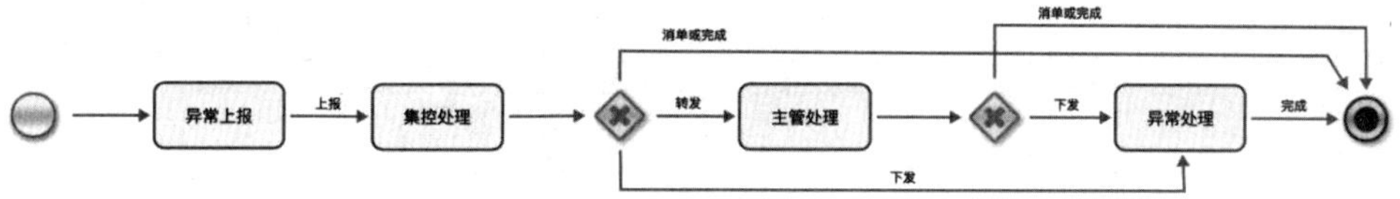

流程信息

发送人	发送时间	下一步处理人	当前状态	处理意见
邱慧	2021-03-14 09:16:53	叶衍伦	上报(开始)	进水有大量泡沫及油污
叶衍伦	2021-03-14 10:38:39	李烨	转发	
李烨	2021-04-02 08:56:06	无	已消单(结束)	消单

图 3.4-3　工单任务进展及流程信息

3．设备运行异常处理进度查询及督办

（1）打开运维平台“设备异常查询”界面，见图 3.4-4。

首页　设备异常查询 ×

通知单　实施单

设备名称/通知单号：　上报时间：从 2020-06-01 到 2021-06-01　搜索　导出 EXCEL　厂名 东莞大岭山　状态 全部

设备异常列表

图片	通知单号	设备名称	上报人	上报时间	故障描述	实施人	状态	工作记录	流程
	BEWG-DGDLS-WX-210528-01	1#剩余污泥泵	王强	2021-05-28 09:35:20	管道破裂		待验收		○
	BEWG-DGDLS-WX-210527-09	2#磁悬浮单级离心鼓风机	刘阳	2021-05-27 14:29:02	鼓风机多次故障复位		已处理		○
	BEWG-DGDLS-WX-210527-08	1#PAFC加药超声波液位计	刘阳	2021-05-27 10:50:47	液位计不准，无法正常使用，需要重新校准		已完成		○
	BEWG-DGDLS-WX-210527-07	球机摄像头	刘阳	2021-05-27 08:18:29	中控无法打开摄像头显示		已完成		○
	BEWG-DGDLS-WX-210527-06	枪机摄像头	刘阳	2021-05-27 08:17:46	中控无法打开摄像头显示		已完成		○
	BEWG-DGDLS-WX-210527-05	枪机摄像头	刘阳	2021-05-27 08:17:03	中控无法打开摄像头显示		已完成		○
	BEWG-DGDLS-WX-210527-04	枪机摄像头	刘阳	2021-05-27 08:16:00	中控无法打开摄像头显示		已完成		○
	BEWG-DGDLS-WX-210527-03	枪机摄像头	刘阳	2021-05-27 08:14:20	中控无法打开摄像头显示		已完成		○
	BEWG-DGDLS-WX-210527-02	枪机摄像头	刘阳	2021-05-27 08:13:13	中控无法打开摄像头显示		已完成		○
	BEWG-DGDLS-WX-210527-01	枪机摄像头	刘阳	2021-05-27 08:11:59	摄像头无法开启		已处理		○
	BEWG-DGDLS-WX-210526-01	1#浆板搅拌器	王强	2021-05-26 08:40:45	过载		已下发		○

图 3.4-4　“设备异常查询”界面

（2）查看“状态”栏，如果显示已完成，则点击“通知单”，查看工单派发情况（图 3.4-5），点击“实施单”，查看工单实施情况（图 3.4-6）。

首页　设备异常查询 ×

返回

设备维修通知单

厂名	东莞大岭山	工单号	BEWG-DGDLS-WX-210606-01
上报日期	2021-06-06 15:24:15	上报人	刘晓
紧急程度	一般类	维修负责人	王强
故障图片		实施人	吴信君
设备编号	DLS11053104001B	设备名称	1-1潜水搅拌器
设备型号	SR4650/410-226	安装地点	生化池
设备类型	推流器	故障部位	电气部位
故障类型			
故障现象描述	现场显示接地故障		
集控处理意见	请尽快安排人员检修	集控处理时间	
主管处理意见	起吊检修	主管处理时间	

图 3.4-5　工单派发情况

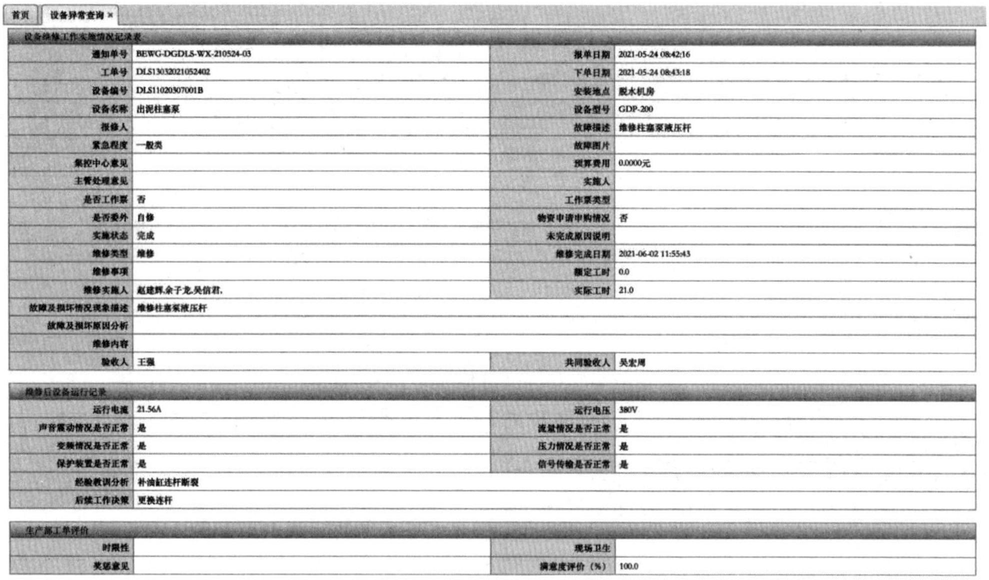

首页 | 设备异常查询 ×

设备维修工作实施情况记录表

通知单号	BEWG-DGDLS-WX-210524-03	报单日期	2021-05-24 08:42:16
工单号	DLS13032021052402	下单日期	2021-05-24 08:43:18
设备编号	DLS11020307001B	安装地点	脱水机房
设备名称	出泥柱塞泵	设备型号	GDP-200
报修人		故障描述	维修柱塞泵液压杆
紧急程度	一般类	故障图片	
集控中心意见		预算费用	0.0000元
主管处理意见		实施人	
是否工作票	否	工作票类型	
是否委外	自修	物资申请申购情况	否
实施状态	完成	未完成原因说明	
维修类型	维修	维修完成日期	2021-06-02 11:55:43
维修事项		额定工时	0.0
维修实施人	赵建辉,余子龙,吴信君,	实际工时	21.0
故障及损坏情况现象描述	维修柱塞泵液压杆		
故障及损坏原因分析			
维修内容			
验收人	王强	共同验收人	吴宏周

维修后设备运行记录

运行电流	21.56A	运行电压	380V
声音震动情况是否正常	是	流量情况是否正常	是
变频情况是否正常	是	压力情况是否正常	是
保护装置是否正常	是	信号传输是否正常	是
经验教训分析	补油缸连杆断裂		
后续工作决策	更换连杆		

生产部工单评价

时限性		现场卫生	
奖惩意见		满意度评价（%）	100.0

图 3.4-6　工单实施情况

（3）如果显示进行中，则点击通知单“流程”栏，查看进展情况，见图 3.4-7。

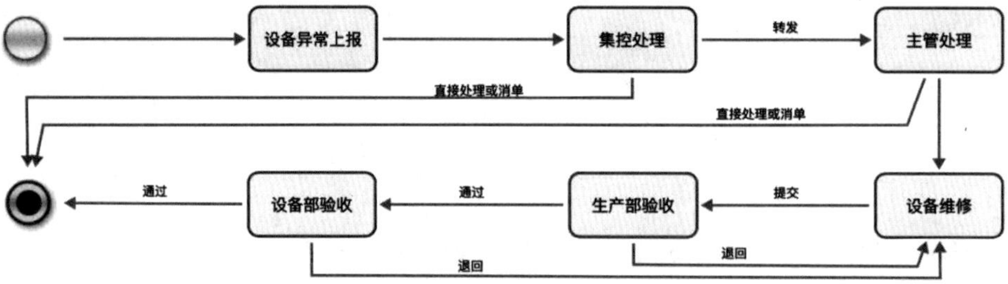

流程信息

发送人	发送时间	下一步处理人	当前状态	处理意见
王强	2021-06-15 08:21:34	王强	创建工单(开始)	压滤电机发烫，无法运行
王强	2021-06-15 08:21:59	赵建辉	下发	
赵建辉	2021-06-15 14:21:50	吴宏周	提交	

图 3.4-7　工单任务进展及流程信息

任务小结

本任务学习了中控系统异常信号的处理方法，能依据一般工艺、设备异常信号处理规程，按照工作流程下发临时任务工单，掌握进出水水质异常的分析判断和处理技能，保障生产安全稳定运行。

任务练习

（1）集控中心值班发现一般工艺异常的处理方法是什么？

（2）一般设备异常工单上报的处理流程是什么？

（3）进水水质异常的指标有哪些？

（4）工艺设备异常处理流程和职责是什么？

项目四

设备经济运行调控

学习目标

一、知识目标

了解污水处理厂提升系统、鼓风曝气系统、污泥脱水系统三大能耗系统经济运行原理、特点与控制方法；熟悉三大能耗系统经济运行指标和控制参数的含义、相关计算公式和经济运行分析方法。

二、技能目标

掌握三大能耗系统经济运行指标，并通过指标分析和控制，使各系统处于经济运行状态；熟悉三大能耗系统运行效率和节能潜力的计算方法。

项目综述

市政污水处理厂消耗的电能主要集中在污水提升系统、鼓风曝气系统和污泥脱水系统的动力设备上，这三大能耗系统电耗占水厂总能耗的 60%～80%，因此三大能耗系统经济运行控制是水厂节能的关键。本项目包括三项工作任务，分别是提升系统经济运行调控、鼓风曝气系统经济运行调控、污泥脱水系统经济运行调控。

任务1　提升系统经济运行调控

任务目的

（1）掌握提升系统经济运行指标的控制方法。

（2）熟悉分析判断提升系统经济运行状态的方法。

（3）掌握计算经济运行指标和节能潜力的方法。

（4）熟悉控制提升系统运行在高效范围的方法。

任务实施

子任务1.1　提升系统经济运行指标及控制方法

一、任务目的

了解提升系统构成，掌握提升系统经济运行指标含义、用途，掌握提升系统经济运行的控制方法。

二、准备工作

1．实训场地

（1）中控室。

（2）设备安装现场。

2．实训设备

（1）中控室上位机系统。

（2）现场提升系统主要设备（表1.1-1）。

表 1.1-1 提升系统主要设备

序号	设备名称	安装位置	用途	说明
1	提升泵	泵坑	提升输送水	—
2	阀门	泵房	检修阀或止回阀	—
3	液位计	集水井	测量液位	—
4	浮球开关	集水井	液位高低限控制或报警	—
5	电控箱	泵房	设备配电和控制	—
6	变频器	电控箱	调节提升水量	变频机组含有

三、方法步骤

1. 提升系统的构成

提升系统按照安装方式分为单泵单管提升系统和出水汇总管提升系统两种。单泵单管提升系统包括水泵、泵管、溢流堰，不设阀门和止回阀；出水汇总管提升系统包括水泵、止回阀、阀门、泵管等。本子任务介绍提升系统经济运行指标和控制方法、步骤。

2. 提升系统经济运行指标

图 1.1-1 包含典型潜污泵 *Q-H* 性能曲线、效率曲线、功率曲线，工况点（*Q*140，*H*7）对应了水泵最高效率 81%；水泵的高效区为最高效率以下 15%对应的工况点区间。例如，水泵最高效率为 80%，则运行效率不低于 68%的区间为高效区间。机组整机效率是水泵效率与电机效率的乘积，假设电机效率为 90%，则效率为 80%的水泵整机效率为 72%。水泵选型时应将水泵额定扬程与运行常水位对应，确保水泵运行工况点位于水泵 *Q-H* 性能曲线的高效区内。

多台水泵构成的提升系统经济运行原理，与单台水泵的经济运行原理相同，需要将提升系统工况点位于系统运行高效区内。

1）水泵机组效率

水泵机组效率计算公式如下：

$$\eta_{gr}=Q\times H\times\gamma/（102\times P_1）\times 100\%$$

式中，η_{gr} 为机组效率，%；Q 为流量，L/s；H 为扬程，m；γ 为比重，kgf/m^3；P_1 为电动机输入功率，kW。

2）提升系统效率

提升系统效率与水泵机组效率计算公式相同，但要用系统总流量、系统总电耗来计算。

多台提升水泵运行时，需要测试各种进水量下水泵各种编组运行方式的整体效率，即系统效率，从中选择出最佳编组运行方案，确保系统运行在高效状态，降低提升电耗。

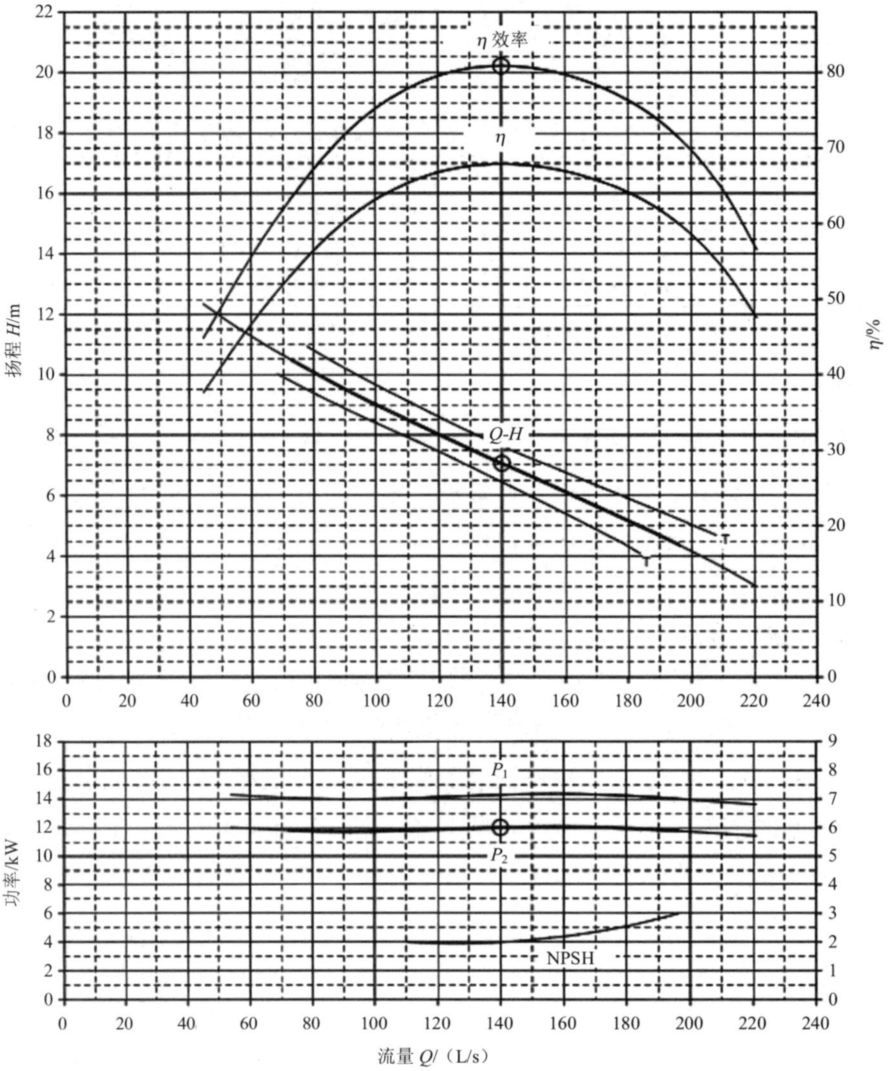

注：NPSH 为汽蚀余量。

图 1.1-1　提升系统 *Q-H* 性能曲线以及效率、功率曲线

3）吨水电耗

吨水电耗是提升系统电耗与提升水量的比值，计算公式如下：

$$P_u/Q=H\times\gamma/（10^2\times\eta_{gr}）$$

4）提升系统运行工况

提升系统运行工况主要通过实际流量、扬程、电耗以及系统效率、吨水电耗等指标反映系统运行状态。

3. 提升系统经济运行的控制方法

泵坑运行液位控制和水泵编组方式是提升系统经济运行的主要控制方法。

1）泵坑运行液位控制

提升系统高效区是指吨水提升电耗最低的区域。从吨水电耗计算公式 $P_u/Q=H\times\gamma/(10^2\times\eta_{gr})$ 可以看出，吨水电耗与扬程成正比，与机组效率成反比。水泵运行水位越高，扬程越低，因此吨水电耗最低的控制要求是：在水泵高效区间内尽量保持高水位运行。可以通过测试 H/η_{gr} 最小工况点确定运行水位的区间，以此控制机组运行，确保吨水电耗最低。

控制提升系统运行在高效区，一般通过控制泵坑液位来实现。对于因管网容量过小和水量不足导致提升泵泵坑水位波动较大的情况，一般采取增加变频泵、大小泵配合等措施控制运行液位。

2）水泵编组方式调控

提升系统多台水泵运行时，如果这些水泵单泵单管运行，则只要控制每台水泵运行在高效区，系统运行就是高效的；如果多泵并联出水管运行，则需要测试各种进水流量下水泵编组各种运行方式（如小泵+大泵、定速泵+变频泵、变频泵+变频泵）的提升系统效率，从中选择出最佳效率的编组方式，以此确定机组经济运行方案。

四、注意事项

（1）水泵扬程过高或流量偏大时，为了满足提升水量和高效运行需求，一般加装变频器，通过水泵变频运行控制水位在一定区间。对于加变频的提升泵频率原则上不要低于 30 Hz。

（2）当液位达到低限值时应及时关闭提升泵，以防水泵空转烧毁电机。

（3）高水位运行时水泵扬程低流量大，叶轮可能会产生汽蚀导致水泵损坏，因此应定期检查水泵叶轮汽蚀情况。

子任务 1.2　提升系统经济运行状态分析判断

一、任务目的

熟悉提升系统经济运行状态分类、工况数据的测量方法和系统效率的计算方法，掌握效率实际值与经济运行基准值比较，判断提升系统经济运行状态的方法。

二、准备工作

1. 实训场地

（1）远程控制：中控室。

（2）手动控制：设备安装现场。

2. 实训设备

（1）中控室上位机系统。

（2）现场提升系统设备（图 1.2-1）。

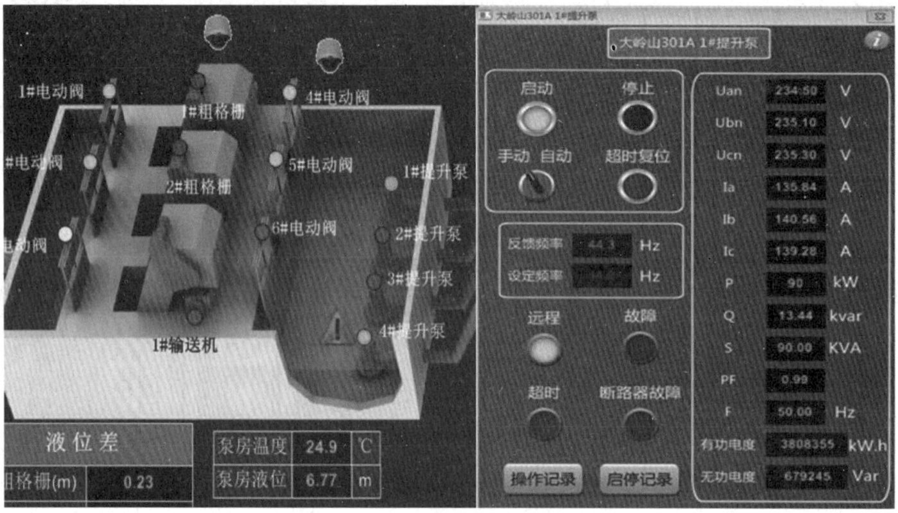

图 1.2-1　提升系统状态监控画面

三、方法步骤

提升泵的经济运行状态与实际流量、实际扬程、实际功率、机组效率、系统效率有关。在对泵进行效率测量时，要求实测泵随运行时间、扬程变化的规律，尽量收集整理全面完整的数据资料。下面介绍提升系统经济运行状态分析判断的方法。

1. 提升系统经济运行状态分类

不同类型水泵构成的提升系统运行效率范围是不同的，对于污水处理厂进水提升系统（扬程 7～15 m）的经济运行状态分类如下：

高效状态：整机效率 70%及以上。

良好状态：整机效率 60%～70%及以上。

低效状态：整机效率 60%以下。

2．提升系统效率计算相关数据采集

提升泵运行工况统计见表 1.2-1。

表 1.2-1　提升泵运行工况统计表

设备名称	生产厂家	规格型号	设备台数/台	实际工作扬程/m	实际流量/（m^3/h）	实际工作电流/A	实际工作电压/V	功率因数	实际功率/kW	整机效率/%
潜污泵	瑞典 ITT 飞力	NP3301	2	9.50	840.00	107.00	380	0.80	41.30	52.62

1）流量测量

水厂进、出水都安装有电磁流量计/超声波流量计等，可以实时读取进、出水及中间提升水量。

2）水泵电量测量

可以用嵌形表测量水泵三相工作电流和三相工作电压，计算提升泵功率；如果水厂安装有数字智能电表，则可直接读取一段时间用电量数值，并计算出平均功率。

3）扬程测量

通过液位计和提升泵坑图纸计算出常用液位，通过液位差计算出静扬程，考虑出水管路沿程水头损失，计算出水泵实际工作扬程。实际工作扬程核算是水泵机组或系统能效核算的重点和难点，务必准确可靠。水泵扬程核算图见图 1.2-2。

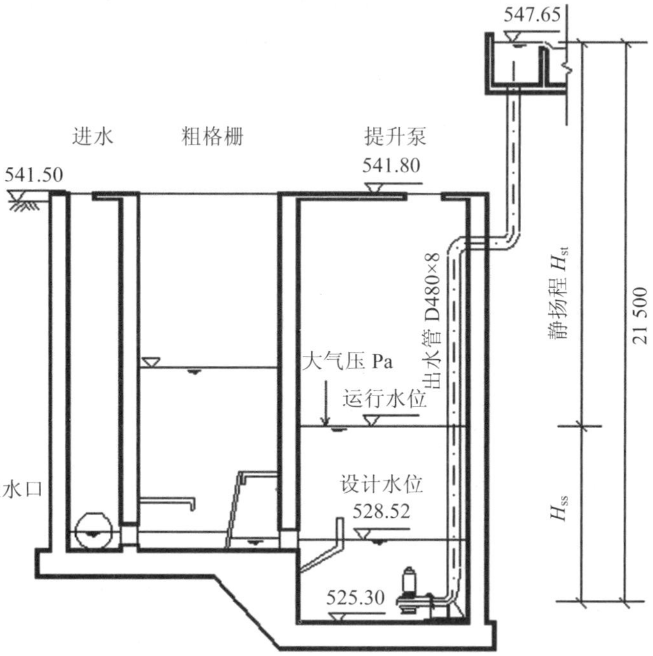

图 1.2-2　水泵扬程核算图（单位：mm）

3. 提升系统效率计算

工况点：性能曲线上表示水泵实际运行状况点，是扬程曲线与阻力曲线的交点。

（1）流量：是指单位时间内从泵出口排出并进入管路的液体体积。

（2）扬程：是指泵产生的总水头，等于泵出口总水头与入口总水头的代数差。

（3）泵输出功率（有效功率）：泵传递给输出液体的功率，用下式表示。

$$P_u=Q\times H\times \gamma/102$$

式中，P_u 为输出功率，kW；Q 为流量，L/s；H 为扬程，m；γ 为比重，kgf/m^3。

（4）机组效率：泵输出功率 P_u 与电动机输入功率 P_1 之比，用下式表示。

$$\eta = P_u/P_1\times 100\%$$

四、注意事项

（1）水泵工况数据采集一定要准确，特别是水泵扬程的核算要准确，这是分析判断水泵高效运行的基础。

（2）提升系统存在变频泵运行时，效率会比定速泵效率有所降低，应对高效基准值进行适当调整。

子任务 1.3　提升系统节能潜力计算

一、任务目的

掌握提升系统经济运行指标和节能潜力计算的方法。

二、准备工作

1. 实训设备

（1）电脑一台。

（2）中控室上位机系统。

2. 实训材料

（1）工艺管线及高程图。

（2）水泵选型性能曲线图。

三、方法步骤

通过提升系统经济运行指标计算节能潜力，见表 1.3-1。

表 1.3-1 提升系统节能潜力计算表

指标	日提升水量/t	日均扬程/m	泵坑常水位对应扬程/m	日提升电耗/(kW·h)	吨水能耗/(kW·h/t)	吨水电费/(元/t)	吨水提升1 m能耗/(kW·h)	吨水提升1 m电费/元	系统效率/%	系统效率提高到70%日节约能耗/(kW·h/d)	电度电价/[元/(kW·h)]	年节约电费/万元
代号	a	b	c	d	e	f	g	h	j	k	m	n
数值	200 000	10.55	10.55	10 049	0.05	0.032	0.004 76	0.003 045	57.18	1 840.161	0.639 3	42.939

1. 运行数据指标采集整理

（1）日提升水量：统计一天 24 h 的累计水量。

（2）日均扬程：统计一天 24 h 的平均扬程，采样周期为 15～60 min。

（3）泵坑常水位对应扬程：按照泵坑常水位计算出扬程。泵坑常水位是指满足正常日处理水量的水泵稳定运行的水位，水泵选型时要按照常水位选择水泵额定扬程，以便水泵在常水位运行时能保持高效状态。

（4）日提升电耗：统计一天 24 h 提升系统的累计耗电量，从水泵电度计量表读取并计算。

2. 节能潜力计算（举例）

以下指标代号 a、b、c 等详见表 1.3-1。

（1）吨水能耗 $e=d/a$。

（2）吨水提升 1 m 能耗 $g=e/b$。

（3）系统效率 $j=a\times b\times 100/(102\times 3.6\times d)$。

（4）系统效率提高到 70%日节约能耗 $k=d\times(1-j/70)$。

（5）年节约电费 $n=k\times 365\times m/10\,000$。

通过收集水泵基础数据，并由提升系统节能潜力计算表可以测算出系统效率提高到 70%的年化节约电费，从而为水泵经济运行和节能技术改造提供依据。

四、注意事项

（1）日提升水量、日均扬程、日提升电耗等数据统计时，应选取水厂稳定正常运行的时间段，以便计算出的数据具有代表性。

（2）提升系统节能潜力应每月计算一次，发现系统低效运行时要分析原因，并采取控制措施降低能耗。

子任务 1.4　提升系统经济运行调控

一、任务目的

熟悉提升系统运行调控方式和经济运行的控制方法。

二、准备工作

1. 实训场地

（1）远程控制：中控室。

（2）手动控制：设备安装现场。

2. 实训设备

（1）中控室上位机系统。

（2）现场提升系统设备。

（3）提升系统变频器。

三、方法步骤

通过泵站自动控制系统可实现提升系统的自动运行，通过设置泵坑水位、出水压力等控制参数，调控水泵机组自动运行，满足污水处理厂水量提升需求。

1. 水泵恒液位控制

（1）对于进水量波动较大的水厂，采用恒液位控制提升泵的启停，从而保证水泵一直在高效点运行，达到节能目的。

（2）恒液位控制需要保证部分水泵是变频控制，使水泵在水量波动下不出现频繁启停现象，保障水泵运行安全。

（3）在上位机上设定恒液位数据，在一定范围内，避免偏离泵高效点太多。

2. 恒流量控制

（1）对于来水量充足或工艺要求进水量稳定的水厂，应设置恒流量控制。

（2）为防止突发大量来水，可设置一个水位上限，当水位达到上限时，水泵应优先提高进水量，当水位下降至某水位值时，再恢复至恒流量控制。

（3）为了防止水位过低，可设置一个水位下限，当水位达到下限时，水泵调节变频或停泵上升至某水位后，再恢复至恒流量控制。

3. 水泵编组控制

（1）水泵的组合运行。一般来说，污水处理厂会设置多台水泵，一方面考虑水泵的热备，另一方面可以进行流量灵活控制。如果设置了变频水泵，对流量的控制就更精准了。

（2）分级预设不同数量水泵运行时的基准液位、增泵液位和减泵液位；检测当前正在运行的提升泵的数量，根据运行中提升泵的数量选择对应的基准液位、增泵液位和减泵液位；根据选定的基准液位值和泵组变频泵运行频率阈值，控制变频泵运行。

（3）水泵的电机功率较高，频繁的启动会造成水泵损坏，因此一般会在恒定液位前后延展一定的液位，也就是设置报警液位、启动液位、停泵液位等，把水泵的控制区间放大，同时要增加水泵的启动、停止的时间，从而减少水泵频繁启动的概率，防止水泵损坏。

四、注意事项

（1）提升系统的运行控制参数不是一成不变的，是随着水泵运行数量以及运行方式不断变化的，要通过不断的数据采集分析积累经验，优化设置提升系统高效运行的控制参数。

（2）水泵运行数量增减会引起提升系统自动运行状态波动，要及时分析提升系统运行曲线，发现问题并及时处理，防止设备损坏。

任务小结

通过学习本任务，掌握了提升系统经济运行指标和控制方法，掌握了提升系统经济运行状态分析和高效运行的控制方法，掌握了提升系统经济运行指标和节能潜力的计算方法。

任务练习

（1）提升系统经济运行指标有哪几个？

（2）提升系统经济运行的控制方法有哪两种？

（3）污水处理厂进水提升系统（扬程 7～15 m）的经济运行状态是如何分类的？

（4）提升系统效率计算公式是什么？

（5）泵站自动控制系统有哪三种运行控制方式？

任务 2 鼓风曝气系统经济运行调控

任务目的

（1）掌握鼓风曝气系统经济运行指标的控制方法。

（2）熟悉分析判断影响鼓风曝气系统经济运行的因素。

（3）熟悉计算及调整鼓风机效率的方法。

（4）熟悉计算曝气系统堵塞率的方法。

任务实施

子任务 2.1 鼓风曝气系统经济运行指标及控制方法

一、任务目的

掌握鼓风曝气系统经济运行指标及评价方法，掌握鼓风曝气系统经济运行控制方法。

二、准备工作

1. 知识准备

污水处理厂常用的有罗茨鼓风机、多级离心鼓风机、空气悬浮鼓风机、磁悬浮鼓风机等。鼓风曝气系统的耗电量占污水处理厂的 30%～60%，是污水处理厂耗电量最大的系统之一，研究出最适合鼓风曝气系统的自动控制方案，是一个有巨大的社会效益、环境效益以及经济效益的课题。

鼓风机状态监控画面及主要运行参数如图 2.1-1 所示。

图 2.1-1　鼓风系统状态监控画面

2．实训场地

（1）远程控制：中控室。

（2）手动控制：设备安装现场。

3．实训设备

（1）中控室上位机系统。

（2）现场鼓风机系统设备。

三、方法步骤

1．鼓风曝气系统经济运行评价指标

1）鼓风机综合效率

鼓风机综合效率=（实际效率/额定效率+实际每千瓦时产气量/额定每千瓦时产气量）/2×100%

公式的第一项（实际效率/额定效率）反映风机运行条件或水平是否达到本身固有效率，是否物尽其用；

公式的第二项（实际每千瓦时产气量/额定每千瓦时产气量）反映风机实际单位产气量达到额定气量的程度。

2）鼓风机风量

鼓风机风量单位 Nm^3/min，表示标准状况下（温度 20℃，空气密度 1.205 kg/m^3）的空气流量值。

3）鼓风机风压

鼓风机风压是指鼓风机出口的压力。风机出口初始压力是指曝气器新装、重置后风机正常风量下的出口压力。

2. 准备工作

不同类型的风机有不同的控制步骤和注意事项，在操作前应熟悉风机的安全操作手册，仔细检查设备，确保无故障报警信号。

3. 操作步骤

1）罗茨鼓风机

- 检查电源电压是否正常。
- 将排空阀门打开。
- 将风机前阀门打开。
- 按“风机启动”按钮启动风机。
- 注意启动中的振动、声音等情况，如有异常应立即停车，检查原因并及时处理。
- 启动完成，电机达到稳定工作状态，缓缓关闭排空阀门。
- 注意压力表读数及电流表读数。
- 停机时，先将排空阀门打开，按下停机按钮，待风机停止运行后，关闭排空阀门。以上工作确认无误后做好记录，方可离开现场。

2）多级离心鼓风机

- 检查电源电压是否正常。
- 将进、出口阀门关闭。
- 按“风机启动”按钮启动风机。
- 注意启动中的振动、声音等情况，如有异常应立即停车，检查原因并及时处理。
- 启动完成，电机达到稳定工作状态，这时风机全压运行指示灯亮。
- 打开出口阀门，然后缓慢打开进口阀门，注意电流表显示值应低于电机允许电流值。
- 注意压力表读数及电流表读数。
- 停车时，先按风机排空阀“开”键，排空阀打开泄压，停机程序开始，泄压同时关闭进口阀门，检查相应阀是否处于正确位置，停机过程中，操作者应监视电流变化及整个状态的变化，关闭电机“停止”按钮，以上工作确认无误后做好记录，方可离开现场。

3）空气悬浮/磁悬浮鼓风机

- 检查确认出风管的阀门是否在打开状态。

- 确认运行方法中是否选择的是“Local”（现场），初始菜单中要保证“模式”——定速运转，“位置”——局部，“状态”——准备。
- 确认在运行数据画面下的SV设定值，是否根据负荷条件设定了合适的允准速度。
  - ✓ 启动阶段SV值不得小于70%。
  - ✓ SV值需设置区间（50%～90%）。
- 从运转数据画面确认传感值有无异常。
- 按下“开始运转”按钮后，在运行过程中留意温度值、电机转速、功率、流量、风压等。
- 注意启动中的振动、声音等情况，如有异常应立即停车，检查原因并及时处理。
- 确认放空阀能正常开关闭，是否达到设定的运转速度。
- 根据实际运行所需要的风量调整设定值。
- 确认吸入口流体温度，保持在60℃以下。
- 确认电机温度，保持在170℃以下。
- 确认过滤压差，保持在2 kPa以下，同时注意风压数值，风压不宜超过75 kPa。当风压超过80 kPa时，风机会自动停机（压力根据风机具体型号确定，不同型号压力不同）。
- 停止设备时将风机SV值逐渐降到50%后，按红色“STOP”按钮，红色状态灯会亮，直至完全停止后红灯熄灭。

子任务2.2 鼓风曝气系统经济运行的影响因素分析

一、任务目的

熟悉影响曝气系统经济运行的主要因素及其分析方法。

二、准备工作

1. 知识准备

随着城市污水生物处理技术的不断完善，好氧生物处理技术逐渐成为城市污水处理的主导技术。好氧生物处理需要提供足够的氧气以满足微生物的正常生长，而维持供氧设备的正常运行需要消耗大量的电力，因此电量消耗已成为影响城市污水处理厂费用的主要因素。好氧生物处理供氧（曝气环节）所耗用的电量占整个污水厂直接能耗的 40%左右，所以对曝气系统中曝气设备的运行成本进行分析显得尤为重要。

2. 实训场地

（1）远程控制：中控室。

（2）手动控制：设备安装现场。

3. 实训设备

（1）中控室上位机系统。

（2）现场鼓风机系统设备。

（3）空气流量计。

（4）管道压力表。

三、方法步骤

1. 鼓风曝气系统经济运行状态分类

不同类型风机构成的曝气系统运行效率是不同的，污水处理厂曝气系统的效率范围分类如下：

高效状态：整机效率 70%及以上。

良好状态：整机效率 60%～70%及以上。

低效状态：整机效率 60%以下。

2. 鼓风曝气系统经济运行影响因素

影响鼓风曝气系统经济运行的主要因素有风机风量、出口压力、曝气堵塞率等。

1）运行记录

判断鼓风曝气系统的经济运行情况，需要查看鼓风机稳定运行记录（表 2.2-1），如查看风量、压力比、输出频率、电机功率等参数，从历史记录中可以看到风机风量及效率变化。

风机设备选型时基本已经确定供风量范围、调节范围，如果风量选型较大，风机实际运行中能耗较大，会产生能耗的浪费；根据风机风量和生化池溶解氧数据可判定鼓风曝气系统经济运行情况。

2）运行效率

鼓风曝气系统的运行效率计算分析，一般通过数据采集、历史值记录以及历史曲线查询等方式。

（1）风机风量。不定期查看风机风量历史曲线是判定风机效率的主要方法之一，风机设备选型时已经基本确定供风量范围、调节范围，如果风量选型较大，风机实际运行中能耗较大，会产生能耗的浪费。根据风机风量历史曲线可了解风机实际运行状况以及溶解氧和风量的对应关系（图 2.2-1）。

表 2.2-1　鼓风机稳定运行记录

班次	时间	1#鼓风机稳定运行记录										总风量/（m^3/h）
		风量/（m^3/h）	压力比/%	进风压力/kPa	出风压力/kPa	输出频率/Hz	电机电流/A	电机电压/V	电机温度/℃	交频器温度/℃	电机功率/kW	
夜班	01:00	8 480	176	100.0	176.2	638.2	304.0	412.2	101.0	49.0	0.0	26 438
	03:00	8 469	176	99.9	176.0	636.5	304.0	408.3	100.0	48.0	0.0	26 496
	05:00	8 477	176	99.9	176.1	635.6	304.0	408.3	99.0	47.0	0.0	26 393
	07:00	8 472	176	100.0	176.3	636.1	305.0	407.5	99.0	47.0	0.0	26 374
白班	09:00	8 490	176	100.2	176.6	639.6	306.0	413.0	101.0	49.0	0.0	26 573
	11:00	8 497	176	100.2	176.7	643.5	311.0	408.3	106.0	51.0	0.0	26 363
	13:00	8 473	176	100.0	176.5	645.0	313.0	405.2	109.0	53.0	0.0	26 484
	15:00	8 485	176	99.9	176.5	645.1	311.0	405.2	109.0	53.0	0.0	26 645
中班	17:00	8 485	176	99.8	176.4	644.2	313.0	402.1	109.0	54.0	0.0	26 686
	19:00	8 484	176	99.9	176.5	641.9	311.0	402.1	107.0	52.0	0.0	26 440
	21:00	8 480	176	99.9	176.4	640.5	312.0	402.8	105.0	51.0	0.0	26 574
	23:00	8 481	176	100.0	176.4	639.5	308.0	404.4	104.0	51.0	0.0	26 576

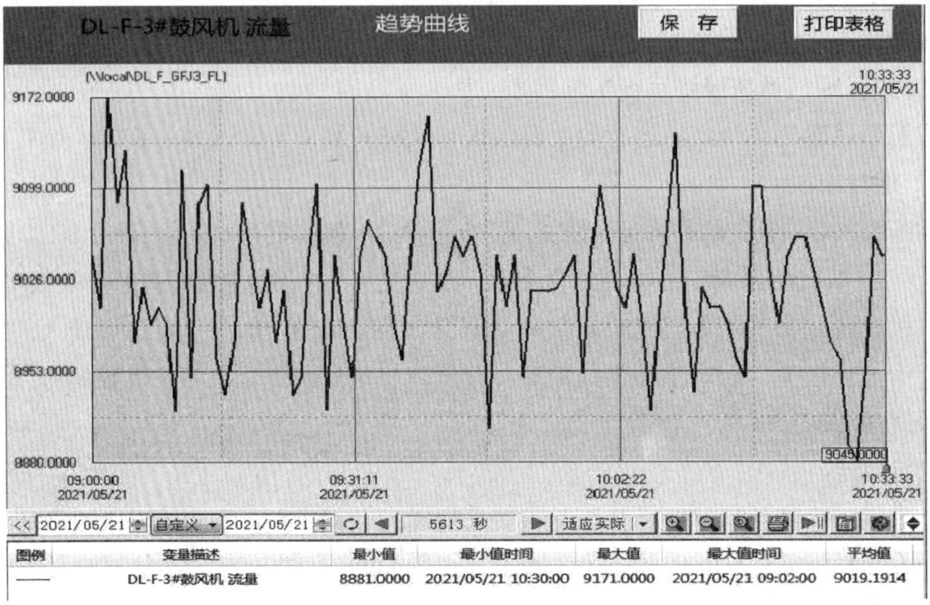

图 2.2-1　鼓风曝气系统风机风量曲线

（2）出口压力。风机的风量可由污染物降解所消耗的氧气量计算得到，而风机的风压取决于水深（曝气器端面到水面的距离）和阻力损失之和。阻力损失是指供风管道、阀门、弯头及曝气装置的压力损耗。

（3）曝气堵塞率。随着曝气器运行时间增长，因空气灰尘聚集、曝气膜片结垢、膜片老化等会造成曝气膜片阻力不断增大，堵塞率上升。曝气堵塞率与风机出口当前压力值和初始压力值的差值成正比，初始压力值是指曝气系统新建或重置初始运行时点的风机出口压力值。

子任务 2.3　鼓风机效率计算及调整

一、任务目的

熟悉鼓风机效率计算方法和主要调整措施。

二、准备工作

1．知识准备

鼓风曝气系统节能技术的实施过程中，如果我们不从整个系统出发，而是片面强调某一方面的节能，就不能达到预期的目的，有时还会破坏整个系统的正常运行。因此，通过数据采集分析计算出整个曝气系统效率是我们节能技改的重点任务，以提升系统效率，达到节能的目的。

2．实训场地

（1）远程控制：中控室。

（2）手动控制：设备安装现场。

（3）生化池。

3．实训设备

（1）中控室上位机系统。

（2）现场鼓风机系统设备。

（3）空气流量计。

（4）管道压力表。

三、方法步骤

1. 鼓风曝气系统效率计算相关数据采集

鼓风曝气系统工况分析见表 2.3-1。

表 2.3-1　鼓风曝气系统工况分析

指标	出口升压日均值/m	平均进水流量/（m^3/h）	实际总供风量/（m^3/h）	实际鼓风机总功率/kW	实际单位能耗产气量/［m^3/（kW·h）］	实际吨水曝气电耗/（kW·h/t）	系统效率/%	系统效率提高到 65%日节约能耗/（kW·h/d）	电价/［元/（kW·h）］	年节约电费/万元
代号	A	B	D	E	F	H	I	J	K	L
数值	6	2 100	6 227	184	33.842	0.1	46	1 196.72	0.62	27.082

（1）平均进水流量：以生化曝气系统进水管流量计数据作为平均进水流量，如果水厂曝气系统只有一组也可以水厂进水总管流量计数据作为平均进水流量。

（2）实际鼓风机总功率：按照电度计量表读数计算，没有电度计量表的根据电流计算鼓风机总功率。

（3）实际总供风量：按照空气管道的气流量计读数计算。通过《曝气系统理论需风量计算表》计算理论需风量，作为实际供风量的参考值。

（4）出口升压日均值：一般根据风机管道压力表数据、空气悬浮/磁悬浮风机显示屏上显示的升压数据计算。

2. 鼓风机效率计算

（1）实际单位能耗产气量 F［m^3/（kW·h）］：

$$F= D/E$$

（2）气水比：

$$\text{气水比}= D/B$$

（3）实际吨水曝气电耗 H（kW·h/t）：

$$H= E/B$$

（4）系统效率提高到 65%日节约能耗 J（kW·h/d）：

$$J= E\times（1-I/65\%）\times 24$$

（5）年节约电费 L（万元）：

$$L= J \times 365 \times K/10\ 000$$

（6）系统效率计算见图 2.3-1 风机效率测算图。

风机效率		
只填写表中底色内容，其他为计算值		
参数	数值	备注
G_s=	100.92	空气流量，Nm^3/min
K=	0.285 7	常数
Δp=	60	背压，kPa
P_a=	101.325	进口压力101.325 kPa；根据当地海拔高度换算（进口压力=101.325−当地海拔米/12×0.133）kPa
t=	20	进气温度（相对温度），℃；用热式流量计时 t=20
T=	293.15	进气温度（热力学温度），K
ρ=	1.205	空气密度，kg/m^3；用热式流量计时ρ=1.205
R=	286.88	气体常数，J/（kg·K）
$\mathrm{WP}=\dfrac{\rho\cdot G_s\cdot R\cdot T}{K}\cdot\left[\left(\dfrac{P_a+\Delta p}{P_a}\right)^K-1\right]$		
P_1 =	184	总功率，电机输入功率，kW
WP =	84.8	气动消耗功率，kW
e_0 =	46.1%	风机效率

图 2.3-1　风机效率测算图

3. 调整鼓风曝气系统效率的方法

1）曝气风机的选型与运行优化

首先，风机在设计选型阶段或者节能技改过程中，应尽可能选用高效风机，如空气悬浮鼓风机、磁悬浮鼓风机、单级高速离心鼓风机等，一般不选用多级离心鼓风机、罗茨鼓风机等效率较低的机型。

其次，鼓风机的额定风压选择也非常关键，额定风压过高，风机运行时会偏离高效工况点，效率下降；额定风压过低，当曝气器阻力升高，总压力超过鼓风机额定风压时，鼓风机的风量达不到设计风量，性能下降，并可能导致曝气不足，影响生产达标。

2）曝气盘的酸洗

除日常用的气冲外，还可在气冲效果不明显时进行酸洗，使曝气头保持畅通，减少系统阻力。气管阀门的关小也会增加系统阻力，应减少阀门造成的系统阻力。

3）气水比控制

一般情况下，根据溶解氧高低调节气管阀门开度，从而降低气水比，既可确保生化系统的稳定运行，又可做到经济供氧，减少气量浪费。

其他影响经济运行的因素还有几个，也有一定的经济运行潜力可挖。如为了降低风机进风过滤器的阻力同时降低滤芯更换次数，采用在进风廊道增加过滤器的方法，先过滤掉空气中的较大颗粒物，既降低了风机过滤器压差，又延长了风机滤芯的使用寿命。在电费管理上，因为各个时段电价有较大差异，从低谷电价到高峰电价有近 3 倍的差异，能否在电价低谷时加大鼓风机风量，而在用电高峰时段降低风量？答案是肯定的，只要对进水量、污泥回流量作相应的调整，生化系统也能够正常运行，这样可以在峰谷平不同电价区间调整运行处理水量，在电价谷区间多处理水量，从而降低吨水电费。

子任务 2.4　曝气系统堵塞率计算

一、任务目的

熟悉曝气系统堵塞率的计算方法。

二、准备工作

1. 知识准备

污水处理厂处理的主要是工业废水，其中钙、镁等矿物质含量较高，容易造成曝气头堵塞。曝气系统堵塞率的计算是提升鼓风机效率的重要手段。

2. 实训场地

（1）远程控制：中控室。

（2）手动控制：设备安装现场。

（3）生化池。

3. 实训设备

（1）中控室上位机系统。

（2）现场鼓风机系统设备。

（3）空气流量计。

（4）管道压力表。

三、方法步骤

1. 曝气系统堵塞率相关数据

曝气系统堵塞率分析见表 2.4-1。

表 2.4-1 曝气系统堵塞率分析

膜片浸没水深/m	风机出口升压初始值/kPa	风机出口升压日均值/kPa	曝气系统堵塞率/%
5.4	59	64	60.0

1）膜片浸没水深

曝气膜片到生化池液面的垂直高度，即 CASS、CAST、SBR 池等曝气膜片至最高液面的距离。

2）风机出口升压初始值

风机出口初始压力是指曝气系统新装、重置后风机正常风量下的出口压力。如果新安装曝气膜片初始工作压力没有记录，则可按下式估算：

初始压力=曝气器有效工作水深+0.5 m

该参考值因空气管路复杂性和曝气性质不同有所差异，通常空气输送管道阻力按 0.2 m 考虑，新安装微孔橡胶曝气膜片的扩散阻力约为 0.3 m，合计为 0.5 m。

3）风机出口升压日均值

风机出口升压日均值为风机管道压力表日均值。

4）曝气系统堵塞率

堵塞率=（出口升压日均值–生化池有效水深–0.5）/0.7×100%

2. 曝气系统堵塞率常用判断方法

1）堵塞系数法

对于微孔（扩散器）曝气器的堵塞用堵塞系数（用 F 表示）来衡量，堵塞系数是实际氧转移效率与运行起始的氧转移效率之比。

2）压强监测法

在鼓风机房风机的出气管道上设置压力计，当实际压力表指示数值比曝气系统运行初期升高 0.7 m 水柱，应考虑将曝气池放空清洗。通常情况下，风机出口压力应高于生化曝气池有效水深 1 m 水柱左右，当风机压力超过生化曝气池有效水深 1.2 m 水柱以上时，一般需要考虑将曝气池放空清洗。

3）溶解氧监测法

测量曝气池末端混合液的 DO，如果 DO 长期低于 2.5 mg/L，应考虑将曝气池放空清洗。

4）能耗监测法

在 DO 恒定的条件下，如果能耗升高，则说明扩散器已经堵塞。如果能耗升高 20%，则应考虑将曝气池放空清洗。

5）气泡大小观察法

定期观测曝气池表面逸出气泡的大小。如果发现逸出气泡尺寸增大或气泡结群，说明扩散器已经堵塞，因此在运行初期应详细观察各池及池内各段的气泡尺寸、形状及分布情况，做好记录。当曝气池表面逸出气泡直径大于 2 mm，应考虑将曝气池放空清洗。

6）曝气池表面局部剧烈翻腾点观察法

如果曝气池表面有局部剧烈翻腾现象，就应考虑将曝气池放空清洗或其他措施。

实际运行中，可结合多种方法来判断曝气系统堵塞率，以减少误判。除以上方法外还要定期检查曝气系统冷凝水排放装置排出水中是否存在油污或泥浆，如果存在油污或泥浆，则同样说明曝气系统出现破损及堵塞。

任务小结

通过学习本任务，掌握了鼓风曝气系统经济运行指标及控制方法。通过监控数据明白鼓风曝气系统是否处于经济运行状态；用鼓风曝气系统相关数据采集测算系统效率；通过多种方式调整鼓风曝气系统效率；熟悉曝气系统堵塞率的计算方法，知道通过掌握降低曝气系统堵塞率的方法。

任务练习

（1）如何评价鼓风机综合效率？

（2）鼓风曝气系统经济运行状态分哪几类？

（3）影响鼓风曝气系统经济运行的主要因素有哪几个指标？

（4）如何测算鼓风曝气系统效率？

（5）如何测算鼓风曝气系统堵塞率？

（6）风机出口升压初始值是指什么？

任务 3　污泥脱水系统经济运行调控

任务目的

（1）掌握污泥脱水系统经济运行指标及控制方法。

（2）掌握进泥流量和加药量的调节。

（3）掌握污泥脱水系统电耗指标控制方法。

（4）掌握污泥脱水系统药耗指标控制方法。

专业知识

一、带式脱水机

1. 工艺流程及设备介绍

带式脱水机工作流程见图 3-1。

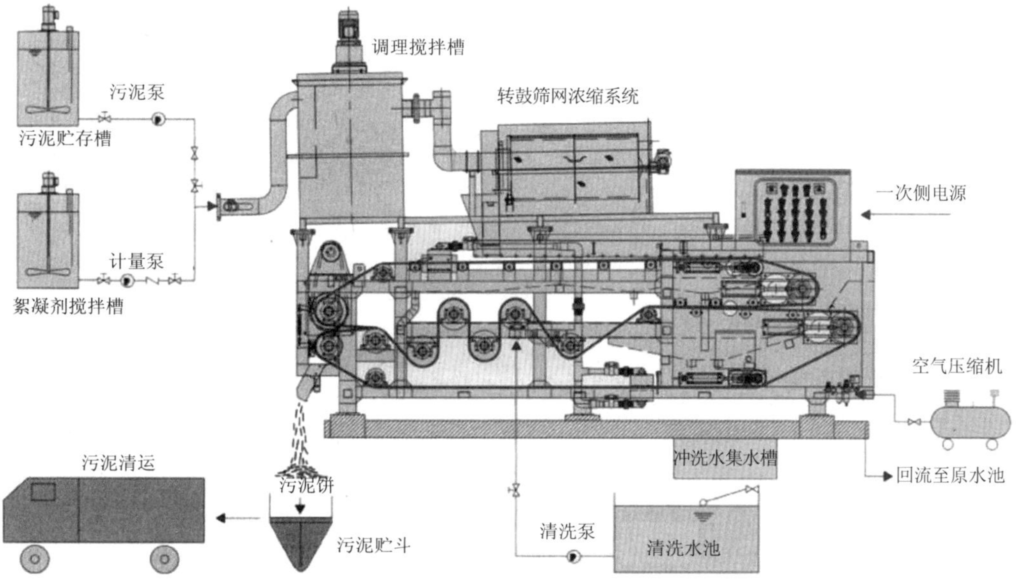

图 3-1　带式脱水机工作流程

2. 工作原理

工艺运行过程中剩余污泥经浓缩后，污泥泵输送污泥并投加凝聚剂进行充分混合反应，后续流入浓缩段的进料分配器，将污泥均布到倾斜式的浓缩段上，并在泥耙的双向导疏和重力作用下，污泥随着滤布的移动，迅速脱去污泥的游离水。重力脱水后浓缩污泥反转机构将污泥输送至带式压滤机的重力脱水段进一步脱水。然后喂入“S”形压榨段，在“S”形压榨段中，污泥被夹在上、下两层滤布中间，经若干个不同直径辊筒反复压榨，促使泥饼再一次脱水，通过刮刀将泥饼刮落至无轴螺旋输送机后，送至污泥存储设备中完成固液分离、输送。

滤带在运行过程中不断地被自动清洗并通过气动自动纠偏系统保证滤带正常运行轨迹和适当的张紧压力。对于不同性质的污泥，需要采用不同的处理策略，包括选择合适的絮凝剂、溶液浓度、投加量，以及适配的带式污泥脱水机机型、滤网带、滤带速度及张力，还有压辊数量及排列方式。根据现场污泥样品，可以出具污泥脱水实验报告，据此确定药剂品种、浓度及投加量。

3. 系统构成

（1）固体投药器。

（2）溶药搅拌装置。

（3）药液输送泵。

（4）污泥输送泵。

（5）滤带清洗泵。

（6）空气压缩机。

（7）静态混合器。

（8）电控箱。

（9）带式污泥脱水机。

（10）无轴螺旋输送机。

二、卧式离心脱水机

1. 工作流程介绍

卧式离心脱水系统工作流程见图 3-2。

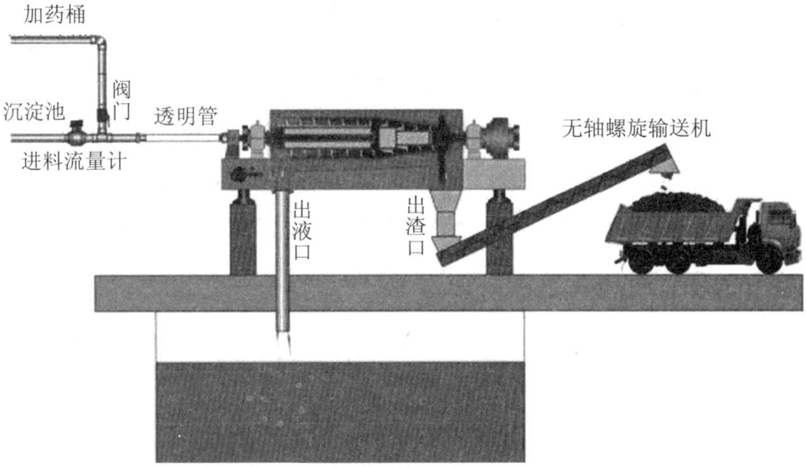

图 3-2 卧式离心脱水系统工作流程

2. 工作原理和结构

卧式离心脱水机的原理和结构特点：卧式离心机脱水通过回转体——转鼓和螺旋的高速旋转使里面的固液混合物随高速旋转形成液环并产生较大的离心力，并通过此较大离心力的作用加速固液的沉降分离，其中比重较大的固体颗粒沉降在液环的外圈，即沿转鼓的内壁形成泥环，通过螺旋与转鼓的转速差将泥推送至出泥口（图 3-3）。

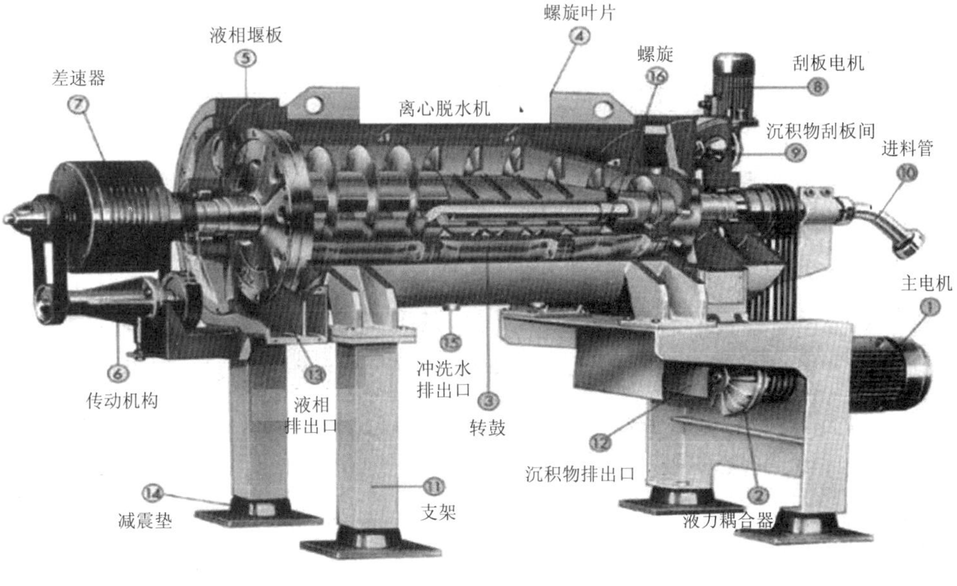

图 3-3 卧式离心脱水机结构

三、板框压滤机

板框压滤机作为固液分离设备，应用于工业生产已有悠久历史，它具有分离效果好、适应性广，特别对黏细物料的分离，有其独特的优越性。板框压滤机是一种间歇性固液分离设备，采用机电一体化设计制造，结构合理，操作简单方便，能实现滤板压紧、保压、滤板松开等各道工序。由厢式板、滤框板框式或由厢式板排列构成滤室，在进料泵的压力作用下，将料浆送入滤室，通过过滤介质，将固体和液体分离。

1. 工艺流程

板框压滤机工艺流程见图 3-4。

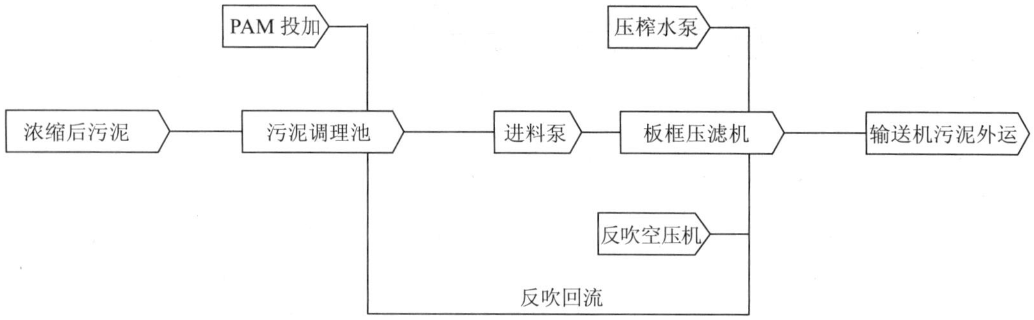

图 3-4　板框压滤机工艺流程

将浓缩后含水率为 95%～97%的污泥，利用污泥提升泵提升至污泥调理池。

调理：通过污泥提升泵将储泥池中的污泥提升至污泥调理池中，在提升的过程中，依次投加相应药剂，边投加边搅拌，直至污泥适合板框进料泥质，调理结束。

进泥：调理好的污泥通过压滤机进泥泵直接输送至压滤机中进行污泥脱水，随着进泥压力的不断提高，自动调节进泥泵进泥量，直至进泥压力至设定值 0.8～1.0 MPa（具体视板框设备型号确定）。

压榨：压榨水箱的水通过压榨水泵直接打入隔膜滤板的封闭隔膜中，随着水量的增多，相邻隔膜不断膨胀，对滤板中的污泥进行压榨脱水，直至压榨压力至设定值 1.0～1.5 MPa（具体视板框设备型号确定），整个压榨阶段结束。为了提高污泥产量及降低成本应合理控制进泥量和压榨压力、压榨时间，确保含水率达标。

吹风：随着压榨过程的结束，就开始进行正向吹风，压滤机中心通道中会存留污泥，该部分污泥在后续的处理步骤中不能压榨脱水，因此通过吹风使其回流至调理罐，通过吹风可以对泥饼表面的污水进行吹脱，同时对泥饼和滤布进行吹脱分离，有利于泥饼的脱落。

卸泥/存储：从滤板掉落的泥饼直接进入储泥斗，等待汽车外运。

2．板框压滤机结构

板框压滤机主要由五大部分组成：机架部分、拉板部分、过滤部分、液压部分和电气控制部分，其实物和结构分别见图 3-5 和图 3-6。

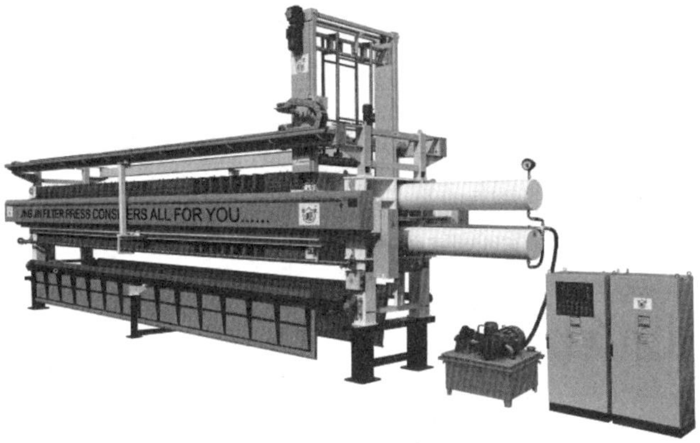

图 3-5　板框压滤机实物

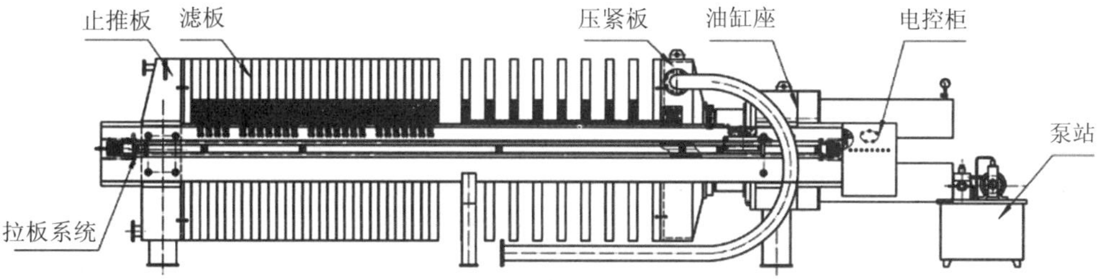

图 3-6　板框压滤机结构

（1）机架部分：机架是整套设备的基础，它主要用于支撑过滤机构和拉板机构，由止推板、压紧板、机座、油缸座和主梁等连接组成。

（2）拉板部分：拉板系统由变频电机、拉板小车、链轮、链条等组成，在可编程控制器的控制下，变频电机转动，通过链条带动拉板小车完成取拉板动作。

（3）过滤部分：由整齐排列在主梁上的滤板、隔膜板和夹在滤板之间的过滤介质组成。

（4）液压部分：是主机的动力装置，在电气控制系统的作用下，通过油缸、油泵及液压元件来完成各种工作，可实现自动压紧、自动补压、自动松开等功能。

（5）电气控制部分：是整个系统的控制中心，它主要由变频器、可编程控制器、热继电器、空气开关、断路器、中间继电器、接触器、按钮及指示灯等组成。

任务实施

子任务 3.1　污泥脱水系统经济运行指标及控制方法

一、任务目的

掌握污泥脱水系统经济运行指标及其评价标准，掌握经济运行指标的控制方法。

二、准备工作

1. 知识准备

常用污泥脱水机分为带式脱水机、离心脱水机、板框压滤机三种类型，其性能指标见表 3.1-1。

表 3.1-1　常用污泥脱水机性能指标

脱水机类型	进泥含水率/%	泥饼含水率/%	投加药剂占污泥干重/%	生产能力	污泥回收率/%
带式脱水机	95～97	＜80	有机高分子絮凝剂 0.2～0.4	120～350 kg 干泥/（m^2·h）	70～80
离心脱水机	95～97	＜75	有机高分子絮凝剂 0.04～0.10	10～20 kg 干泥/h	80～90
板框压滤机	95～97	＜65	三氯化铁 4～7 氧化钙 10～20	1～10 kg 干泥/h	＞90

2. 实训场地

（1）远程控制：中控室。

（2）手动控制：设备安装现场。

3. 实训设备

（1）中控室上位机系统。

（2）现场脱水系统设备。

（3）进泥流量计。

（4）加药流量计。

三、方法步骤

1．污泥脱水系统经济运行评价标准

污泥脱水系统经济运行状态分为高效、正常、低效三种，通过经济运行评价公式计算得分进行评价：

（1）评价得分 $x \geqslant 4.5$ 分则系统处在高效运行状态。

（2）评价得分 $4 \leqslant x < 4.5$ 分则系统处在正常运行状态。

（3）评价得分 $x < 4$ 分则系统处在低效运行状态。

2．污泥脱水系统经济运行评价计算公式

以常用带式脱水机、离心脱水机为例，具体计算方式如下：

带式脱水机评价得分=带式脱水机产能得分+带式脱水机单位能耗产干泥量得分

离心脱水机评价得分=离心脱水机单位能耗产干泥量得分

1）带式脱水机产能得分

$$\text{带式脱水机产能得分}=2\times\frac{\text{脱水机每米带宽实际产干泥量[kgDS/（m·h）]}}{\text{脱水机每米带宽理论产干泥量[kgDS/（m·h）]}}$$

$$=2\times\frac{\text{实际干泥总产量（kg）/（脱水机运行时间×总带宽）（m·h）}}{\text{160 kgDS/（m·h）}}$$

注：带式脱水机每米带宽理论产干泥量按 160 kg 计算。

2）带式脱水机单位能耗产干泥量得分

$$\text{带式脱水机单位能耗产干泥量得分}=3\times\frac{\text{脱水系统实际单位能耗产干泥量[kgDS/（kW·h）]}}{\text{脱水系统理论单位能耗产干泥量[kgDS/（kW·h）]}}$$

$$=3\times\frac{\text{脱水系统实际干泥总产量（kg）/实际总电耗（kW·h）}}{\text{脱水系统理论每小时产干泥量（kg）/（设备额定功率×0.8）（kW·h）}}$$

$$=3\times\frac{\text{实际干泥总产量（kg）/脱水系统实际总电耗（kW·h）}}{\text{（160×总带宽）（kg）/（脱水系统设备额定功率×0.8）（kW·h）}}$$

注：带式脱水系统包含主机、进泥泵、冲洗系统、空压机及溶药装置等设备，加装电量计量仪表记录脱水系统电耗数据。

3）离心脱水机单位能耗产干泥量得分

$$\text{离心脱水机单位能耗产干泥量得分}=5\times\frac{\text{脱水系统实际单位能耗产干泥量[kgDS/（kW·h）]}}{\text{脱水系统理论单位能耗产干泥量[kgDS/（kW·h）]}}$$

$$=5\times\frac{\text{实际干泥总产量（kg）/脱水系统实际总电耗（kW·h）}}{\text{脱水系统理论每小时产干泥量（kg）/（脱水系统设备额定功率}\times 0.8\text{）（kW·h）}}$$

注：离心脱水系统包含主机、进泥泵、冲洗系统及溶药装置等设备；脱水系统理论每小时产干泥量按离心脱水机额定处理量计算。

3. 污泥脱水系统经济运行控制指标和控制方法

污泥脱水系统经济运行控制指标和控制方法如下：

（1）进泥浓度：提高进泥浓度并保持浓度恒定，以达到理想的泥饼厚度，提高污泥产量，降低进泥泵电耗；

（2）进泥流量：根据污泥脱水设备运行状态调节进泥流量，在保证出泥含水率的前提下尽可能增加进泥流量，提高产能；

（3）吨干泥药耗：根据污泥性质和脱水设备性能选择合适的脱水药剂型号，选择合适的配药浓度、熟化时间、加药流量提高污泥絮凝效果，并减少药剂投加量。

（4）吨干泥电耗：带式脱水系统高能耗设备主要是滤带冲洗泵和进泥泵，合理控制冲洗压力和水量、选择高效冲洗泵和进泥泵是降低脱水系统能耗的有效方法。离心脱水机的产量和电耗受运行调控、螺旋磨损的影响，离心脱水机的运行调控主要包括进泥量和药耗比例控制、转鼓转速控制、差转速控制等。

四、注意事项

（1）在确保污泥含水率达标的前提下，提高污泥脱水系统产量、降低电耗药耗是污泥脱水系统经济运行的目标，在设备运行调控、药剂投加上要持续进行经济运行分析。

（2）储泥池或浓缩池实行序批排泥，定期排出上清液，在脱水系统进泥期间连续搅拌是提高进泥浓度并均质进泥的有效方法。

子任务 3.2　进泥流量和加药量调节方法

一、任务目的

掌握污泥脱水系统开/停机步骤，掌握进泥流量和加药量调节的方法。

二、准备工作

1. 知识准备

城市污水处理厂的污泥经浓缩工艺段处理后，一般含水率在 95%～97%。浓缩污泥经脱水后含水率可达 75%～80%。如果要达到好的脱水效果需要对进泥流量、进泥浓度和加药量进行控制。

2. 实训场地

（1）远程控制：中控室。

（2）手动控制：设备安装现场。

3. 实训设备

（1）中控室上位机系统。

（2）现场加药设备。

（3）进泥流量计。

（4）加药流量计。

三、方法步骤

1. 开机准备

（1）检查设备是否正常状态，检查所有管道阀门是否处于开启状态；检查污泥池及清洗水池液位是否满足运行需求，检查自动配药装置 PAM 药剂是否充足。

（2）自动配药装置开始自动溶药，待配药装置三槽液位计显示溶满后准备开机运行。

2. 开机及调节

（1）先检查电源及所有开关按钮均在“关”的位置，同时检查脱水机上是否有异物影响设备安装运行，确认后接通控制柜内总电源。

（2）打开空压机，观察压力表数值。

（3）打开滤布驱动装置，调节滤布运行转速。

（4）打开浓缩机驱动装置，调节浓缩段滤布运行转速。

（5）打开调理搅拌电机。

（6）打开滤布冲洗泵。

（7）打开 PAM 加药泵。打开电源，将控制柜 PAM 加药按钮转至“启动”，此时 PAM 配药箱溶药罐自动溶药，调整干粉投加装置电机频率控制 PAM 投加量（一般调整为 9～12 Hz）。

（8）打开污泥泵。

（9）根据污泥与药剂絮凝状态适当调整加药量或污泥量，直至达到设备运行理想状态。

3．关机及调节

（1）关闭加药泵。

（2）关闭污泥泵。

（3）关闭调理搅拌机，脱水机处于空机运转状态，将滤布冲洗干净耗时 15～30 min。待滤布清洗干净后再依次关闭清洗泵、浓缩机、滤布驱动装置电源。

4．中控远程操作

污泥脱水系统的中控远程操作主要包括中控远程单机开/停、系统一键开/停和进泥流量、加药量调节等操作。

（1）启动前准备：确认管道阀门在全开状态下，就地配电柜就地远程转换开关信号处在远程状态下。

（2）中控远程单机开/停：在上位机用鼠标点击进泥泵、加药泵、空压机、冲洗泵等单台设备的开/停按钮，可开/停相应设备。

（3）系统一键开/停：在上位机用鼠标点击系统“一键开启”按钮，则污泥脱水系统各台设备按照系统开机顺序依次开启；点击系统“一键停止”按钮，则污泥脱水系统各台设备按照系统关机顺序依次停止运行。

（4）进泥流量调节：在上位机用鼠标点击“进泥流量”设定窗口，在窗口中输入流量设定值，则自动调节进泥泵转速，进泥流量变化直至达到设定流量。

（5）加药量调节：在上位机用鼠标点击“加药量”设定窗口，在窗口中输入加药量设定值，则自动调节加药泵转速，加药流量变化直至达到设定值。具有自动加药功能的系统，会根据进泥流量设定系数按比例自动调整加药量。

四、注意事项

（1）进脱泥机房工作前，需从侧门进入先打开排风扇通风 20 min 以上，方可进入操作间进行操作。

（2）冬季启动螺旋输送机前，应该确保螺旋输送机未上冻，防止损坏设备。

（3）进泥螺杆泵、加药泵需定期循环使用。

子任务 3.3 污泥脱水系统电耗指标控制方法

一、任务目的

掌握污泥脱水系统电耗指标控制方法，实现污泥脱水系统高效经济运行。

二、准备工作

1. 知识准备

污泥处理是污水处理厂高能耗设备比较集中的一个工艺单元，污泥含水率 80%的处理单元能耗占污水处理厂全部能耗的 10%以上，污泥含水率 60%的处理单元则能耗更高，因此污泥脱水系统的能耗控制是污水处理厂经济运行调控的重要组成部分。

2. 实训场地

（1）远程控制：中控室。

（2）手动控制：设备安装现场。

3. 实训设备

（1）中控室上位机系统。

（2）现场加药设备。

（3）进泥流量计。

（4）加药流量计。

三、方法步骤

1. 电耗指标

吨干泥电耗计算公式如下：

实际产绝干泥量（t/d）=实际湿泥产量（t/d）×（1−湿泥含水率）

$$\text{实际产泥率}\left[\text{kgDS/（m·h）}\right]=\frac{\text{实际日产绝干泥量（t/d）/实际运行台数（台）}}{\text{实际日运行时间（h/台）×滤布宽度（m）}}\times 1000$$

吨干泥能耗（kW·h/tDS）=实际能耗（kW·h/d）/实际产绝干泥量（t/d）

式中，耗电量（kW·h）为污泥脱水系统运行实际消耗的电量，可通过电能计量表读取；实际产绝干泥量（t/d）为每天产绝干污泥的重量，按吨计。抽样测出脱水系统产湿泥的含水率，用湿泥吨数、含水率计算得出绝干泥量。

2. 能耗设备及耗电量统计

对污泥脱水系统所属剩余污泥泵、配药溶药装置、空压机、冲洗泵、脱水机、输送机、加药泵、进泥泵等设备耗电量进行统计分析，找出吨干泥电耗异常原因并采取相应的节能控制措施，使吨干泥电耗最低，从而使污泥脱水系统处于经济运行状态。

表 3.3-1 是某污水处理厂污泥脱水系统能耗测算表。该厂污水处理规模 10 万 t/d，采用带式浓缩压榨一体机脱泥，选用 3 台 2m 带宽设备，理论产泥率 160 kgDS/（m·h），设计运行时间 24 h，2 用 1 备运行方式。实际产泥率 198.4 kgDS/（m·h），湿泥含水率 79%。表 3.3-1 测算结果是吨干泥能耗实际值 51.84 kW·h/tDS，远低于 60 kW·h/tDS 的吨干泥能耗标准值，选型合适，运行正常。

表 3.3-1　污泥脱水系统能耗测算表

序号	工作程序	设备名称	单台额定功率/kW	实测电流/A	工作时长/［h/（d/台）］	运行台数	实际能耗/（kW·h/d）
1	剩余污泥	剩余泵	5.5	3	24	2	72
3	絮凝剂溶解	自动溶药装置	2	3.5	24	1	42
4	滤带张紧	空压机	1.5	2	24	2	48
5	机械混合	搅拌器	0.75	0.9	24	2	21.6
6	机械浓缩	浓缩机	0.75	0.9	24	2	21.6
7	机械压榨	压榨机	2.2	2.6	24	2	62.4
8	带机冲洗	冲洗泵	11	19.5	24	2	468
9	絮凝剂投加	加药泵	1.5	1.9	24	2	45.6
10	污泥进料	进泥泵	5.5	4.7	24	2	112.8
11	污泥输送	水平输送机	2.2	3.5	24	1	42
12	污泥输送	倾斜输送机	3	4.3	24	1	51.6
13	装机功率		35.9	46.8	消耗电量		987.6
14	吨干泥能耗标准值/（kW·h/tDS）		60.00		吨干泥能耗/（kW·h/tDS）		51.84

3. 污泥脱水系统节能控制措施

（1）通过调节污泥脱水系统运行方式合理控制电耗。污泥脱水系统吨干泥电耗指标除了与设备运行效率有关外，还与产泥量、运行时间、加药量、出泥含水率有关联。例如，污泥含水率控制过低，则产泥量可能降低，从而导致吨干泥电耗升高；在药剂絮凝效果差的情况下，为了保证出泥含水率达标只能降低进泥流量，但会造成实际产泥量降低、吨干泥电耗过高的情况。

（2）合理控制冲洗水泵、进泥泵等高能耗设备的运行工况，使其处于高效运行状态，从而降低能耗。

（3）对低效冲洗水泵、污泥泵等进行节能改造，从而降低能耗。

（4）通过提高进泥浓度来提高产能，缩短污泥脱水时间，从而降低电耗。

四、注意事项

（1）如果安装了脱泥系统总电表，吨干泥能耗以电表数据为依据，脱泥系统没有安装总电表可用电流除以 2 估算消耗功率；

（2）实际产泥率低于 160 kgDS/（m·h）时，应及时查找原因，并及时采取措施进行整改，避免浪费能耗物耗。

子任务 3.4　污泥脱水系统药耗指标控制方法

一、任务目的

掌握污泥脱水系统药剂选用和药剂投加调控的方法，降低药耗成本。

二、准备工作

1．知识准备

污水处理厂污泥脱水时首先要对污泥进行化学调质，加入阳离子聚丙烯酰胺有机絮凝剂，使污泥形成絮团，才能有效地进行固液分离。泥药投配比的高低是影响出泥含水率的关键因素，如果投配比过低会造成泥水分离变差，滤液 SS 偏高，增加回流负荷，严重时会导致跑泥；如果投配比过高，会造成絮凝剂过剩，多余的絮凝剂会堵塞滤布，且冲洗困难影响脱泥效果，同时高的投加量会造成药品的浪费，从而增加运行成本，因此须合理控制泥药投配比。

2．实训场地

（1）远程控制：中控室。

（2）手动控制：设备安装现场。

3．实训设备

（1）中控室上位机系统。

（2）现场加药设备。

（3）进泥流量计。

（4）加药流量计。

三、方法步骤

1．药耗指标

吨干泥药耗计算公式如下：

吨干泥药耗（kg/tDS）=耗药量（kg）/实际产绝干泥量（t/d）

=耗药量（kg）/实际产湿泥量（t/d）×（1–湿泥含水率）

式中，耗药量（kg）为污泥脱水系统运行实际投加的药量，可通过加药流量计读取；实际产绝干泥量（t/d）为每天产绝干污泥的重量，按吨计。抽样测出脱水系统产湿泥的含水率，用实际产湿泥量、湿泥含水率计算得出绝干泥量。

2．药液制备

药剂选用和药液的配制方法直接影响泥药混合的絮凝效果，影响吨干泥药剂投加量。

（1）絮凝剂的筛选：应根据污泥来源、污泥性质、处理设备性能以及试验室小试等选择多个生产厂家不同型号的絮凝剂进行对比试验，选取与本厂污泥性质匹配的絮凝剂型号。

（2）配制浓度：药液浓度不能过高，一般浓度为 0.15%～0.20%。

（3）药剂熟化：干粉至少需要 45 min 的溶解时间才能发挥最好的絮凝效果，取 60 min 以上为宜。

（4）配药水质：用洁净的软水，不可用浑浊、含有铁锈的水或高硬度的水配药；水温不能超过 40℃，高温会使黏度下降，低温会产生不溶物。

3．药剂投加量控制

药剂投加量：应根据污泥的性质、硝化程度、污泥浓度等因素，通过上机试验达到最佳脱泥效果，以此确定进泥流量与药剂投加量的比例系数。

药剂投加控制：一般通过中控自动加药系统控制污泥脱水药剂投加。药剂投加量计算公式：

加药流量=进泥流量×进泥浓度×吨干泥药剂投加量/药液浓度

公式说明如下：

（1）根据历史经验值确定药剂投加比例系数，即吨干泥药剂投加量，将比例系数设置到上位机界面中。

（2）设定进泥浓度，进泥流量计读数与进泥浓度乘积得出单位时间的绝干污泥进泥量，绝干污泥进泥量乘以吨干泥药剂投加量得出单位时间所需干药剂量。

（3）设定药液浓度，单位时间干药剂量换算出加药流量。

四、注意事项

药剂投加应根据污泥实际情况和设备运行状态，及时调整进泥浓度，选择合适的加药比例。如果絮凝剂投加量太少，则不足以改善污泥的脱水性能，导致出泥含水率不达标；投加量过多会增加污泥脱水成本。过多的药量不但会造成浪费，而且会堵塞滤带，影响污泥脱水机的正常运行。

任务小结

本任务讲解了污泥脱水系统经济运行指标和经济运行评价方法，学习了污泥脱水系统电耗、药耗等经济运行指标的调控方法。通过污泥脱水系统运行操作步骤学习，掌握进泥流量和加药量调节的方法。

任务练习

（1）污泥脱水系统经济运行指标有哪几个？

（2）带式脱水机每米带宽产干泥量如何计算？

（3）如何计算吨干泥电耗？

（4）如何计算吨干泥药耗？

（5）脱水药剂投加越多脱泥效果越好吗？

项目五

现场巡检

学习目标

一、知识目标

掌握污水处理厂工艺运行巡检技术规程和工艺运行指标及工艺运行状态评价方法；掌握污水处理厂设备运行巡检技术规程和工艺运行指标及工艺运行状态评价方法；掌握污水处理厂运行异常处理方法和工作流程。

二、技能目标

熟练使用巡检工具执行现场巡检任务，根据巡检内容判断工艺运行状态，并上报处理；巡检过程中与中控运行值班人员信息进行交互，判断并反馈工艺设备运行异常，执行调度指令。

项目综述

本项目包括巡检装备操作、现场运行巡检、现场设备巡检三项任务。使用巡检仪等巡检工具完成日常巡检任务，并与中控运行值班人员进行信息交互，完成现场工作任务。

任务1　巡检装备操作

任务目的

（1）熟悉正确穿戴和使用巡检专用救生衣、巡检仪和移动视频通信终端设备。

（2）熟悉按照巡检内容和巡检方法操作巡检仪和移动视频通信终端设备。

（3）掌握正确使用红外测温仪、振动检测仪等检测和调控工具。

实训设备

（1）巡检救生衣、安全帽、抹布、巡检仪、移动视频通信终端设备。

（2）红外测温仪、振动检测仪等。

任务实施

子任务1.1　巡检防护服穿戴和检测工具佩戴

一、任务目的

熟悉设备巡检工具的存放位置、领取步骤，能够判断巡检工具是否正常，掌握巡检工具的穿戴步骤及方法。

二、方法步骤

（一）巡检工具领取与校核

1. 巡检移动终端设备领取

巡检仪和移动视频通信终端设备各 2 台，1 用 1 备。值班期间，巡检人员随身携带 1 台巡检仪和 1 台移动视频通信终端设备，其他备用设备放置在中控室操作台专用区。

2. 安全防护工具领取

安全帽、救生衣等巡检人员安全防护装备，放置在安全工具专用区，巡检人员自行领取。

3. 设备巡检调节工具和检测仪器领取

设备巡检调节工具和检测仪器，放置在设备值班间专用区，巡检人员自行领取。

4. 核对巡检工具

按照巡检任务内容及要求，核对已领取的巡检工具，确保全部领取到位。

（二）主要巡检工具的检查

1. 巡检仪的检查

巡检仪登录页面见图 1.1-1。

图 1.1-1 巡检仪登录页面

（1）检查巡检仪触屏灵敏度，确保滑动灵敏无卡顿。

（2）检查巡检仪时间，以北京时间为准，确保时间一致。

（3）检查巡检仪存储空间，点击“设置-存储”按钮，确保存储空间剩余不少于 1 G。

（4）检查巡检仪电量情况，见图 1.1-1 标注“①”，应确保电量充足，当电量过低时，尽快到中控室指定充电区进行充电，或更换备用巡检仪。

（5）检查巡检仪位置信息，见图 1.1-1 标注“②”，确保位置信息处于打开状态，以便实时显示和记录行动轨迹。

（6）检查巡检仪 NFC 状态，见图 1.1-1 标注“③”，确保 NFC 处于打开状态，以便现场巡检时感应巡检点信息卡。

（7）检查巡检仪登录人信息，见图 1.1-1 标注“④”，正确选择厂区（分厂），登录人为本人。

2. 移动视频通信终端设备的检查

移动视频通信终端设备登录页面见图 1.1-2。

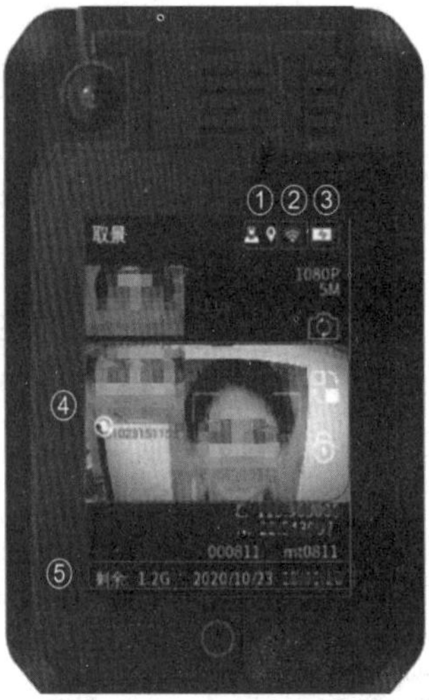

图 1.1-2　移动视频通信终端设备登录页面

（1）检查移动视频通信终端设备触屏灵敏度，确保滑动灵敏无卡顿。

（2）检查移动视频通信终端设备存储空间，点击“设置-存储”按钮，确保存储空间剩余不少于 1 G。

（3）检查移动视频通信终端设备电量情况，见图 1.1-2“③”，确保电量充足，当电量过低时，尽快到中控室指定充电区进行充电，或更换备用巡检仪。

（4）检查移动视频通信终端设备无线信号，见图 1.1-2“②”，确保无线信号处于打开状态，强度不少于 3 格，以便实时传输视频，进行远程语音对讲。

（5）检查移动视频通信终端设备位置信息，见图 1.1-2“①”，确保位置信息处于打开状态，以便实时显示和记录行动轨迹。

（6）检查移动视频通信终端设备图像画面，见图 1.1-2“④”，确保画面质量清晰，无卡顿。

（7）检查移动视频通信终端设备时间，见图 1.1-2“⑤”，以北京时间为准，确保时间一致。

3．救生衣的检查

救生衣实物见图 1.1-3。

（1）检查救生衣外观，确保充气区无破损。

（2）检查救生衣充气阀与排气阀，确保阀门均处于关闭状态。

（3）检查救生衣安全带、锁扣完好情况，确保无开线、断裂情况，锁扣正常牢固。

4．安全帽的检查

安全帽实物见图 1.1-4。

（1）检查安全帽各配件有无破损、装配是否牢固、帽衬调节部分是否卡紧、插口是否牢靠、绳带是否系紧等，确保安全帽无损坏。

（2）检查帽衬与帽壳之间的距离，间距不在 25～50 mm，应用顶绳调节到规定的范围内，确信各部件完好后方可使用。

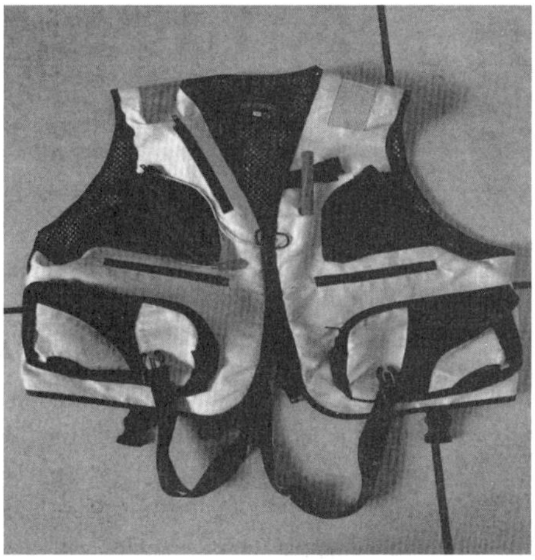

图 1.1-3　救生衣实物图

图 1.1-4　安全帽实物图

5．振动检测仪的检查

振动检测仪见图 1.1-5。

图 1.1-5 振动检测仪

（1）检查振动检测仪外观，确保无破损、油污、按键完好。

（2）开机检查振动检测仪电量情况，确保电量充足，当电量过低时，更换电池（9 V）。

（3）开机检查振动检测仪液晶屏数值，数值应显示清晰、完整。

（4）开机检查振动检测仪数值变化灵活度，摆动振动检测仪，显示数值随摆动幅度而相应变化，确保无死机情况，传感器正常动作。

6．红外测温仪的检查

红外测温仪及其操作盘见图 1.1-6。

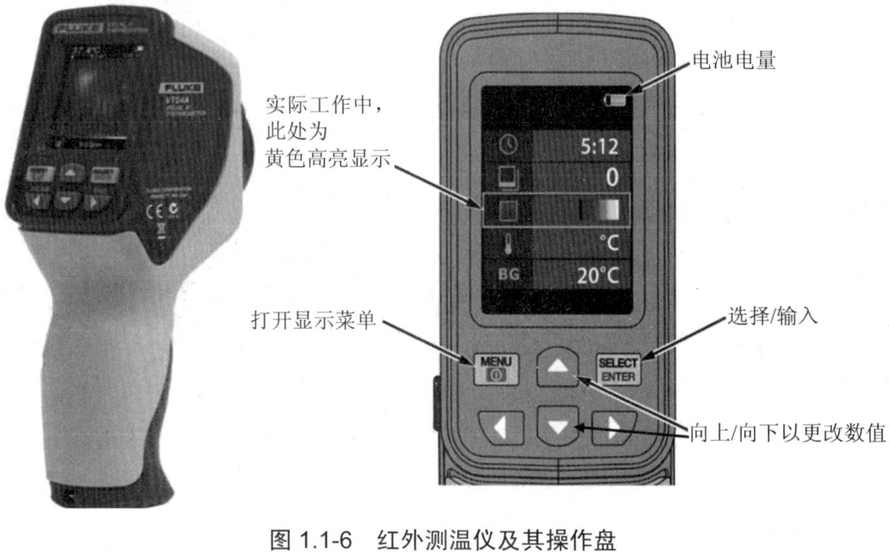

图 1.1-6 红外测温仪及其操作盘

（1）检查红外测温仪外观，确保无破损、油污、按键完好。

（2）开机检查红外测温仪电量情况，确保电量充足，当电量过低时，更换电池（9 V）或充电。

（3）开机检查红外测温仪液晶屏数值，数值应显示清晰、完整。

（4）开机检查红外测温仪数值准确性，将红外测温仪传感器对准本人手腕，可查看显示值，在人体正常温度区间（36～37℃）表示测量值合理、准确。

（三）巡检装备穿戴、任务执行与检测工具佩戴步骤

1．救生衣穿戴步骤

（1）巡检人员像穿马甲一样把救生衣穿在身上（注意不要将救生衣穿反，有反光带的面朝外）（图 1.1-7）。

（2）拉上救生衣拉锁，将腰间的浮力带束于腰间，穿过腰间的带环，扎紧打好救生衣结（两侧均留有活结的平结）。

（3）系好下边的浮力带，沿大腿内侧穿过，扎紧打结，锁扣锁牢固（注意要留有活结）。

（4）再系好领口的带子（注意要留有活结）。

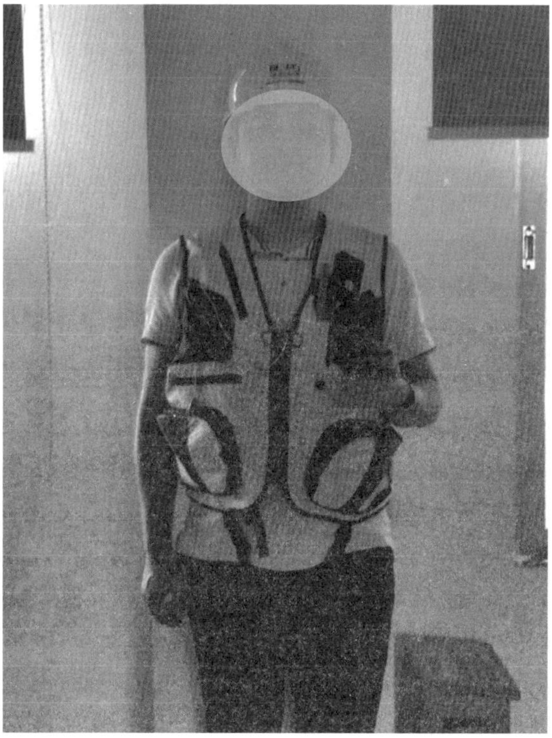

图 1.1-7　巡检装备穿戴

2. 安全帽穿戴步骤

（1）戴安全帽前应先将帽后调整带按自己头型大小调整到适合的位置，以帽子不能在头部自由活动，自身又未感觉不适为宜（图 1.1-7）。

（2）不要把安全帽戴歪，也不要把帽檐戴在脑后方（不要把安全帽前后方向戴反），否则会降低安全帽的防护作用。

（3）佩戴安全帽必须系好下颌带，并应紧贴下颌，松紧以下颌有约束感，但不难受为宜。

3. 任务执行与检测工具佩戴步骤

（1）移动视频通信终端设备佩戴时，打开移动视频通信终端设备固定夹，带摄像头侧朝外，插入巡检救生衣左上角固定带或口袋外侧。

（2）振动检测仪佩戴，将振动检测仪放入巡检救生衣右上角口袋，拉紧拉锁。

（3）红外测温仪佩戴，将红外测温仪放置在巡检救生衣右下角口袋，拉紧拉锁。

（4）巡检仪佩戴，一般情况下巡检人员手持巡检仪，当需使用检测工具检测设备时，可将巡检仪放入巡检救生衣左下角口袋，拉紧拉锁。

（5）其他辅助工具佩戴，螺丝刀等工具可放在巡检救生衣中间两侧插入袋内；阀门调节扳手等较重的工具，可以单独配置跨带式工具包。

三、注意事项

（1）巡检装备领取后，必须进行检查，确保功能正常。

（2）巡检任务结束后，需将巡检装备调整到领取时的初始状态，并放回专用存放区。有需充电的装备先充电，再放回专用存放区。

子任务 1.2　巡检仪和移动视频通信终端操作

一、任务目的

掌握巡检仪上巡检管理 App 的下载与安装方法，掌握巡检仪 App 常用功能的操作方法，培养独立操作各项功能模块的能力。

二、方法步骤

（一）巡检仪巡检管理 App 下载与安装操作

1. 巡检管理 App 软件安装包的下载

（1）登录区控中心运营管理平台，在首页页面右上角点击图标“App”，显示安装包的下载二维码（图 1.2-1）。

图 1.2-1 巡检管理 App 软件安装包的下载位置

（2）打开巡检仪（本例以手机作为巡检仪）自带浏览器，首先在检索框左侧点击“扫描”按钮，然后将巡检仪摄像头对准区控中心运营管理平台二维码，系统自动识别二维码并弹出“文件下载”窗口，手动点击“确认”按钮，系统自动下载安装包。

（3）在巡检仪屏幕上用手指从上往下轻轻滑动，会出现一个窗口，可查看下载进度，当下载完成时，系统会有自动文字提醒。

2. 巡检管理 App 软件的安装

（1）在系统自动弹出的巡检管理 App 安装页面，点击“继续安装”按钮，安装 App。

（2）App 安装完成，系统自动弹出安装成功页面，可以选择“完成”或“打开”。当选择“完成”，返回巡检仪首页页面；当选择“打开”时，启动已安装的 App，进入登录页面。

（3）巡检管理 App 软件安装完成后，在巡检仪主页面可以看到 App 图标“”，表示安装完成，双击图标即可进入登录页面。

（二）巡检仪巡检管理 App 功能操作

1. App 服务器网址 IP 与水厂选择设置操作

巡检仪首次安装 App 时，需要进行 App 服务器网址 IP 设置和登录水厂设置，具体操作如下：

第一步，在巡检仪首页将鼠标移动到图标“①”处，双击“版本号：V5.59”，弹出 App

访问网址设置窗口（图 1.2-2）。

图 1.2-2　巡检仪首页页面

第二步，在 IP 地址录入框输入本区域 App 访问网址，如“183.60.141.157：9090”，点击“完成”按钮，App 访问网址设置完毕（图 1.2-3）。

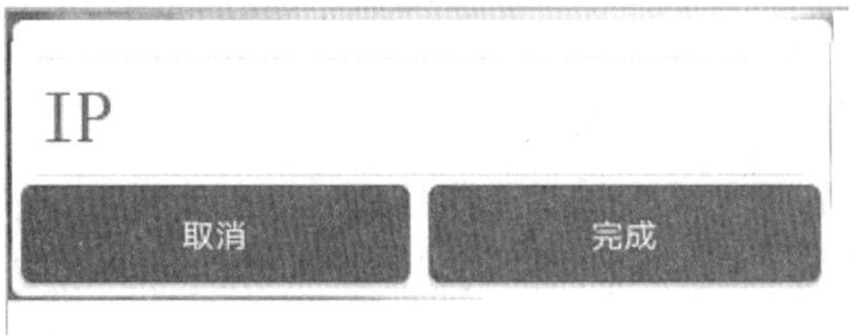

图 1.2-3　巡检仪 IP 设置

第三步，鼠标移动到图标“②”处（图 1.2-2），双击“设置”，弹出水厂选择窗口，分为“区域”“分厂”“组别”三个窗口。

第四步，点击“区域”窗口，选择要访问的区域，点击“分厂”窗口选择要登录的分厂，点击“组别”窗口选择要登录的组别（图 1.2-4）。

图 1.2-4　巡检仪水厂选择窗口

第五步，点击“完成”按钮，水厂设置完毕，如需切换水厂或组别，重复第四步操作步骤即可。

2．运行巡检点打卡操作

利用巡检仪在现场生产区域进行巡检打卡操作步骤如下：

第一步，打开巡检任务，点击“①”进入巡检任务页面（图 1.2-5）。

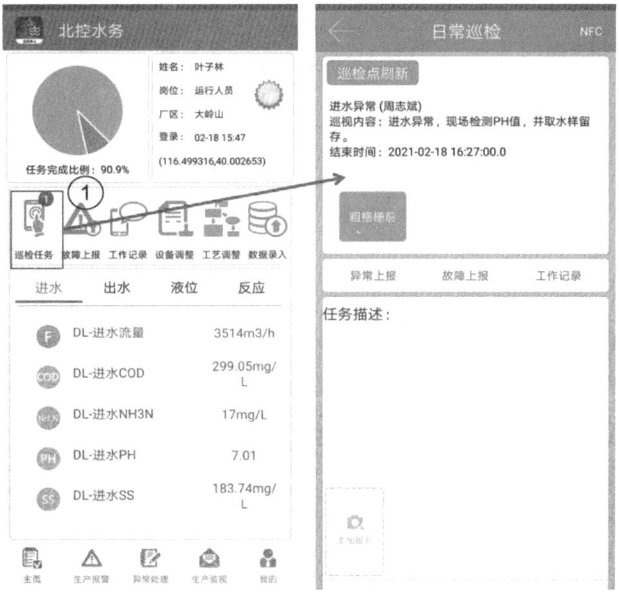

图 1.2-5　巡检任务页面

第二步，感应巡检点 NFC 卡。将巡检仪靠近现场巡检点 NFC 卡片处，当听到“叮咚”声音后再拿开。

第三步，打卡成功确认。图 1.2-6 为巡检点打卡的具体情况。实际工作中，巡检仪巡检任务页面中此处的巡检点图标颜色由“绿色”变为“灰色”，同时只显示此巡检点的实时仪表数据和设备状态，表示打卡成功。

3．水厂生产数据监视操作

通过巡检仪可查看水厂生产数据实时值和历史趋势曲线（图 1.2-7），步骤如下：

图 1.2-6　巡检点打卡

图 1.2-7　数据监视页面

第一步，打开监视页面。鼠标移动到图标“①”处，单击“生产监视”按钮，切换水厂生产实时数据监视页面。

第二步，工艺段切换。鼠标移动到图标“②”处，点击下拉菜单，选择工艺段如进水段，查看此工艺段内的所有远控设备实时状态和仪表实时数据值。

第三步，数据类型切换。鼠标移动到图标“③”处，点击下拉菜单，选择数据类型 AI（仪表数值）、DI（设备状态）或全部，查看此工艺段内的仪表实时数据值，如进水段仪表实时数据值。

第四步，单个参数历史曲线查询。鼠标移动到图标“④”处，点击指标名称行，进入该指标历史趋势曲线页面，选择起止日期查看时间段内的历史数据曲线，也可直接用“上一天”“下一天”按钮进行起止日期切换。左右移动坐标尺，可查看当前时间点的具体数值。

第五步，自定义指标模糊查询。鼠标移动到图标“⑤”处，输入要查询的指标名称如进水流量，点击“搜索”按钮，系统自动显示该名称详尽的设备状态或仪表数据实时值。

4．水厂生产视频实时监视操作

查看水厂生产视频实时监视画面的操作步骤如下：

第一步，打开视频监视画面。主页快捷键区找到“视频监控”快捷键图标，单击“①”进入水厂生产视频实时监视画面（图 1.2-8）。

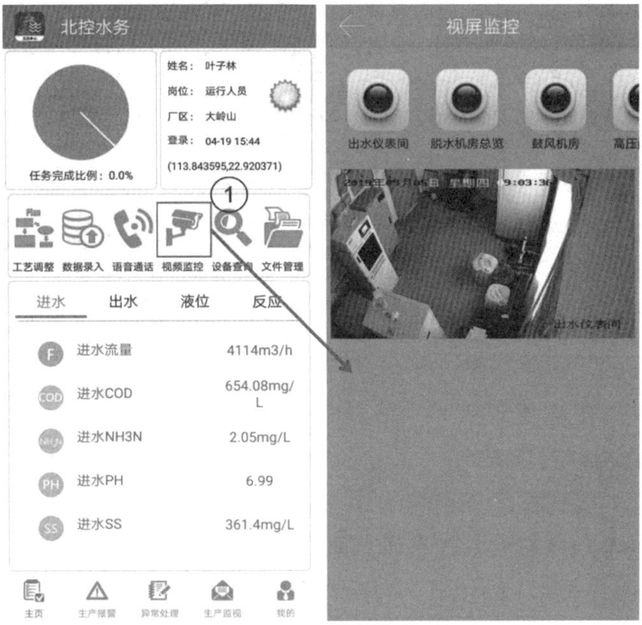

图 1.2-8　巡检仪视频实时监视画面

第二步，视频画面切换。在“②”视频摄像头名称选择区，单击要查看的生产区域摄像头名称，即可查看实时监视画面（图 1.2-9）。

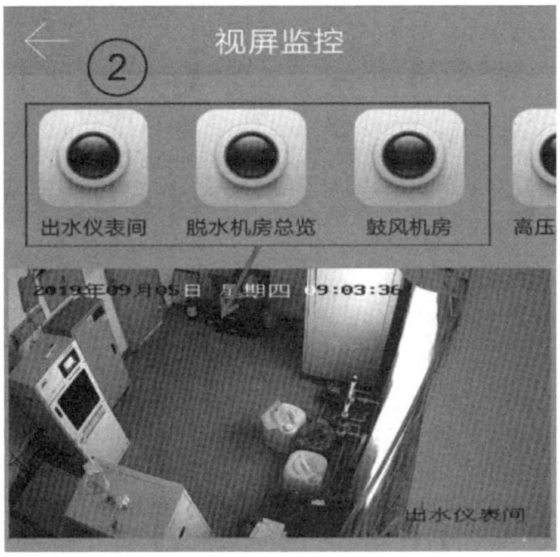

图 1.2-9　巡检仪视频画面切换

第三步，视频画面放大。在“③”视频画面显示区，双击画面任意区域全屏显示此监控画面，返回缩小窗口只需在画面上任意区域双击即可（图 1.2-10）。

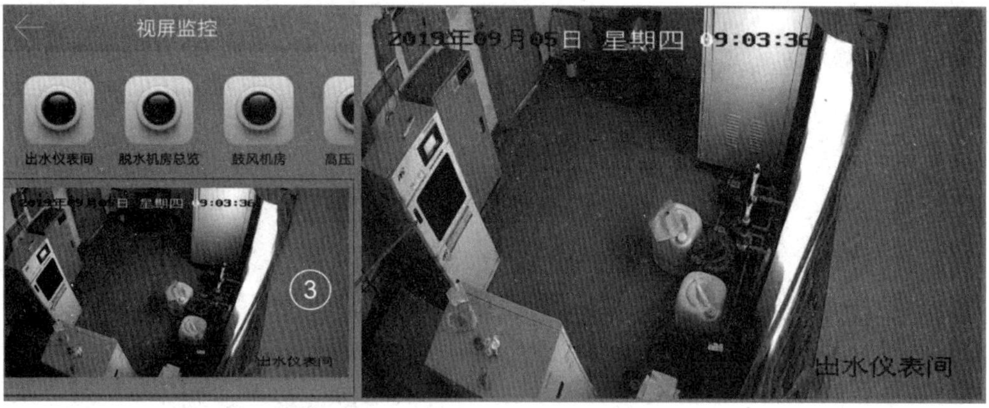

图 1.2-10　巡检仪视频画面缩放

（三）移动视频通信终端操作

移动视频通信终端具有远程语音通话、远程视频、拍照、录像等功能，可通过各功能键实现功能的操作。当水厂有现场巡检作业时，集控系统首页显示文字“巡检中”和移动视频通信终端图标，点击图标可查看巡检人员所在位置周围的实时情况，并进行语言通话。图 1.2-11 为移动视频通信终端实物图，具体操作方法如下。

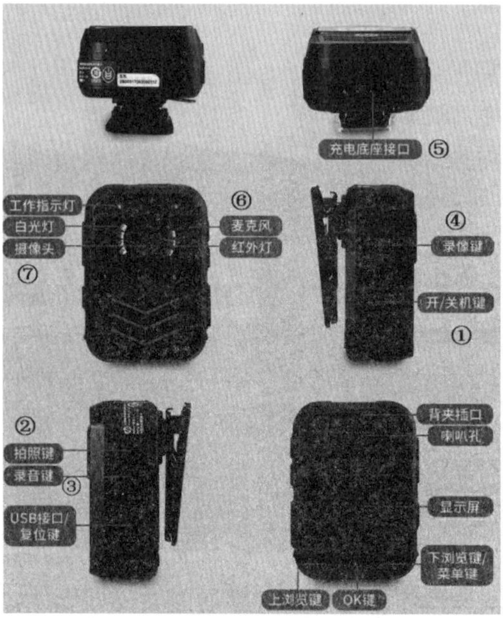

图 1.2-11　移动视频通信终端实物图

1. 开/关机功能操作

第一步，开机操作。在移动视频通信终端侧面“①”处长按“开/关机键”3 s，显示屏中显示开机 LOGO 画面后，进入正常显示画面。

第二步，关机操作。在任意显示状态，长按“开/关机键”3 s，在显示屏中显示“正在关机”提示后关机。

2. 拍照功能操作

第一步，拍照准备。在预览模式下，移动视频通信终端正面“⑦”摄像头对准被拍照物体或人。

第二步，拍照操作。在移动视频通信终端侧面“②”处按拍照键进行拍照，拍照时显示屏的左上角图标闪烁一下，同时信号指示灯 2（图 1.2-11 中的红外灯）红色闪烁一下，并伴随有“咔嚓”一声响，每按键一次拍照 1 张。

第三步，照片查看。在预览模式下，按“OK 键”进入回放菜单，在显示屏上可查看已拍摄的照片，并通过“上浏览键”“下浏览键”进行照片间切换。

3. 录像功能操作

第一步，录像准备。在预览模式下，移动视频通信终端正面“⑦”摄像头对准被录像物体或人。

第二步，录像操作。在移动视频通信终端侧面“④”处按“录像键”进行录像，录像时显示屏的左上角显示红色圆点，同时信号指示灯 2 红色闪烁，每按键一次开始录像，再按一次停止录像。

第三步，视频回看。在预览模式下，按“OK 键”进入回放菜单，在显示屏上可查看已拍摄的照片，并通过“上浏览键”“下浏览键”进行照片间切换。

4. 集控远程监视与语音对讲操作

第一步，远程监视准备。区控中心集控值班人员登录集控系统，打开区控中心语音通话机，保证移动视频通信终端无线信号 3 格以上。

第二步，远程视频操作。在集控系统首页左上角“视频通信终端”图标处，点击“”图标进入移动视频通信终端实时远程监视画面（图 1.2-12）。

第三步，语音对讲操作。在移动视频通信终端侧面“⑥”处按“语音键”通过麦克风与区控中心进行远程语音对讲通话。

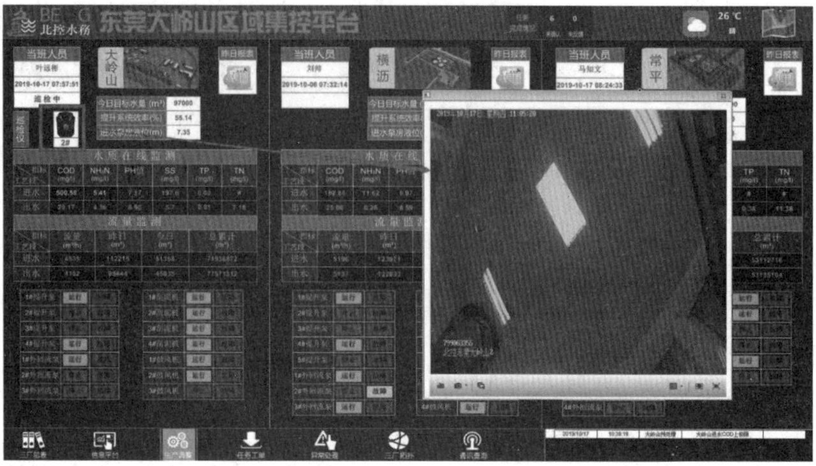

图 1.2-12　移动视频通信终端与区控中心对讲通话

三、注意事项

（1）巡检仪、移动视频通信终端设备各按钮必须完好无缺失。

（2）各厂定期进行巡检仪、移动视频通信终端设备功能“试验性”操作时，事先必须通知值班人员。

子任务 1.3　巡检检测工具的使用

一、任务目的

掌握巡检检测工具红外测温仪和振动检测仪的使用方法，能够对水泵、风机等关键设备进行准确检测。

二、方法步骤

本任务以鼓风机主轴温度、振动检测为例。

（一）红外测温仪使用

1．准备操作

初次使用时，首先将 SD 卡安装到测温仪手柄背侧卡槽，然后安装电池（9 V），用佩戴的 USB 线缆给电池充电，待 LCD 显示屏显示电量 100%，拔除 USB 线缆。SD 卡与电池位置如图 1.3-1 所示。

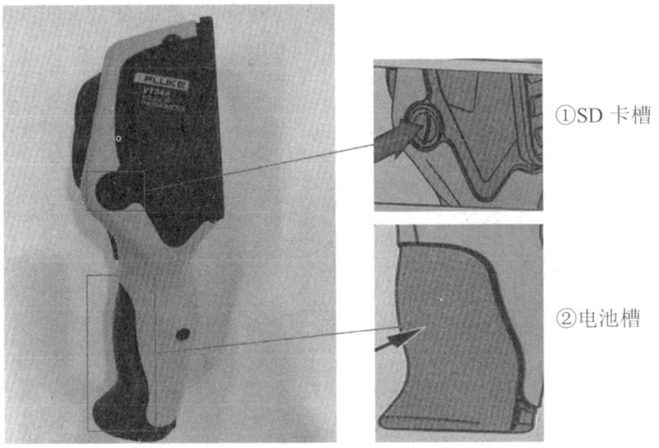

图 1.3-1　红外测温仪 SD 卡与电池位置

2. 开机与调试操作

长按“”图标，待显示屏显示进度条全满后松开，完成开机操作。初次使用时，通过选择键“”配合并按照屏幕提示信息修改日期和时间、温度、自动关闭时间，调节 LCD 显示屏亮度等，完成初始化操作。测温仪按键如图 1.3-2 所示。

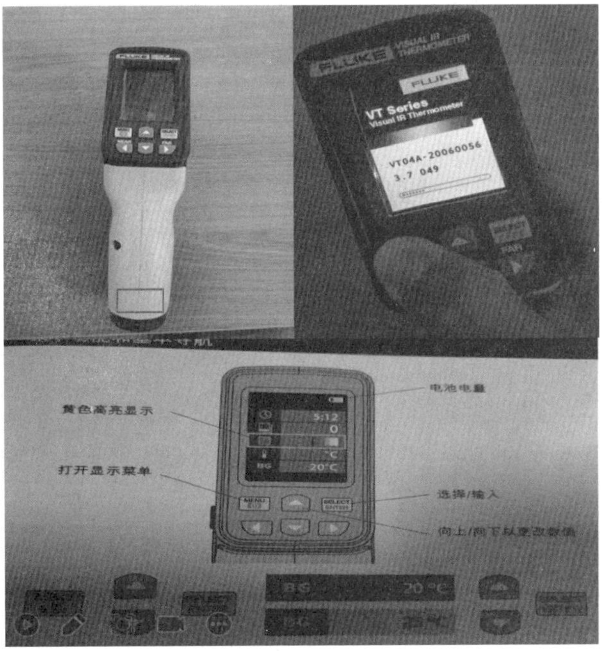

图 1.3-2　测温仪按键

3. 设备温度测量操作

（1）测温操作。测温仪正常启动并进入测试状态后，将测温仪红外镜头对准被测设备，查看 LCD 屏，使被测设备的测温部位在以中心光标为中心点的测量区域“ ”内。测量设备温度如图 1.3-3 所示。

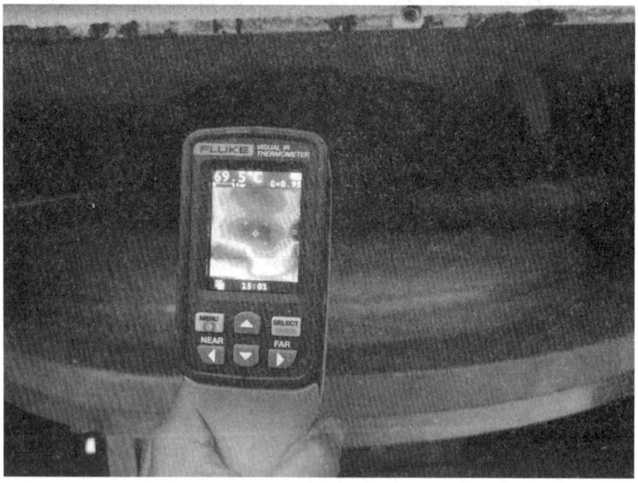

图 1.3-3 测量设备温度

（2）图像存储。测温仪左上角显示的温度值稳定后，单击图像捕获触发器“ ”按钮待 LCD 屏图像固定后，双击选择/输入按钮“ ”，待 LCD 屏出现存储卡图示，再单击选择/输入按钮“ ”，待 LCD 屏右下角“ √ ”颜色由灰色变为蓝色，表示图片捕捉并存储成功。操作员可关闭测温仪电源，拔出 SD 卡，在电脑中导出 SD 卡中的图片进行保存、分析。图像捕获如图 1.3-4 所示。

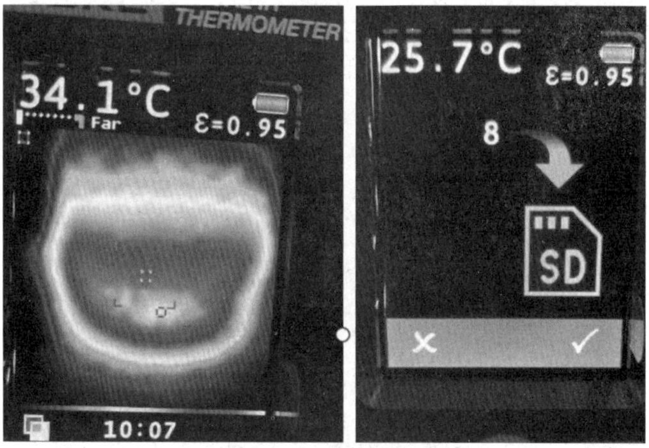

图 1.3-4 图像捕获

（二）振动检测仪使用操作

1. 使用前准备

按箭头所指方向打开电池门，将电池（9 V）放入电池舱。然后根据所要测量的部位空间大小选择合适的测量探头（分为短测探头、长测探头、感应接口平测探头），本次选择短测探头，如图 1.3-5 所示。

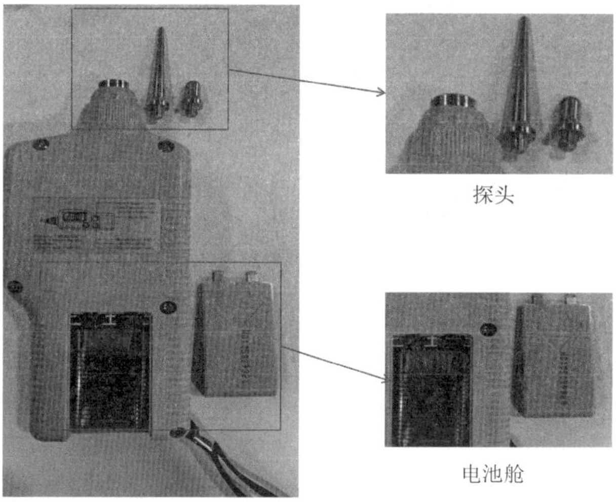

图 1.3-5 振动检测仪探头与电池舱

2. 开机与参数设置

首先按“MEAS/ON”键开机，然后根据所要测量的物理量及振源的频率，按“A/V/D”键选择测量模式（分为 A 加速度、V 速度、D 位移测量模式），本次选择 A 加速度模式，按“LO/HI”键选择频率（分为 LO 低频、HI 高频），本次选择 LO 低频，如图 1.3-6 所示。

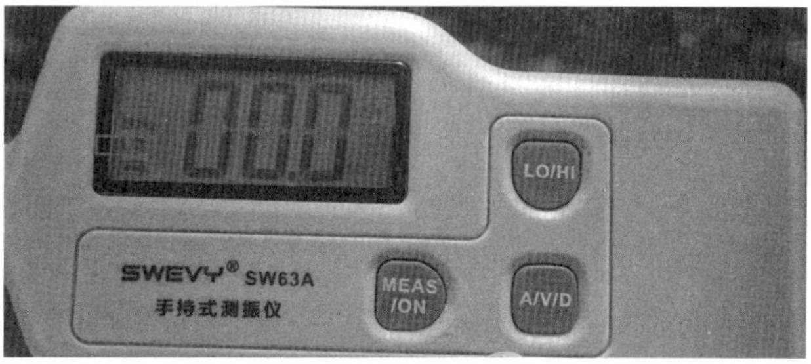

图 1.3-6 振动检测仪参数设置

3. 设备振动测量操作

首先按住“MEAS/ON”键不放，同时拿着振动检测仪用 500～1 000 g 的压力对着被测物体，所测得的振动值显示在LCD屏幕上，松开该按键数据锁定。当再次按下“MEAS/ON”键时，当前已锁定的读数则被清零，继续新的测量。设备振动监测如图1.3-7所示。

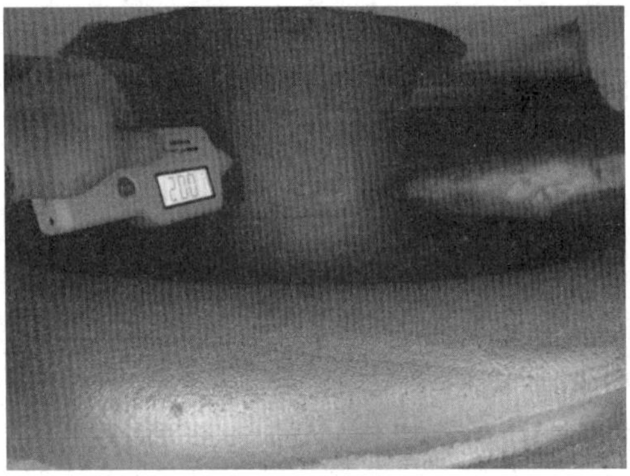

图1.3-7 设备振动监测

三、注意事项

（1）各种检测工具检测运行中设备时应注意安全距离，并采取防护措施。

（2）使用振动监测仪检测时要接触设备正确的位置，确保检测数据准确。

子任务1.4 巡检安全注意事项

一、任务目的

熟悉水厂各巡检区域危险源，掌握巡检安全注意事项，能够安全执行巡检任务。

二、方法步骤

1. 巡检前的准备

巡检人员执行巡检任务前严格按照《巡检防护服穿戴和巡检工具配置》要求穿戴安全防护装备，佩戴安全帽、穿着巡检服、携带移动视频通信终端及巡检仪等工具。

2. 巡检区域危险源识别及管控措施

巡检人员在水厂现场巡检时，应能够识别生化池、二沉池、生产药剂场所、配电房等重点生产区域的危险有害因素，掌握管控措施；应熟悉雷电、暴雨、台风等恶劣天气时的危险有害因素，掌握管控措施。危险源清单如表 1.4-1 所示。

表 1.4-1 危险源清单

序号	作业场所/条件	危险有害因素	主要后果	风险等级	管控措施
1	中控室	电器带电线头裸露；电源插座、插线板漏电；开关失灵漏电；打印机漏电；烧水壶漏电	触电	4 级风险	定期检查，发现问题及时处理
2	现场各类生产药剂场所	液碱（NaOH）、聚合氯化铝铁（PAFC）、聚丙烯酰胺（PAM）、次氯酸钠（NaClO）	腐蚀灼伤 水质超标 土壤污染	4 级风险	加强安全教育
3	配电房	电柜漏电；绝缘垫老化；电线线头裸露或绝缘皮破损	触电	4 级风险	定期检查，发现问题及时处理
4	废液暂存间	废液暂存间里废液存放不符合规范，未做好标识	其他伤害	4 级风险	定期检查，发现问题及时处理
5		废液暂存间排气效果不理想	中毒窒息	4 级风险	定期检查，发现问题及时处理
6	生产区各工艺段	易燃易爆炸	火灾 爆炸	4 级风险	按照风险识别，设置相应的安全警示标志
7		控制箱（柜）及各设备接地失效或漏电	触电	4 级风险	定期检查，消除隐患
8		地面湿滑；上下楼梯或地面湿滑发生摔伤；检修过程中或上池作业发生滑跌	高处坠落 淹溺 其他伤害	4 级风险	提醒作业人员，作业过程中穿戴防滑鞋
9	预处理段	粗/细格栅运行过程中钢绳腐蚀断裂；粗格栅间爬梯腐烂失修；防护栏破损；地面格栅盖板腐烂失修；细格栅旋转部位无防护罩	机械伤害 其他伤害	4 级风险	对钢丝绳、爬梯、护栏、地面格栅踏板定期检查、维护；设置安全标识牌
10		除臭装置检修梯、除臭管道破损	其他伤害	4 级风险	定期检查，发现问题及时处理
11	生化池	防护栏破损或活动防护栏未在固定状态；池上各类格栅盖板腐烂	其他伤害	4 级风险	定期检查，发现问题及时处理
12		排空阀门井污水管爆管	中毒窒息 其他伤害	4 级风险	定期检查，发现问题及时处理
13	鼓风机房	配电柜及线路连接处破损；吸声材料破损，噪声大	触电 噪声	3 级风险	定期检查，发现问题及时维护；佩戴防护用品
14	二沉池 外回流泵房 储泥池	爬梯损坏失修；安全护栏破损	其他伤害	4 级风险	定期检查，发现问题及时处理
15		二沉池检修桥腐蚀	淹溺	4 级风险	设置醒目的安全警示标志

序号	作业场所/条件	危险有害因素	主要后果	风险等级	管控措施
16	暴雨/雷电	暴雨/雷电天气的室外巡检和作业不慎跌倒；遭遇雷电击伤事故	高处坠落 淹溺 其他伤害	4 级风险	制定恶劣天气安全巡检制度；配发劳动防护用品；暴雨天气，达到橙色及以上预警级别，停止一切室外巡检作业活动
17		暴雨/雷电天气发生短路停电或设备设施带电造成触电事故；淹溺构筑物、设备设施造成停车	触电 其他伤害	4 级风险	制定恶劣天气安全巡检制度；日常定期检查；成立应急抢险小组、制定汛期值班表；加大安全投入，配备充足的防护器材，如沙袋、挡水板、应急水泵等；劳动防护用品的配发；制定雨季应急预案并定期进行防洪防汛演练活动
18		暴雨天气造成房屋漏水，库房物资被浸泡，或造成水厂大面积断电事故	其他伤害	4 级风险	加大对构筑物的检查力度；年初做好构筑物的防水资金预算
19	台风天气/地震	台风天气/地震的室外巡检和作业不慎跌倒或跌入池中	高处坠落 淹溺 其他伤害	4 级风险	制定恶劣天气安全巡检制度；劳动防护用品的配发；除非特殊紧急事件发生，停止室外作业活动；加强日常巡检，对破损或不符合规范的护栏及救生器材等及时进行处理
20		台风天气/地震造成电缆线刮断或设备带电造成触电事故	触电	4 级风险	制定恶劣天气安全巡检制度；劳动防护用品的配发
21		台风天气造成电缆槽板、宣传板等高处物体掉落，造成人身伤害	物体打击	4 级风险	制定恶劣天气安全巡检制度；劳动防护用品的配发
22		台风天气/地震造成大树折断等，使输水管线和电缆线路被砸断，断水、断电等造成经济损失	经济损失	4 级风险	加强培训及日常的检查工作
23	高温天气	高温天气的室外巡检和作业造成员工中暑	其他伤害	4 级风险	制定恶劣天气安全巡检制度；劳动防护用品的配发
24		环境温度高，造成设备轴承温度过高，设备损坏致使巡检人员受到伤害	机械伤害、灼烫	4 级风险	加强管理，设备保持良好运行状态；劳动防护用品的配发

任务小结

通过学习本任务，掌握巡检安全防护工具的正确穿戴方法，掌握巡检仪和移动视频通信终端等工具操作使用方法，掌握巡检安全注意事项。

任务练习

（1）巡检前巡检仪要做哪些检查？

（2）巡检仪要做哪些初始化设置？

（3）巡检打卡的步骤是什么？

（4）设备温度如何测量？

（5）设备振动如何测量？

（6）鼓风机房配电柜及线路连接处破损会有什么风险？

任务2　现场运行巡检

扫码提问
AI技能培训助手
| 运行操作准备
| 水处理工艺
| 水质指标监测

任务目的

（1）了解运行巡检的一般方法。

（2）熟悉现场运行巡检路径。

（3）掌握运行巡检工单的制订与派发流程。

（4）掌握运行巡检工单的填写方法。

实训设备

（1）设备巡检移动终端1台。

（2）设备巡检工具包1个。

任务实施

子任务2.1　巡检过程工艺运行状态的判断

一、任务目的

通过学习污水处理厂日常巡检方法，了解运行巡检的一般方法，为实际执行运行巡检任务打下基础。做好巡检记录，发现问题及时上报，完成异常工单处理并及时用移动端填写工作记录。

二、准备工作

（1）巡检装备的使用。

（2）掌握工艺巡检路线。

（3）穿戴工作服及劳动防护用品。

（4）准备好工装器具。

三、方法步骤

1．巡检任务实施过程

一般巡检任务实施分为以下几个步骤：

（1）系统自动下达巡检任务给值班运行巡检人员。

（2）巡检人员根据巡检移动终端提示接到巡检任务，穿戴好巡检装备；中控室感知巡检设备开启，并进行信息交互测试（图 2.1-1）。

（3）巡检点打卡。到达巡检点，通过扫码或射频识别（RFID）从数据中心获取关联信息，摄像头自动定位到操作地点，中控值班人员可远程查看巡检现场（图 2.1-2、图 2.1-3）。

（4）巡检人员按照既定巡检内容进行本单元现场巡检，对工艺运行状态和设备运行状态作出判断。

（5）巡检人员发现异常可实时拍照上传信息，并可与中控室进行即时呼叫对讲。

（6）系统自动记录巡检轨迹（图 2.1-4）。

（7）巡检完成后系统自动生成巡检记录。

图 2.1-1　巡检装备穿戴

图 2.1-2　巡检点打卡

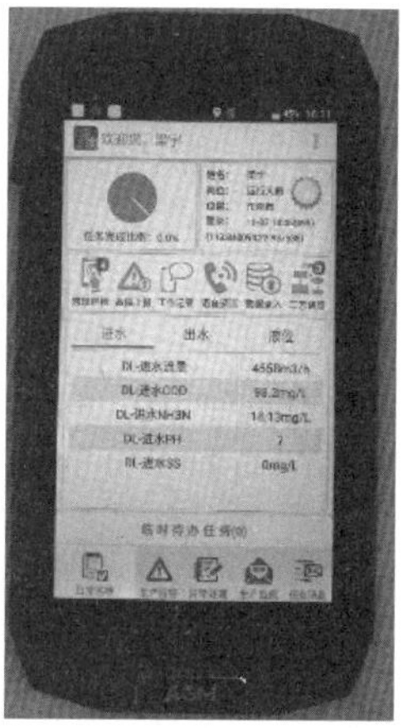

图 2.1-3　巡检仪显示巡检内容

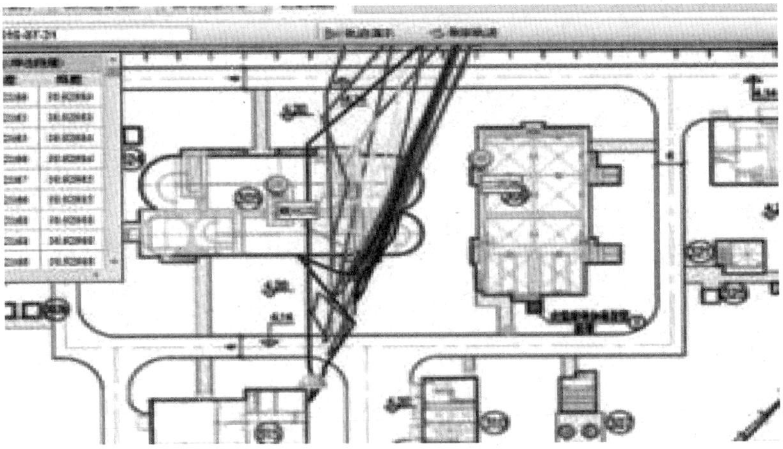

图 2.1-4 巡检轨迹

2. 巡检过程工艺运行状态判断

“运行巡检作业指导书”是各工艺单元运行巡检标准要求和记录表，运行巡检人员按照本巡检标准巡检，并对发现的异常情况采用文字描述和拍照等多种方式及时上报处理。中控值班人员也可下达临时任务给值班运行巡检人员执行现场巡检。表 2.1-1 包含运行巡检项目（一级巡检项目）和设备巡检项目（二级、三级巡检项目）。巡检仪内的巡检内容与“巡检作业指导书”中的巡检标准一致。

表 2.1-1 细格栅巡检作业指导书

一级巡检项目		点检标准	方法/工具	点检周期
1.1	细格栅运行指示是否正常	中控监控查看控制箱运行指示灯	目视	1 次/2 h
1.2	细格栅运行有无警报指示	查看现场控制箱，应该无过流报警指示	目视	2 次/班
1.3	细格栅运行电流是否正常	看现场控制柜电流表，电流在允许范围内，无波动	目视	2 次/班
1.4	细格栅运行有无异常	格栅运行无障碍，无噪声	目视+耳听	2 次/班
1.5	细格栅电机运转是否正常	格栅机相应的电机运转无异常声音	目视+耳听	2 次/班
1.6	细格栅运行电流是否正常	看现场控制柜电流表，电流在允许范围内，无波动	目视	2 次/班
1.7	格栅回转、输送栅渣是否正常	格栅回转、输送栅渣正常	目视	2 次/班
1.8	细格栅配电柜有无异常	检查配电柜中是否有异味及异常现象	目视+闻	2 次/班
1.9	细格栅前后液位是否正常	观察栅前和栅后水位差是否正常	目视	2 次/班

二级巡检项目		点检标准	方法/工具	点检周期
2.1	一级巡检内容是否正常	涵盖一级巡检内容	目视+耳听	1 次/班
2.2	减速机及轴承润是否正常	减速机润滑油位是否正常、有无泄漏；检查减速机润滑油油质、油色的变化；轴承润滑是否正常	目视	1 次/班
2.3	传动机构是否正常	检查传动机构运转是否正常	目视	1 次/班
2.4	筛网张紧度是否正常	检查筛网张紧度	目视	1 次/班
2.5	电流、电压三相平衡度是否正常	检查电流、电压、三相平衡度	钳形表	1 次/班
2.6	保护装置是否正常	检查各保护位置，是否功能正常	目视	1 次/班
三级巡检项目		点检标准	方法/工具	点检周期
3.1	二级巡检内容是否正常	涵盖二级巡检内容		1 次/周
3.2	基座、螺栓、机架是否正常	检查基座、各部螺栓有无松动、损坏情况并紧固；机架倾斜角度有无异常	扳手	1 次/周
3.3	判定本周轮换有无运行故障	通过近期设备运行时数记录、设备运行交接记录情况，判定设备本周轮换运行情况和有无运行故障	目视	1 次/周
3.4	运行情况是否正常	通过设备运行巡视记录的运行参数和现场确认，判定设备近期实际运行是否完好	目视	1 次/周
3.5	确认故障设备处理情况	通过设备异常情况记录和维修工二级巡检记录、维修维护记录，现场检查和确认故障设备处理情况和结果；对未修复设备组织技术攻关，尽快处理或作为下周（月）的维修维护计划来完成	目视	1 次/周

四、注意事项

（1）严格遵守巡检管理制度，巡视过程认真到位，记录准确、清晰。

（2）做好巡检防护，正确穿戴安全防护用品，熟知厂区危险源，防止事故发生。

（3）发现工艺或设备异常及安全隐患及时处理并上报，如实填写相关记录表。

子任务 2.2　现场巡检与中控运行值班人员信息交互

一、任务目的

掌握巡检工具使用功能，实现巡检过程中与中控值班人员的信息交互。

二、准备工作

（1）巡检仪正常使用（见项目五子任务 1.2）。

（2）视频通信终端正常使用（见项目五子任务 1.2）。

三、方法步骤

1. 巡检人员通过巡检仪和视频通信终端与中控值班人员进行信息交互

（1）水厂巡检时，中控系统会弹出视频窗口跟踪现场巡检人员，保障现场巡检人员厂内巡检安全。

（2）巡检人员在现场巡检时，通过手持端上报现场的异常通知或者维修通知，上位机会收到消息提醒（上位机会弹视频通信终端拍摄的实时视频和巡检点最近的摄像头视频）。

2. 运行巡检人员与中控值班人员信息交互的内容

1）现场设备异常

巡检人员依据巡检路线巡检时，发现设备有异常（异响、运行不稳定、显示状态不符等情况），需要根据现场实际情况拍照取证，将信息传输到集控中心。

2）现场维修事项

巡检人员依据巡检路线巡检时，发现现场有维修事项，需要根据现场的实际情况拍照取证，将信息传输到集控中心。

3）现场工艺异常

巡检人员依据巡检路线巡检时，发现现场工艺异常，需要根据现场的实际情况拍照取证，将信息传输到集控中心。

4）数据偏差大

巡检人员依据巡检路线巡检时，发现现场实际仪表数据与中控显示数据偏差大，需要根据现场的实际情况拍照取证，将信息传输到集控中心。

5）现场卫生差

巡检人员依据巡检路线巡检时，发现现场卫生条件差，需要根据现场的实际情况拍照取证，将信息传输到集控中心。

6）安全隐患

巡检人员依据巡检路线巡检时，发现现场存在安全隐患，需要将现场实际情况拍照取证，将信息传输到集控中心。

7）巡检记录

巡检人员需要填写记录并上报，信息自动传输到集控中心。

四、注意事项

（1）现场巡检发现的异常情况，巡检人员要及时上报中控值班人员，采取应急措施消除异常。

（2）当发生极端天气或存在对员工有较大安全隐患的情况，经运行经理批准后，可不到现场巡视，在中控室进行观察和远程监控。

子任务 2.3　巡检数据的异常判断

一、任务目的

通过巡检分析，判断巡检数据是否异常。

二、准备工作

手持端设备 1 台或者笔记本电脑 1 台。

三、方法步骤

巡检人员对各工艺单元进行巡视时，要依据《运行巡检作业指导书》相关巡检标准对工艺、设备、设施、环境状况进行判断，对关键数据进行比对，发现数据异常应及时上报、处理并记录（表 2.3-1）。

表 2.3-1　运行巡检作业指导书

巡检点	巡检内容	巡检点图示	巡检方法	巡检所有工具	巡检标准
粗格栅	机械设备及电器仪表	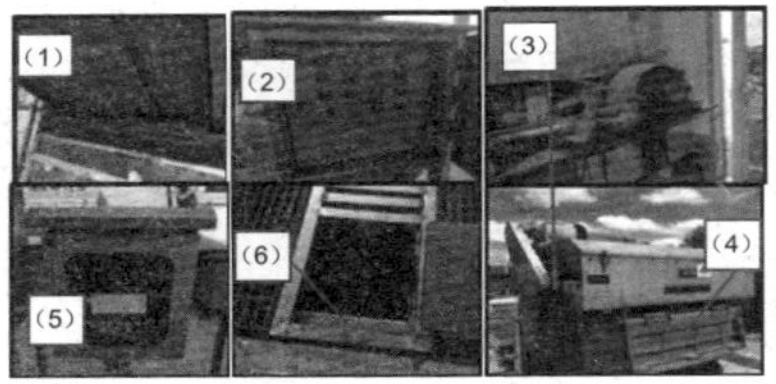 	A+C	手持端、巡检服	（1）检查粗格栅栅条有无弯曲或脱落
					（2）手动开启粗格栅，检查其运行时是否存在异响或无法启动等问题，机械设备有无异味
					（3）检查格栅设备及附属设备各传动部位润滑是否良好，有无大块垃圾卡阻影响设备运行
					（4）检查栅渣桶是否装满，若装满需进行更换，周边有无垃圾或垃圾渗滤液溢出，保持现场卫生
					（5）检查格栅前后液位差计读数（标准：不大于设计标准 0.3 m）
					（6）打开观察口，查看水质有无泡沫、颜色、油污及大块垃圾
提升泵房	电柜、进水在线仪表	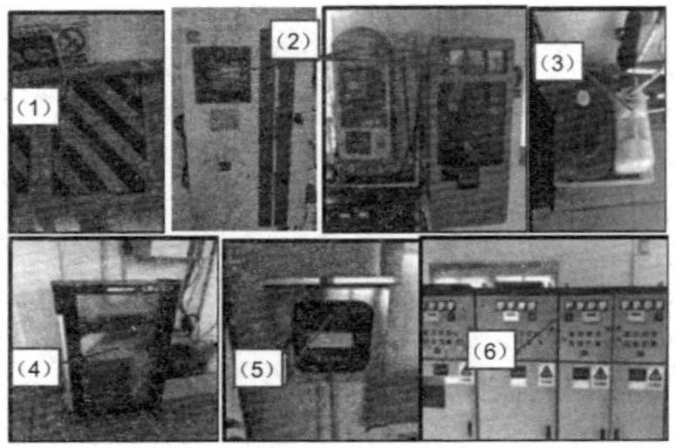 	A+C	手持端、巡检服	（1）打开泵房泵井盖板检查泵井液面是否有较多垃圾，确认盖板是否盖严
					（2）进水仪表 COD、NH_3-N、TP 仪表有无异常，仪表维护记录是否健全，内部各药剂是否充足；仪表读数是否正常（标准：60 mg/L≤COD≤300 mg/L；15 mg/L≤NH_3-N≤25 mg/L，TP≤3.5 mg/L）
					（3）检查废液、采样管路有无泄漏，并将废液桶定期、及时转移到储存室
					（4）清洗进水采样器采样瓶，查看采样器采样是否有采到足够水样，冷藏等各项功能是否正常
					（5）检查泵房液位计读数，液位需保证在 3.5～9 m
					（6）查看提升泵电流电压是否正常，电柜有无异味（标准：设备运行电压 380 V±10 V；1 号提升泵电流＜256 A；2 号提升泵电流＜108 A；3 号、4 号电流＜160 A）

巡检点	巡检内容	巡检点图示	巡检方法	巡检所有工具	巡检标准
细格栅和沉砂池	细格栅、除砂设备运行、pH、SS、液位差计等	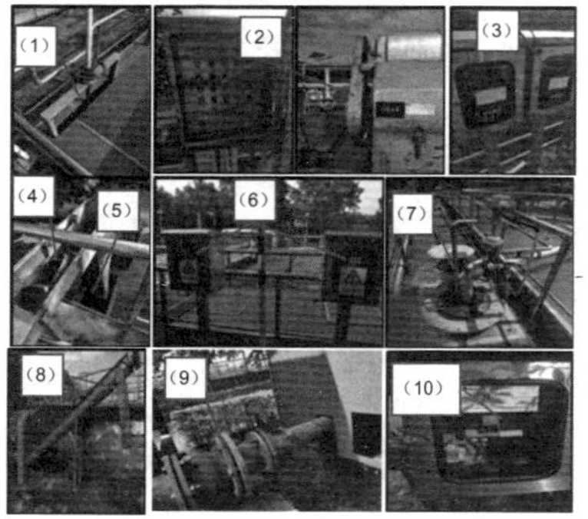	A	手持端、巡检服	（1）查看闸门开度，保证进水均匀 （2）手动开启细格栅检查运行情况，栅条有无脱落，电机链条是否断裂，有无垃圾卡阻影响运行 （3）各组细格栅的液位差计读数是否在正常范围内（标准：前后液位差小于 0.5 m） （4）螺旋输送机是否联动开启，电机有无异响、异味；栅渣是否会堵塞在输送机上，清扫出栅后地上渣物 （5）检查栅渣桶是否装满，若装满需进行更换，周边有无垃圾或垃圾渗滤液溢出，保持现场卫生 （6）pH/SS 仪表读数有无异常，采样探头是否要清洗（标准：pH 6～9，SS 150 mg/L 左右） （7）检查沉砂池搅拌器是否运行正常无异响，电机有无异味 （8）检查提砂器运行是否正常无异响，出砂是否正常，管路有无堵塞，砂车存砂是否已满 （9）检查罗茨风机运行是否正常，有无异响，是否过载、温度过热 （10）检查并记录进水口流量计瞬时值及累计值读数与中控数值对比是否一致
生化池	生化池工况、过程仪表、化学加药系统		A	手持端、巡检服	（1）检查搅拌机设备有无异响、大振动、跳停，控制器有无警报 （2）检查缺氧池 ORP 值（标准：正常值-120～-100 mV） （3）观察污泥性状，色泽是否为正常的黄褐色，池面有无发黑发臭现象，有无飘泥、浮渣；泥水分离是否良好，气泡颗粒不破碎 （4）检查曝气池液面翻腾是否均匀，气泡大小是否正常 （5）检查生化池 4 台 DO 仪读数（标准：1#、2#DO 值在 0.8～1.5 mg/L，3#、4#DO 值在 1.5～3 mg/L） （6）检查生化池末端污泥浓度读数（标准：两池偏差小于 150 mg/L；MLSS 控制在 5 000～7 000 mg/L） （7）检查 SV30 自动监测系统运行是否正常，采样管有无堵塞（标准：SV30 控制在 20%～30%） （8）检查正磷酸盐测定仪，氨氮仪表采样是否正常，模块显示运转是否正常 （9）检查除磷加药系统储药桶，加药泵有无泄漏，流量计、液位计等是否正常工作，加药量是否正常（标准：加药量在 30mg/L 左右） （10）检查 PAM 加药桶、管道有无泄漏（标准：加药量控制在 0.1mg/L）

巡检点	巡检内容	巡检点图示	巡检方法	巡检所有工具	巡检标准
配水井和二沉池	设备、二沉池运行情况	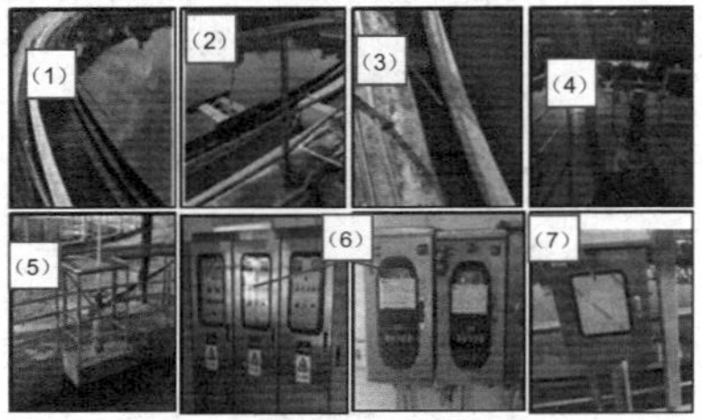	A	手持端、巡检服	（1）观察池面有无翻泥，及时调节配水阀门 （2）出水三角堰出水是否均匀，刮渣机运行是否正常，浮渣能否顺利排除 （3）检查二沉池配水孔有无堵塞，有无短流翻泥现象，并定时清理配水孔 （4）吸刮泥机是否有异响、抖动，运转是否平稳正常 （5）观察配水是否均匀，1～4 号套筒阀有无堵塞 （6）检查污泥外回流泵电流和电压、剩余污泥泵运行是否正常（标准：总电压，1#、2#、3#外回流电流） （7）手动测量泥位与仪表泥位计对比（标准：泥位控制在 1 m 左右）
消毒池	紫外系统	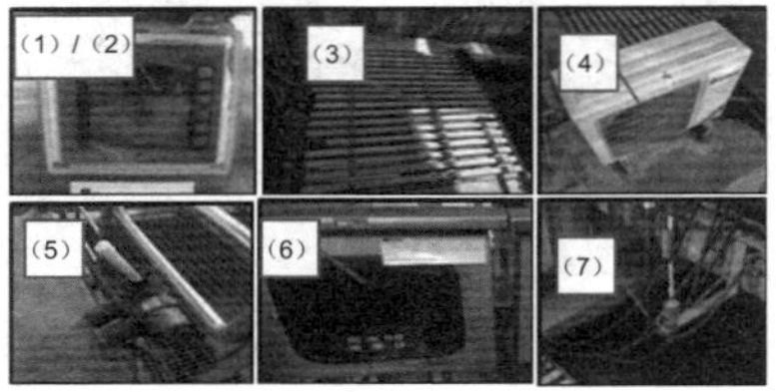	A	手持端、巡检服	（1）检查紫外灯运行模块面板灯状态是否正常无缺失 （2）记录累计运行时间及检查紫外灯开启度是否正常 （3）检查灯管是否正常运行，是否有异味 （4）检查空调运行是否正常 （5）检查紫外堰门自动运转是否正常，液位是否足够 （6）SS 仪表是否正常，读数有无跳跃，探头是否污损（标准：SS＜20 mg/L）
污泥脱水机房	污泥脱水设备	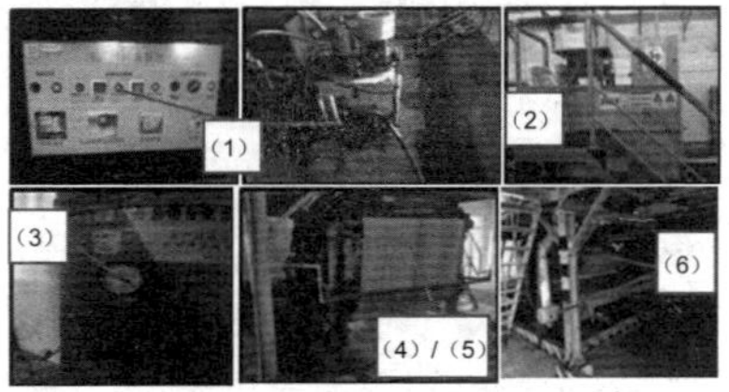	A	手持端、巡检服	（1）检查柱塞泵运行电流电压、温度、频率是否正常（标准：电流 24～28 A，电压 380 V，频率 50 Hz，温度约 38℃） （2）观察絮凝剂加药设备运行情况，药剂溶解及投加情况 （3）检查脱水机压力表示数（标准：0.4～0.6 MPa） （4）观察脱水机运行状况，电机有无异响、振动：纠偏装置是否运行正常、清洗装置有无堵塞 （5）检查滤带透水性是否良好，有无破损 （6）检查脱水机滤液是否浑浊，泥饼性状是否正常（标准：出泥泥饼厚度 0.8cm 左右。污泥含水率 80%左右）
出水井	出水及出水在线仪表间	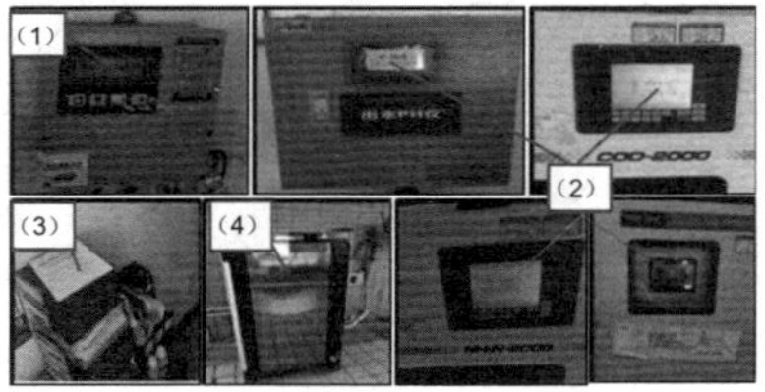	A	手持端、巡检服	（1）检查出水口流量计瞬时值及累计值读数与中控是否一致 （2）检查在线 pH、COD、NH_3-N、TP、TN 仪表读数与中控是否一致，是否达标，仪表运行有无异常；数采仪、网络是否正常。（标准：pH 在 6～9、COD＜40 mg/L、NH_3-N＜8 mg/L、TP＜0.5mg/L、TN＜20 mg/L） （3）检查第三方维护记录是否健全，废液存储有无泄漏，并定期（每月一次）清理转移到储液间 （4）清洗出水采样器采样瓶，查看采样器采样是否有采到足够水样，冷藏等各项功能是否正常

巡检点	巡检内容	巡检点图示	巡检方法	巡检所有工具	巡检标准
鼓风机房	风机系统	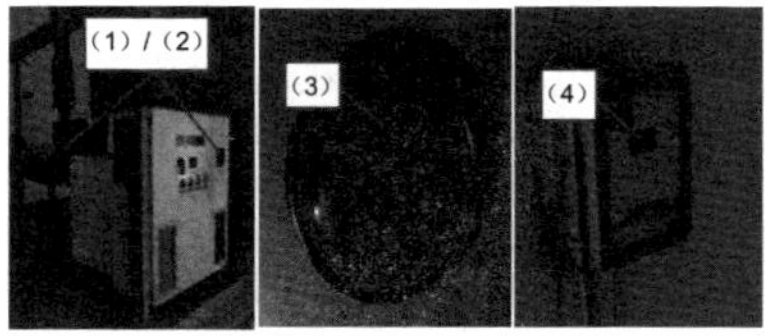	A+C	手持端、巡检服	（1）查看风机运行情况，有无异响、振动，有无异味 （2）检查风机电流电压是否正常（标准：电流 393 A，电压 380 V），查看进出口风压压力差（标准：0.075 MPa 以内），定期测量进出口风管温度并记录（每日一次） （3）检查冷却系统运行情况，查看室温是否适宜 （4）标况流量计读数是否正常，核对与中控风机流量的误差
配电房	配电房	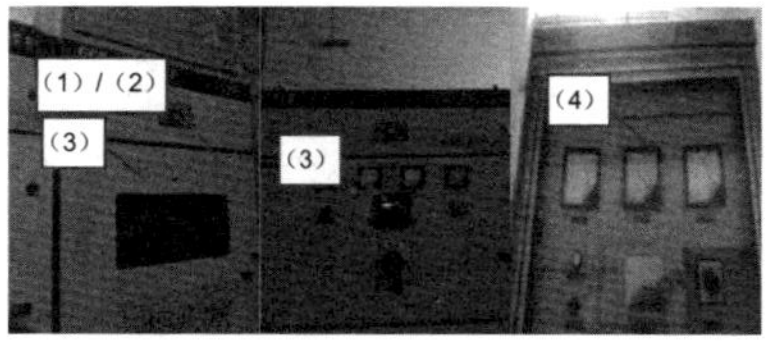	A+C	手持端、巡检服	（1）每个早班记录电表度数，检查用电量是否异常 （2）检查配电设备有无异味或异响 （3）检查无功补偿器功率因数是否正常（标准：大于 0.9），检查直流控制柜示数是否正常（标准：电池组端电压 240 V，电池组充放电电流 0 A，控制母线电压 220 V） （4）查看柜门有无关好、闭锁，电房是否清洁，有无蜘蛛网
中控室	中控室		A	手持端、巡检服	（1）查看电脑记录数据，核实现场情况是否符合 （2）填写运行报表和检查记录

巡检方法：A、目测法　B、耳听法　C、鼻嗅法　D、手触法

巡检结果：正常、不正常、实际情况描述

四、注意事项

（1）《运行巡检作业指导书》中标准数据修订要经过运行主管以上领导审批。

（2）在线仪表要定期校验，确保数据准确、稳定。

子任务 2.4　巡检工艺异常判断

一、任务目的

通过巡检工艺单元表观现象或指标，分析判断工艺运行是否异常。

二、准备工作

手持巡检仪和移动视频通信终端。

三、方法步骤

在污水处理厂的日常运行管理中，工艺运行人员可以通过巡检查看污水处理厂各工艺单元的感官现象和指标，初步判别水质的改变，以及工作是否正常、安稳，然后快速应对进水冲击，对工艺参数进行调整，防止因水质化验结果出来得较晚、数据偏差等贻误最佳的调整机遇。

1. 颜色和气味

对于一个运行正常稳定的污水处理厂而言，各工艺单元的污水（或污泥）的颜色和气味一般变化不大，即使有变化一般也是有一定的规则可循，如生化曝气池活性污泥正常的颜色应当是黄褐色，正常气味应当是土腥味或霉香味，假如发现颜色发黑或闻到糜烂性气味，则说明可能供氧缺乏或污泥已发生糜烂，应根据工况及时调整。图 2.4-1 为生化曝气池现场。

图 2.4-1 生化曝气池现场

2. 气泡与泡沫

正常情况下，生化曝气池内会呈现少量散布均匀的气泡与泡沫。若曝气池内大量泡沫翻滚，乃至溢流至走道或生化池，则说明生化池内的活性污泥出现了异常，需要调整其运行工况。二沉池表面一般是看不到气泡和泡沫的，假如二沉池表面呈现泡沫、气泡，乃至浮渣，说明二沉池运行出现了异常，有可能是活性污泥问题，也有可能是水质问题，还有可能是二沉池的问题，需要依据具体情况进行剖析和调整（图 2.4-2）。

图 2.4-2 生化曝气池泡沫

3. 水流流态

每个工艺单元都有本身的水流状况，如生化曝气池应该是平稳的翻滚。如果局部剧烈翻滚，则说明存在曝气过多或曝气头掉落等问题；如果在机械曝气池中发现近池壁处水流翻滚不剧烈，近叶轮处溅花高度及规模很小，则说明叶轮浸没深度不够，应当予以调整；如果沉淀池或沉砂池边角处有积泥或积渣，则应该检查排泥、排渣管道是否通畅，排泥、排渣是否及时。还有二沉池出水水流是否均匀，三角堰的水流状况是否均匀等。

4. 在线仪表

污水处理厂一般依据工艺需求安装一系列的在线监测仪表，现场显示测量数据，如温度、压力、流量、pH、DO、液位等，巡检时一定要认真查看和记录，并与正常值进行比对。如果发现异常或大幅的波动，则应立即上报，并通知相关专业人员处理。图 2.4-3 为在线仪表 DO 仪。

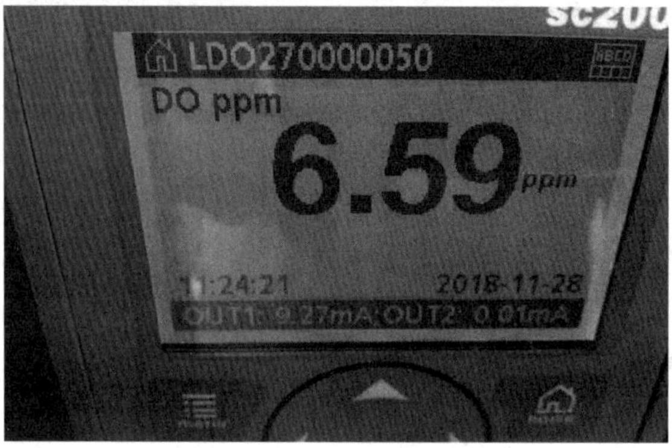

图 2.4-3　在线仪表 DO 仪

5. 声响与振动

巡检人员必须熟记水泵、风机、搅拌器等设备正常工作时发出的声响和振动，巡检时使用听、看、摸等简略手段判别设备是否正常工作。

6. 其他方面

巡检时还需要查看各工艺单元水质的浊度、透明度、漂浮物、悬浮物、浮渣等是否正常。

综上所述，污水处理厂运行巡检人员日常巡检时应当细心调查、细心比照、全面衡量、及时交流、主动思考总结，不断研究和完善污水处理厂各工艺单元的巡检标准，保证污水处理厂的正常稳定运行。

常见污水处理厂工艺运行异常情况及处理见表 2.4-1～表 2.4-3。

表 2.4-1　进水水质巡检异常及处理

序号	现象描述	原因分析	处理措施	备注
1	细格栅前进水异常，呈半透明状	原因多种，重点关注后续工艺段仪表参数	做好记录，观察生化池仪表显示情况，适当控制 DO 在 3.0 mg/L，进水量、回流量控制在正常范围	采水样留样检测，通知工艺负责人、部门经理、生态环境部门调查源头
2	油污：在粗格栅进水井就可以看出有油花，细格栅、曝气沉砂池水面出现油面，生化池厌氧段出现油花和油面，甚至缺氧段和好氧段也会出现。在好氧段靠近污泥浓度计处，出现褐色泡沫，并且用水冲不掉，用网捞不掉	一般出现在暴雨季节，通常在暴雨之后出现，雨水将路面和河岸两边的油污冲到河里。有时可能是工厂油污储存系统出现问题，或者是有偷排现象，直接进入管网系统。在生物条件下，油污很难得到处理，且对水面外观影响很大，出现油面和褐色泡沫，很难得到有效处理	立即报告相关人员，果断采取外排措施，进水量控制在 50%，抬高细格栅前水位，尽可能使油污在进水槽富集，人工清除。溶解氧控制在 2.5 mg/L 左右，回流比控制偏大。当泡沫量到一定程度不再增长时，则适当调低生化池曝气量，将泡沫排入二沉池处理	采水样留样检测，并进行大面积拍照保留资料；通知工艺负责人、部门经理、生态环境部门调查源头
3	有毒工业废水：物理特征较少，难以通过颜色进行判断，主要表现为有恶臭气味，呛鼻、令人恶心；生化池甚至二沉池出现浮泥，出水泛白，化验数据出现超标情况等，在仪表显示上有较为明显的表现，如仪表数据在短时间内，一般为 30 min，会出现 pH 突变很大或很小，ORP 数值突变很大或很小，好氧段 DO 突变很小	主要是工厂偷排造成，一般容易出现在国家法定假期、周休日和深夜凌晨时段，间或出现在暴雨期。有毒废水处理性状难以进行分析判断，只能通过仪表数据和采样化验进行分析。当仪表数据出现异常时，应提高警觉性	立即报告相关人员，果断采取外排措施，进水量在 50%，溶解氧控制在 2.5 mg/L 左右，回流比控制偏大，并启动紧急预案	采水样留样检测，通知工艺负责人、部门经理、生态环境部门调查源头
4	细格栅泡沫：在细格栅前出水槽处出现大量泡沫，一般呈白色，有时呈紫色、红色	一般情况是由于进水中带有洗涤剂、洗衣粉等含磷比较高的阴离子表面活性剂（LAS）而产生化学泡沫，常出现在旱季进水水质浓度较高时	抬高细格栅前水位，减少泡沫产生，采用回用水冲洒消泡	记录出现时间和结束时间

表 2.4-2　A²/O 生化池异常及处理

序号	现象描述	原因分析	处理措施	备注
1	油污泡沫：泡沫出现在好氧段污泥浓度计附近，呈黑褐色，表面有一层油污染的光泽，整个生化池出现油面，并且泡沫上出现污泥颗粒物。用捞网不能清除，且用水冲也不能清除	一般是由于重油在好氧段的气浮现象产生的。由于进水中含油及脂类物质较多，易产生生物泡沫，主要为诺卡氏菌造成的。油破坏了水的表面张力和活性污泥絮体，使气泡表面有颗粒物黏附	通知相关人员，将生化池末端曝气量降低，通过水流至二沉池清理即可；也可以先清除浮渣，避免浮渣继续留在系统内循环，增加排泥	做好泡沫出现的记录和现状描述。取泡沫样品至实验中心做镜检分析
2	生物泡沫：泡沫出现在好氧段污泥浓度计附近，呈灰褐色，油面泡沫量不多，有时在泡沫表面黏附污泥絮体颗粒物	主要是由于丝状菌（诺卡氏菌）的繁殖。可能是丝状菌过量生长导致菌胶团携带大量空气从而在水面形成稳定的、难以去除的浮渣泡沫；也可能是废水中含有过量的脂肪酸，系统的污泥停留时间较长，污泥回流率较低，较低的 F/M 也会造成丝状菌的过量生长，从而产生泡沫	生物泡沫一般处理方法有：①洒水消泡；②投加消泡剂消除泡沫；③调整 pH，一般 pH 在 5.0 左右，就可以有效抑制诺卡氏菌形成，减少泡沫；④降低污泥停留时间，可以抑制诺卡氏菌形成，从而有效抑制泡沫；⑤厌氧池上清液也能有效抑制诺卡氏菌形成，减少泡沫。 对于刚投入运行的生化池，微生物浓度较低，也会产生泡沫，随着调试进展，当微生物浓度上升到一定数值，泡沫会自动消失。 气压降低产生的泡沫，当到晴天气压升高时，也会消除	做好泡沫出现的记录和现状描述。取泡沫样品至实验中心做镜检分析
3	死泥、浮泥：常出现在好氧段末端，有时也出现在缺氧池和厌氧池。块状泥块漂浮于池面，并有气泡黏附在泥块上，泥块呈黑褐色，有的漂流一会儿便自沉	常见是氧化沟局部出现沉泥，导致缺氧甚至厌氧浮泥；也可能丝状菌的暴发性繁殖造成	通知相关人员，一般情况下可用回用水冲洗	取死泥、浮泥样品至试验中心做镜检分析

表 2.4-3　二沉池异常及处理

序号	现象描述	原因分析	处理措施	备注
1	死泥、浮泥：常出现在运行时间较长，污泥浓度较高的时段，浮泥表面有明显的气泡黏附，颜色发黑，并有腐败气味	沉淀池局部积泥厌氧，产生 CH_4、CO_2，气泡附于泥粒使积泥上浮，出水氨氮往往较高	通知相关人员，加大剩余污泥的排放量，适当提高回流量，减少污泥二沉池的停留时间，防止沉淀池有死角，排泥后在死角处用压缩空气冲洗或高压水清洗	取死泥、浮泥样品至试验中心做镜检分析，并在试验中心查询氨氮数据是否出现上升

序号	现象描述	原因分析	处理措施	备注
2	块/片状浮泥：二沉池表面出现一层解絮污泥，有时污泥会呈片状	微生物死亡，污泥解絮，出水水质恶化，COD、BOD上升，进水中有毒物质浓度过高，或pH异常	立即通知相关人员和生态环境部门，果断采取停水措施，排泥后投加营养物，或引进生活污水，使污泥复壮，或引进新污泥菌种。此时，应启动紧急预案	翻查进水记录和试验中心数据，取泥样至试验中心分析
3	颗粒较多：在二沉池周边出现大量悬浮颗粒物，外飘至出水槽且上清液浑浊，出水水质差	可能是污泥缺乏营养，进水中氨氮浓度高，C/N比不合适；可能是水温超过40℃	立即通知相关人员，先分析进水氨氮是否异常，推流器转速是否过高，若进水氨氮过高，则应引进高BOD浓度的污水，使$F/M>0.1$；若上述原因排除，则适当减少进水流量，减少排泥	分析进水氨氮是否异常；推流器转速是否过高
4	pH下降：仪表显示，连续一段时间出水pH持续下降，或者是出水pH突然下降	可能是厌氧处理负荷过高，有机酸积累，造成pH下降；可能是好氧处理中负荷过低。根本原因在于生化处理过程中，微生物对碱度的消耗和贡献关系。一般来说，处理效果好的出水，中性偏碱，比进水pH要低	应立即通知相关人员。当进水浓度偏高时，应选择降低厌氧池负荷，适当增加回流量，延长厌氧池水力停留时间；当进水浓度偏低，在好氧区应当增加负荷，适当增加营养投加量，降低曝气和溶解氧，减少水力停留时间	
5	色度上升：用烧杯观察出水水质时，能够看到颜色，有时会出现偏黄色，有时会带有淡红色或淡蓝色，存在透光率不佳等问题	当出水偏淡黄色或带有一点灰白色时，证明是污泥解絮；若出水带有其他颜色，则一般为进水色度偏高，出水染色。一般分为有机染料颜色和金属离子颜色	应通知相关人员，通过调整工艺改善污泥性状，增加进水营养，降低曝气量，增加回流等措施	要求试验中心观察色度变化情况，中控班定期对出水进行观测
6	SS上升/超标	污泥负荷过低，好氧段DO过高，污泥内源呼吸，污泥解体解絮，沉降性下降；水力停留时间过短；污泥膨胀；污泥脱氮上浮；污泥腐化上浮；污泥中毒	应立即通知相关人员，检查进水，查看进水是否含有大量工业废水，并及时采取措施；检查是否因为进水浓度过高或过低，造成污泥负荷过高或过低，调节污泥负荷在正常范围；检查好氧段的DO是否过高或过低，调节DO在正常范围	取异常污泥与化验室分析生化池活性污泥的性状（包括MLSS、MLVSS和镜检），并取进水样检测进水是否正常。同时，应通知班长、工艺主管、主管副厂长

四、注意事项

（1）对于现场巡检发现的异常情况，巡检人员要按照异常分类分级和工艺运行技术规程及时上报中控室和运行主管，采取措施消除异常。

（2）运行值班人员和巡检人员要熟悉异常事项的分类和分级处理流程和方法。

任务小结

通过学习污水处理厂工艺运行巡检规程、方法、巡检路径以及运行异常状态的判断方法，掌握了日常巡检技能，学会运行巡检与中控值班人员的信息交互方法和异常情况的处理方法。

任务练习

（1）中控值班人员与巡检人员信息交互是通过什么方式？

（2）一般巡检任务实施分为几个步骤？

（3）巡检时，巡检数据异常判断的标准是什么？

（4）简述运行巡检人员与中控值班人员信息交互的内容。

任务3　现场设备巡检

任务目的

（1）掌握现场设备巡检点与巡检内容。

（2）掌握现场设备巡检过程中设备运行状态的判断方法。

（3）掌握现场设备巡检过程中设备异常状态图片、视频信息的上传方法。

（4）掌握现场设备巡检过程中水质监测仪显示数值异常的判断方法。

任务综述

本任务包括四个子任务，分别是现场设备巡检点与巡检内容、巡检判断设备仪表运行状态、设备运行异常信息上传、常用水质监测仪表数据异常识别。

任务实施

子任务3.1　现场设备巡检点与巡检内容

一、任务目的

掌握生化池巡检点的关联设备，熟悉各类设备的一级巡检内容。

二、准备工作

1. 实训场地

污水处理厂生化池工艺单元。

2. 实训设备

（1）设备巡检移动终端 1 台。

（2）潜水搅拌/推流器 1 台。

（3）内回流泵 1 台。

（4）溶解氧仪 1 台。

（5）氧化还原电位计 1 台。

（6）污泥浓度计 1 台。

三、方法步骤

（1）作业人员到达生化池巡检点，使用移动终端进行打卡（图 3.1-1）。

图 3.1-1 生化池巡检点打卡

（2）移动终端显示生化池巡检点详细信息页面，作业人员确认该巡检点关联设备列表（图 3.1-2）。

（3）作业人员依次对设备列表中的设备进行巡检。

（4）作业人员执行生化池潜水搅拌/推流器设备巡检：①检查潜水搅拌/推流器控制箱指示灯是否显示正常（图 3.1-3）。②检查潜水搅拌/推流器控制箱内部电器元件状态，是否有电气元件烧坏，是否有电缆过热后产生的异常气味（图 3.1-4）。③检查潜水搅拌/推流器吊链及固定架是否异常晃动（图 3.1-5）。④检查潜水搅拌/推流器运行中是否有异响。⑤检查池面是否有杂物干扰潜水搅拌/推流器工作（图 3.1-6）。⑥一台潜水搅拌/推流器巡检完毕，继续进行下一台生化池设备的巡检工作。

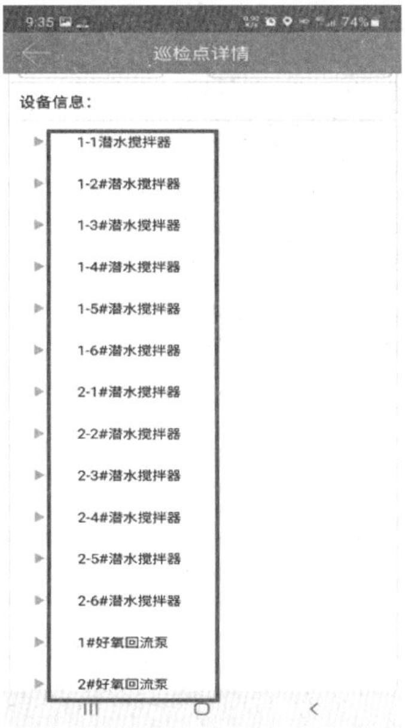

图 3.1-2　生化池巡检点关联设备列表

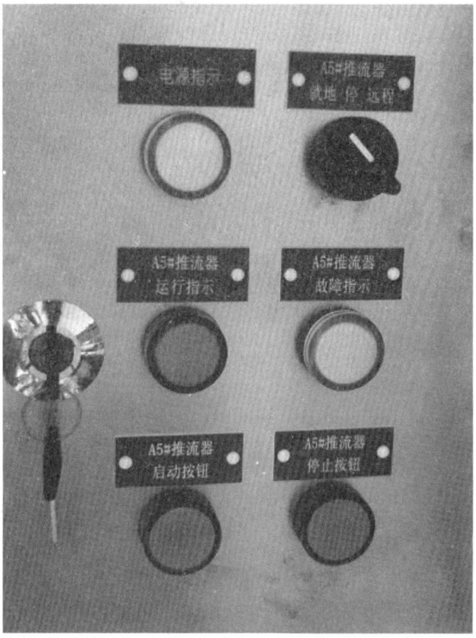

图 3.1-3　检查搅拌/推流器控制箱指示灯

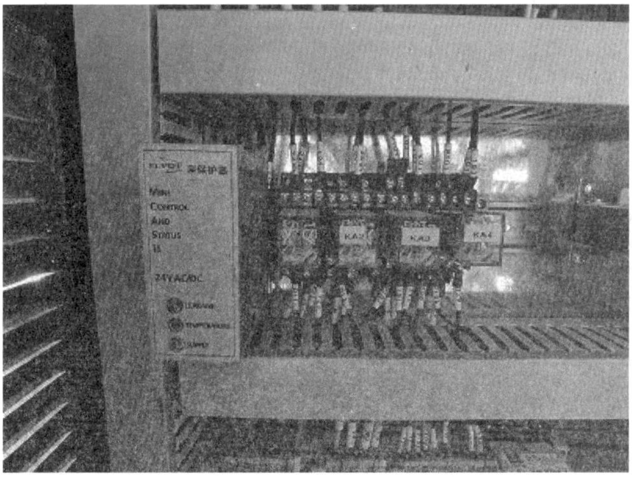

图 3.1-4　检查潜水搅拌/推流器控制箱内部电器元件状态

图 3.1-5　检查搅拌/推流器吊链及固定架

图 3.1-6　检查潜水搅拌/推流器工作

（5）作业人员执行生化池内回流泵设备巡检，具体巡检项目同生化池潜水搅拌/推流器。

（6）作业人员执行生化池现场溶解氧仪设备巡检步骤：①检查现场溶解氧仪有无报警信号。②检查现场溶解氧仪显示值与中控系统显示值是否一致。③检查现场溶解氧仪显示数值有无明显异常（图 3.1-7）。④检查仪表箱内电气元件状态是否正常（图 3.1-8），电源、避雷器、通风、除湿装置是否正常。⑤检查现场溶解氧仪安装支架有无异常（图 3.1-9）。⑥现场溶解氧仪巡检工作执行完毕。

图 3.1-7　检查现场溶解氧仪显示数值

图 3.1-8　检查仪表箱内电气元件状态

图 3.1-9　检查溶解氧仪安装支架

（7）执行生化池氧化还原电位计设备一级巡检，巡检项目同生化池现场溶解氧仪（图 3.1-10）。

（8）执行生化池污泥浓度计设备一级巡检，巡检项目同生化池现场溶解氧仪（图 3.1-11）。

（9）依次完成生化池巡检点关联设备的巡检工作后，进入下一个巡检点继续执行当日巡检任务。

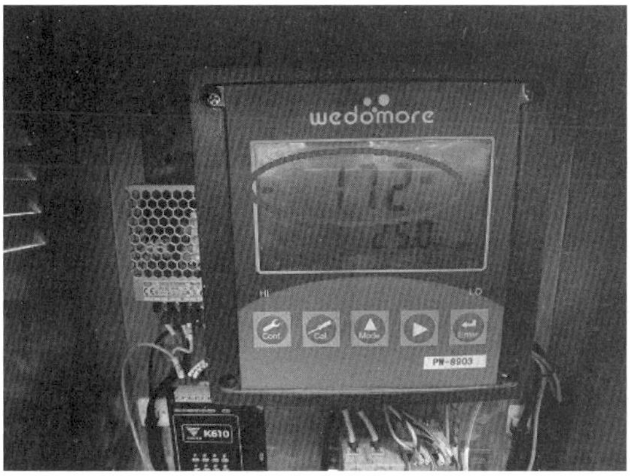

图 3.1-10　检查氧化还原电位计显示数值

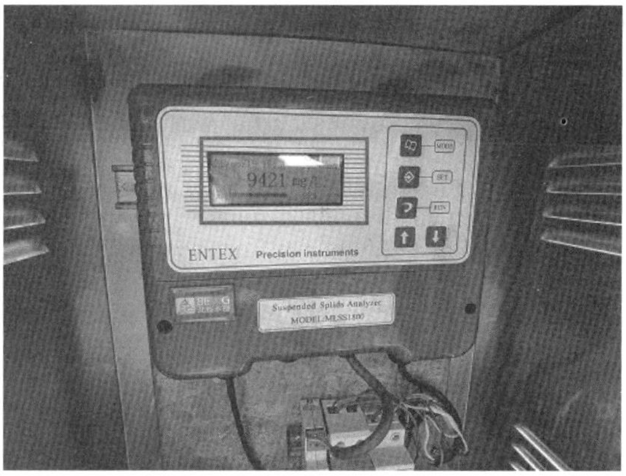

图 3.1-11　检查污泥浓度计显示数值

四、注意事项

（1）机械伤害。潜水搅拌/推流器为旋转机械设备，存在机械伤害风险。

（2）触电伤害。潜水搅拌/推流器控制箱、配电箱为电气设备，存在触电伤害风险。

（3）跌落伤害。生化池爬梯、走道边缘存在跌落伤害风险。

（4）溺水伤害。生化池走道边缘存在跌落溺水风险。

子任务 3.2　巡检判断设备仪表运行状态

一、任务目的

掌握潜水搅拌/推流器运行状态的判断方法。

二、准备工作

1．实训场地

污水处理厂生化池工艺单元。

2．实训设备

（1）潜水搅拌/推流器 1 台。

（2）巡检移动终端设备 1 台。

三、方法步骤

（1）检查潜水搅拌/推流器控制箱故障灯（实际工作中为黄灯）是否亮起，如果亮起则需进一步判断故障类别（图 3.2-1）。

（2）识别潜水搅拌/推流器故障报警类别：

①检查潜水搅拌/推流器控制箱内综合报警继电器显示，如果过温报警灯亮起，则判断推流器电机绕组发生过热故障（图 3.2-2）。②检查潜水搅拌/推流器控制箱内综合报警继电器显示，如果泄漏报警灯亮起，则判断推流器油室发生泄漏故障。③检查控制箱内热继电器状态，如果热继电器处于跳闸状态，则判断潜水搅拌/推流器电机发生电流过载报警（图 3.2-3）。④检查潜水搅拌/推流器控制箱内变频器（针对变频潜水搅拌/推流器）控制面板是否有故障显示（图 3.2-4）。

（3）通过潜水搅拌/推流器及附属设施运行状态判断设备故障：

①检查潜水搅拌/推流器吊链抖动情况，结合池面旋流情况（图 3.2-5），判断潜水搅拌/推流器是否真正处于运行状态。如果潜水搅拌/推流器实际未运行而控制箱指示灯显示运行，则应判断信号传输出现异常。②检查潜水搅拌/推流器导轨、固定架、吊链是否振动过大（图 3.2-6），如有上述情况则应判断潜水搅拌/推流器运行状态异常，需要进一步将潜水搅拌/推流器吊出水面进行检查。

（4）将潜水搅拌/推流器故障报警及异常状态如实填写至设备巡检工单。

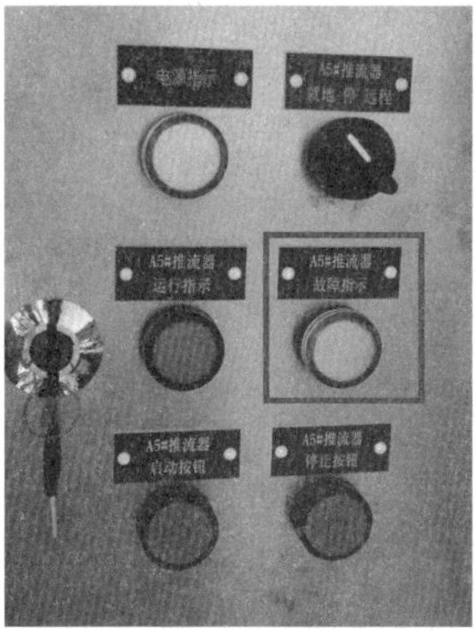

图 3.2-1　检查潜水搅拌/推流器控制箱故障指示

图 3.2-2　检查综合报警继电器显示

图 3.2-3　检查热继电器状态

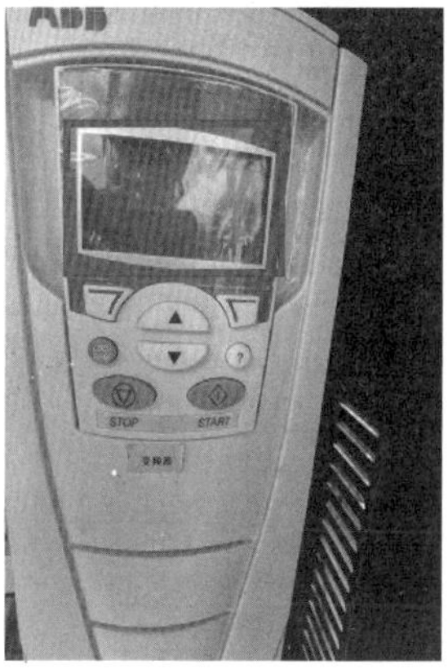

图 3.2-4　检查变频器控制面板显示

图 3.2-5　观察潜水搅拌/推流器周围池面是否有旋流

图 3.2-6　检查潜水搅拌/推流器吊链是否振动过大

四、注意事项

（1）机械伤害。潜水搅拌/推流器为旋转机械设备，存在机械伤害风险。

（2）触电伤害。潜水搅拌/推流器控制箱、配电箱为电气设备，存在触电伤害风险。

（3）跌落伤害。生化池爬梯、走道边缘存在跌落伤害风险。

（4）溺水伤害。生化池走道边缘存在跌落溺水风险。

子任务 3.3　设备运行异常信息上传

一、任务目的

了解生化池潜水搅拌/推流器巡检作业，掌握设备运行异常信息的上传方法。

二、准备工作

1. 实训场地

污水处理厂生化池工艺单元。

2. 实训设备

（1）设备巡检移动终端 1 台。

（2）潜水搅拌/推流器 1 台。

三、方法步骤

（1）作业人员开始进行潜水搅拌/推流器日常巡检，首先检查潜水搅拌/推流器控制箱指示灯是否显示正常，发现故障时灯亮起（图 3.3-1）。

（2）作业人员通过触摸推流器吊链，发现无振动，确认潜水搅拌/推流器处于停止状态（图 3.3-2）。

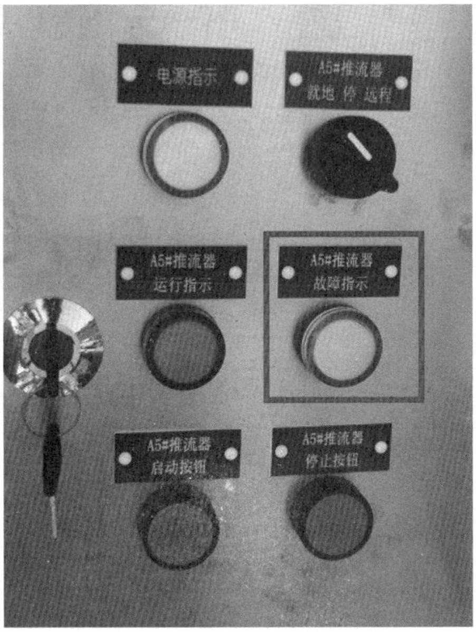

图 3.3-1　检查潜水搅拌/推流器指示灯显示

图 3.3-2　检查潜水搅拌/推流器吊链振动情况

（3）作业人员对潜水搅拌/推流器控制柜内部进行进一步检查，发现潜水搅拌/推流器变频器控制面板显示接地故障报警（图 3.3-3）。

（4）作业人员确认潜水搅拌/推流器处于故障状态，点击巡检工单中“工作记录”标签（图 3.3-4）。

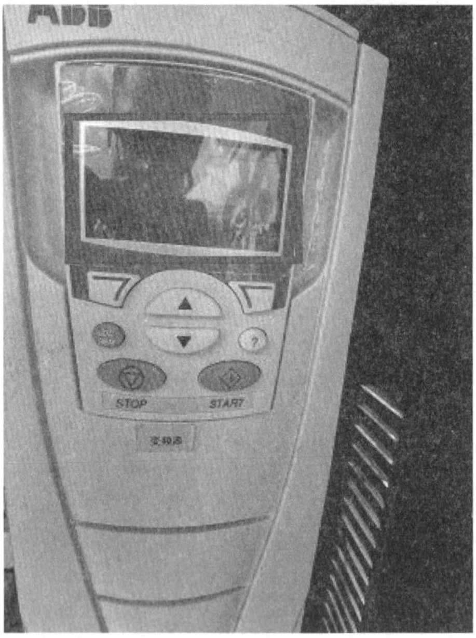

图 3.3-3　变频器控制面板接地故障报警

图 3.3-4　点击“工作记录”

（5）在巡检点页面点击“故障上报”标签（图 3.3-5）。

（6）在弹出的对话框中，点击“设备故障上报”标签（图 3.3-6）。

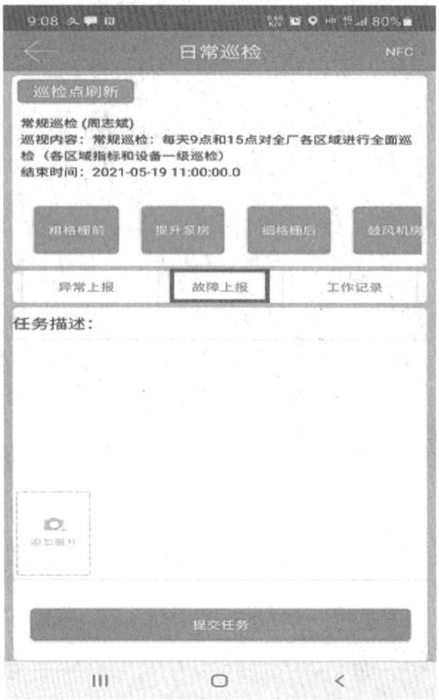

图 3.3-5　点击“故障上报”

图 3.3-6　点击“设备故障上报”

（7）将移动终端贴近故障潜水搅拌/推流器控制箱内的设备感应卡，系统将自动识别故障设备信息（图 3.3-7）。

图 3.3-7　控制箱内设备感应卡位置

（8）在故障上报页面选择紧急程度，依据故障设备的分类等级分为紧急、一般两种故障，潜水搅拌/推流器故障选择“一般”故障（图 3.3-8）。

（9）在故障上报页面选择设备类型以及故障类型，设备类型从下拉菜单中选择“推流器”，故障类型从下拉菜单中选择“电气部位”（图 3.3-9）。

图 3.3-8　选择紧急程度

图 3.3-9　选择设备类型以及故障类型

（10）在故障上报页面填写故障描述：“推流器，电气部位。”（图 3.3-10）。

（11）点击“添加图片”，添加故障设备图片（图 3.3-11）。

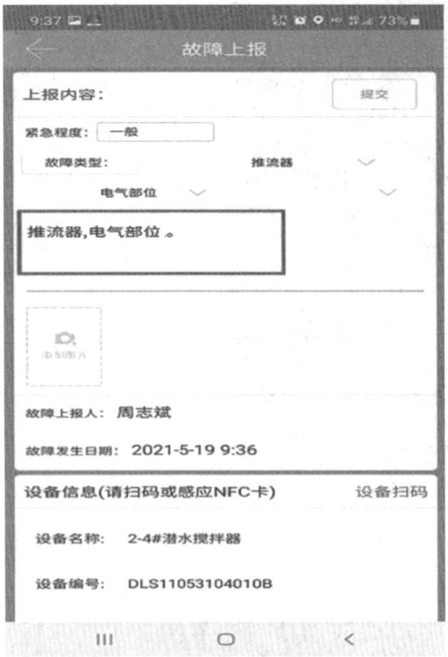

图 3.3-10　填写故障描述

图 3.3-11　点击添加照片标签

（12）作业人员对故障设备进行拍照（图 3.3-12）。

图 3.3-12　作业人员对故障设备进行拍照

（13）在故障上报页面，点击“提交”标签，设备运行异常信息上报完成（图 3.3-13）。

图 3.3-13　上报设备运行异常信息

四、注意事项

（1）发现设备运行异常可紧急停止设备运行，特殊情况时上报维修人员处理。

（2）电气设备巡检时，要注意安全距离，巡检点要标注明确。

子任务 3.4　常用水质监测仪表数据异常识别

一、任务目的

了解生化池溶解氧仪、氧化还原电位计巡检作业，掌握常用水质监测仪表数据异常的识别方法。

二、准备工作

1. 知识准备

（1）生化池溶解氧仪的作用

污水处理过程在生化池工艺单元要实现脱氮功能，需要在好氧段使污水中的氨氮充分硝化。硝化过程是在有氧条件下进行的，如果溶解氧供应不充分，硝化过程就会受到抑制。为了保证好氧段的硝化过程彻底，需要将好氧段末端溶解氧控制在一定范围。在生化池好氧段安装溶解氧仪，以便实时监测好氧段的溶解氧值，作为调节鼓风机曝气量的指导参数。

（2）氧化还原电位计的作用

氧化还原电位计一般安装于生化池厌氧段及缺氧段，它反映水体中的电化学特征：ORP 值高表明水体中氧化性物质处于优势地位，ORP 值低表明水体中还原性物质处于优势地位。在线氧化还原电位计的安装一般用来监测生化池厌氧环境或缺氧环境。

2. 实训场地

污水处理厂生化池。

3. 实训设备

（1）设备巡检移动终端 1 台。

（2）在线溶解氧仪 1 台。

（3）在线氧化还原电位计 1 台。

三、方法步骤

1. 识别生化池溶解氧仪显示数据是否异常

（1）检查溶解氧仪变送器上是否有故障报警显示（图 3.4-1）。

图 3.4-1　检查溶解氧仪变送器显示

（2）检查水温显示数值是否异常（溶解氧仪变送器面板有水温显示），一般情况下，生化池污水温度在 10～30℃，水温显示与此区间偏离过大时，则视为水温传感器异常（图 3.4-2）。

（3）判断溶解氧显示数值是否在正常范围，一般情况下，生化池好氧段溶解氧值在 0～5 mg/L，出现负值或数值过高则视为数据异常。

（4）判断溶解氧显示数值是否长时间不变化，若显示数值长时间不变化，应视为数据异常。

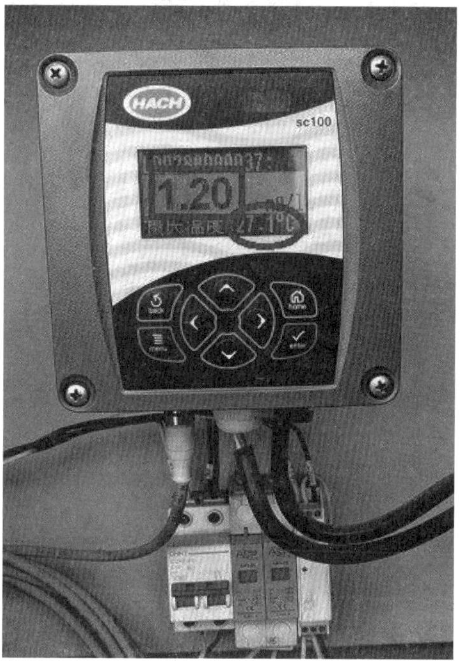

图 3.4-2　溶解氧仪水温显示

2．识别生化池氧化还原电位计显示数据是否异常

（1）检查氧化还原电位计变送器上是否有故障报警显示（图 3.4-3）。

（2）检查水温显示数值是否异常（方法同溶解氧仪）。

（3）判断氧化还原电位计显示数值是否在正常范围，一般情况下，生化池厌氧段 ORP 值小于–250 mV，生化池缺氧段 ORP 值介于–250～0 mV，ORP 仪显示数据与上述范围偏离过大时，则视为数据异常。

（4）若 ORP 显示数值长时间不变化，则应视为数据异常。

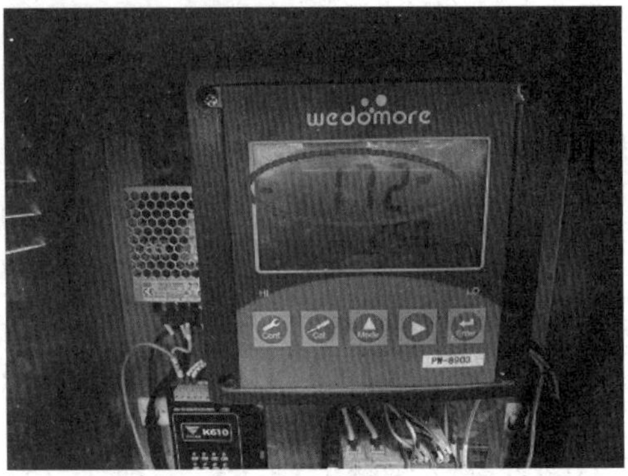

图 3.4-3　氧化还原电位计显示

四、注意事项

（1）如果仪表显示数据异常，首先检查仪表探头是否需要清洁维护，或者水质采样装置运行是否正常。

（2）打开仪表箱时切勿触碰电气开关和裸露接线头，防止触电。

任务小结

通过学习生化池巡检点关联设备的巡检作业，掌握了设备巡检点及关联设备的概念；通过学习生化池潜水搅拌/推流器巡检作业，掌握判断设备运行状态及上传异常状态信息的方法；通过学习生化池溶解氧仪、氧化还原电位计巡检作业，掌握判断水质监测仪表示数异常的方法。

任务练习

（1）溶解氧仪显示数据有哪些异常？

（2）氧化还原电位计显示数据有哪些异常？

项目六

水质指标监测

学习目标

一、知识目标

掌握便携式化验仪器的测定方法、主要水质指标的测定方法及化验测量数据与在线仪表数据比对校验的方法，了解便携式化验仪器的清洁维护和比对核验、主要水质指标测定的注意事项及对化验测量异常数据的处理方法。

二、技能目标

掌握使用便携式仪器进行现场监测、核验现场仪表，对其进行清洁维护与比对校验；掌握按规范方法测定水样的化学需氧量、高锰酸盐指数、总氮、总磷及细菌学指标；掌握对化验测量数据和在线仪表数据进行比对校验，并对化验测量异常数据进行处理。

项目综述

本项目包括三个工作任务，分别是便携式化验仪器使用、样品分析和数据处理。

任务1　便携式化验仪器使用

任务目的

（1）掌握便携式溶解氧测定仪检测生化池中溶解氧的方法。

（2）掌握便携式仪器校验现场在线仪表的方法。

（3）掌握便携式仪器清洁维护的方法。

（4）掌握便携式仪器比对校验的方法。

任务综述

本任务包括四个子任务，分别是便携式溶解氧测定仪的使用、便携式水质测定仪器校验现场在线仪表、便携式水质测定仪器的清洁维护、便携式水质测定仪器的比对校验。

专业知识

1. 氧在水中的溶解度与水温和含盐量的函数关系

标准大气压（101.325 kPa）下，在水蒸气饱和、含氧体积分数为20.94%的空气存在时，纯水中氧的理论质量浓度$\rho(O)_s$，以每升纯水中氧的毫克数表示，见表1-1。

水中氧的溶解度随着含盐量的增加而减少，总盐量在35 g/kg以下时，二者呈线性关系。

水温为t℃（0～39℃，间隔为1℃）、水中含盐量（以NaCl计）每变化1 g/kg时，水中溶解氧的修正因子$\Delta\rho(O)_s$，见表1-1。该修正因子适用于海水或港湾水，使用上述修正值能给盐水中的溶解氧计算结果带来约1%的误差。

表 1-1 氧在水中的溶解度与水温和含盐量的函数关系

温度/℃	在标准大气压（101.325 kPa）下溶解氧的理论质量浓度 $\rho(O)_s$/（mg/L）	水中含盐量每增加 1 g/kg 时溶解氧的理论质量浓度的修正值 $\Delta\rho(O)_s$/［（mg/L）/（g/kg）］	温度/℃	在标准大气压（101.325 kPa）下溶解氧的理论质量浓度 $\rho(O)_s$/（mg/L）	水中含盐量每增加 1 g/kg 时溶解氧的理论质量浓度的修正值 $\Delta\rho(O)_s$/［（mg/L）/（g/kg）］
0	14.62	0.087 5	21	8.91	0.046 4
1	14.22	0.084 3	22	8.74	0.045 3
2	13.83	0.081 8	23	8.58	0.044 3
3	13.46	0.078 9	24	8.42	0.043 2
4	13.11	0.076 0	25	8.26	0.042 1
5	12.77	0.073 9	26	8.11	0.040 7
6	12.45	0.071 4	27	7.97	0.040 0
7	12.14	0.069 3	28	7.83	0.038 9
8	11.84	0.067 1	29	7.69	0.038 2
9	11.56	0.065 0	30	7.56	0.037 1
10	11.29	0.063 2	31	7.43	
11	11.03	0.061 4	32	7.30	
12	10.78	0.059 3	33	7.18	
13	10.54	0.058 2	34	7.07	
14	10.31	0.056 1	35	6.95	
15	10.08	0.054 5	36	6.84	
16	9.87	0.053 2	37	6.73	
17	9.66	0.051 4	38	6.63	
18	9.47	0.050 0	39	6.53	
19	9.28	0.048 9	40	6.43	
20	9.09	0.047 5			

2．溶解氧与大气压和水温的函数关系

大气压在 50.5～110.5 kPa（间隔为 5 kPa）、温度在 0～40℃（间隔为 1℃）水中氧的溶解度$\rho'(O)_s$，用每升溶解氧的毫克数表示，见表 1-2。

表 1-2　不同大气压和水温条件下氧的溶解度　　单位：mg/L

温度/℃	p_w/kPa	大气压/kPa												
		50.5	55.5	60.5	65.5	70.5	75.5	80.5	85.5	90.5	95.5	100.5	105.5	110.5
0	0.61	7.24	7.97	8.69	9.42	10.15	10.87	11.60	12.32	13.05	13.77	14.50	15.23	15.95
1	0.66	7.04	7.75	8.45	9.16	9.87	10.57	11.28	11.98	12.69	13.40	14.10	14.81	15.52
2	0.71	6.84	7.53	8.22	8.91	9.59	10.28	10.97	11.65	12.34	13.03	13.72	14.40	15.09
3	0.76	6.66	7.33	8.00	8.67	9.33	10.00	10.67	11.34	12.01	12.68	13.35	14.02	14.69
4	0.81	6.48	7.13	7.79	8.44	9.09	9.74	10.39	11.05	11.70	12.35	13.00	13.65	14.31
5	0.87	6.31	6.94	7.58	8.22	8.85	9.49	10.12	10.76	11.39	12.03	12.67	13.30	13.94
6	0.93	6.15	6.77	7.39	8.01	8.63	9.25	9.87	10.49	11.11	11.73	12.35	12.97	13.59
7	1.00	5.99	6.59	7.20	7.80	8.41	9.02	9.62	10.23	10.83	11.44	12.04	12.65	13.25
8	1.07	5.84	6.43	7.02	7.61	8.20	8.79	9.38	9.97	10.56	11.15	11.74	12.33	12.92
9	1.15	5.69	6.27	6.85	7.43	8.00	8.58	9.16	9.73	10.31	10.89	11.46	12.04	12.62
10	1.23	5.56	6.12	6.69	7.25	7.81	8.38	8.94	9.51	10.07	10.63	11.20	11.76	12.32
11	1.31	5.42	5.98	6.53	7.08	7.63	8.18	8.73	9.28	9.84	10.39	10.94	11.49	12.04
12	1.40	5.30	5.84	6.38	6.92	7.45	7.99	8.53	9.07	9.61	10.15	10.69	11.23	11.77
13	1.49	5.17	5.70	6.23	6.76	7.29	7.81	8.34	8.87	9.40	9.93	10.45	10.98	11.51
14	1.60	5.06	5.57	6.09	6.61	7.12	7.64	8.16	8.67	9.19	9.71	10.22	10.74	11.26
15	1.71	4.94	5.44	5.95	6.45	6.96	7.47	7.97	8.48	8.98	9.49	10.00	10.50	11.01
16	1.81	4.83	5.33	5.82	6.32	6.81	7.31	7.80	8.30	8.80	9.29	9.79	10.28	10.78
17	1.93	4.72	5.21	5.69	6.18	6.66	7.15	7.64	8.12	8.61	9.09	9.58	10.07	10.55
18	2.07	4.62	5.10	5.57	6.05	6.53	7.01	7.48	7.96	8.44	8.91	9.39	9.87	10.35
19	2.20	4.52	4.99	5.46	5.93	6.39	6.86	7.33	7.80	8.27	8.73	9.20	9.67	10.14
20	2.81	4.42	4.88	5.34	5.80	6.26	6.72	7.18	7.64	8.10	8.56	9.01	9.47	9.93
21	2.99	4.33	4.78	5.23	5.68	6.13	6.58	7.03	7.48	7.93	8.38	8.84	9.29	9.74
22	3.17	4.24	4.68	5.12	5.57	6.01	6.45	6.90	7.34	7.78	8.22	8.67	9.11	9.55
23	3.36	4.15	4.59	5.02	5.46	5.90	6.33	6.77	7.20	7.64	8.07	8.51	8.94	9.38
24	3.56	4.07	4.50	4.92	5.35	5.78	6.21	6.64	7.06	7.49	7.92	8.35	8.78	9.21
25	3.77	3.98	4.40	4.82	5.25	5.67	6.09	6.51	6.93	7.35	7.77	8.19	8.61	9.03
26	4.00	3.90	4.32	4.73	5.14	5.56	5.97	6.39	6.80	7.21	7.63	8.04	8.46	8.87
27	4.24	3.83	4.23	4.64	5.05	5.46	5.86	6.27	6.68	7.09	7.50	7.90	8.31	8.72
28	4.49	3.75	4.15	4.55	4.95	5.36	5.76	6.16	6.56	6.96	7.36	7.76	8.17	8.57
29	4.76	3.67	4.07	4.46	4.86	5.25	5.65	6.04	6.44	6.83	7.23	7.62	8.02	8.41
30	5.02	3.60	3.99	4.38	4.77	5.16	5.55	5.94	6.33	6.72	7.11	7.50	7.89	8.27
31	5.32	3.53	3.91	4.30	4.68	5.06	5.45	5.83	6.22	6.60	6.98	7.37	7.75	8.13
32	5.62	3.46	3.84	4.21	4.59	4.97	5.35	5.73	6.10	6.48	6.86	7.24	7.62	7.99
33	5.94	3.39	3.76	4.14	4.51	4.88	5.25	5.63	6.00	6.37	6.75	7.12	7.49	7.86
34	6.28	3.33	3.70	4.06	4.43	4.80	5.17	5.54	5.90	6.27	6.64	7.01	7.38	7.75
35	6.62	3.26	3.62	3.99	4.35	4.71	5.07	5.44	5.80	6.16	6.53	6.89	7.25	7.62
36	6.98	3.20	3.55	3.91	4.27	4.63	4.99	5.35	5.71	6.06	6.42	6.78	7.14	7.50
37	2.81	3.13	3.49	3.84	4.19	4.55	4.90	5.26	5.61	5.96	6.32	6.67	7.03	7.38
38	2.99	3.07	3.42	3.77	4.12	4.47	4.82	5.17	5.52	5.87	6.22	6.57	6.92	7.27
39	3.17	3.01	3.36	3.70	4.05	4.40	4.74	5.09	5.43	5.78	6.13	6.47	6.82	7.17
40	7.37	2.95	3.29	3.64	3.98	4.32	4.66	5.00	5.35	5.69	6.03	6.37	6.72	7.06

任务实施

子任务 1.1　便携式溶解氧测定仪的使用

一、任务目的

（1）熟悉覆膜电极法、荧光法便携式溶解氧测定仪的原理。

（2）掌握便携式溶解氧测定仪的操作方法。

二、准备工作

便携式溶解氧测定仪主要有覆膜电极法和荧光法，方法原理如下：

1．知识准备

1）覆膜电极法

覆膜电极法根据氧分子透过选择性薄膜的扩散速率来测定水中溶解氧的含量。覆膜电极法溶解氧测定仪探头内有一个用选择性薄膜封闭的小室，室内有两个金属电极并充有电解质。氧和一定数量的其他气体及亲液物质可透过这层薄膜，但水和可溶性物质的离子几乎不能透过这层膜。

覆膜电极法可分为电流式和极谱式两种。

电流式的原理为将探头浸入水中时，由于电池作用在两个电极间产生电位差，使金属离子在阳极进入溶液，同时氧气通过薄膜扩散在阴极获得电子被还原，产生的电流与穿过薄膜和电解质层的氧的传递速度成正比，即在一定的温度下该电流与水中氧的分压（或浓度）成正比。

极谱式的原理为将探头浸入水中时，通过外加电压使两个电极间产生电位差，使阳极被氧化，同时氧气通过薄膜扩散在阴极获得电子被还原，产生的电流与穿过薄膜和电解质层的氧的传递速度成正比，即在一定的温度下该电流与水中氧的分压（或浓度）成正比。

2）荧光法

荧光法根据氧分子对荧光物质的猝灭效应原理来测定水中溶解氧的含量。荧光法溶解氧测定仪探头前端是复合了荧光物质的箔片，表面涂了一层黑色的隔光材料以避免日光和水中其他荧光物质的干扰，探头内部装有激发光源及感光部件。蓝光照射到荧光物质上使荧光物质激发并发出红光，由于氧分子可以带走能量从而降低荧光强度（猝灭效应），在一定的温度下，激发红光的时间和强度与氧分子的浓度成反比。通过测量激发红光与参比光的相位差，并与内部标定值对比，可以计算氧分子的浓度。

2．仪器、试剂准备

以下所用试剂均为符合国家标准的分析纯化学试剂，实验用水为新制备的去离子水或蒸馏水。

（1）便携式溶解氧测定仪：仪器测量范围为 0～20 mg/L，最小分度值≤0.1 mg/L。

（2）二价钴盐溶液：称取 0.1 g 六水合氯化钴（Ⅱ）（$CoCl_2·6H_2O$）或其他二价钴盐，用 1%盐酸溶解后，移至 100 mL 容量瓶中，加 1%盐酸定容至标线，混匀待用。

（3）无氧水：在室温条件下将约 25 g 的亚硫酸钠（Na_2SO_3）溶于蒸馏水，加蒸馏水至 500 mL，加入少量（1～2 滴）二价钴盐溶液，临用现配。

（4）饱和溶氧水：在指定温度条件下，以 1 L/min 的流量将空气通入蒸馏水曝气 2 h 以上，使其中的溶解氧达到饱和，并静置一段时间使溶解氧达到稳定。

注：通常 200 mL 水需要静置 5～10 min，500 mL 水需要静置 10～20 min，必要时使用《水质　溶解氧的测定　碘量法》（GB 7489—87）判断其是否饱和。

（5）水饱和的空气

在干净的 250 mL 细口瓶中加入约 10 mL 的蒸馏水，盖上瓶盖，快速摇晃 30 s，之后在室温下平衡 30 min，使溶解氧达到稳定。

注：在平衡的条件下，被空气饱和的水中，氧的分压等于被水饱和的空气中氧的分压。因此，探头在水中校准和在空气中校准是一样的。

三、方法步骤

1．校准

（1）零点校准：视仪器型号而定，如需零点校准，将探头浸入无氧水，将指示值调整为零点。

（2）饱和溶解氧校准：将探头浸入饱和溶氧水并轻轻摆动（荧光法仪器无需摆动），或将探头放入水饱和的空气中，待显示值稳定后，测定饱和溶氧水或水饱和的空气的温度（准确至±0.1℃），通过仪器自动进行温度补偿，或根据氧在水中的溶解度与水温的函数关系，对仪器读数进行温度校正。

2. 测定

将探头浸入样品，不能有空气泡截留在膜上，停留足够的时间，待探头温度与水温达到平衡，且数字显示稳定时读数。必要时，根据所用仪器的型号及对测量结果的要求，检验水温、气压或含盐量，并对测量结果进行校正。

（1）覆膜电极法溶解氧测定仪探头的膜接触样品时，样品要保持一定的流速，防止与膜接触的瞬间将该部位样品中的溶解氧耗尽，使读数发生波动。

显示值一般随试样的流速变化而变化，应按照生产商规定的方法使探头表面的液体流速（通常不低于 0.3 m/s）保持恒定。若水流速低于 0.3 m/s，需在水样中往复移动探头，或者取分散样品进行测定。

（2）荧光法溶解氧测定仪传感器不消耗氧气，因此没有流速和搅动的要求，也不受硫化物等物质的干扰。

（3）溶解氧的浓度随大气压的变化而不同。测量时，若实际大气压偏离标准大气压，应进行气压补偿。通过仪器自动进行压力补偿，或根据水中溶解氧与大气压和水温的函数关系，对仪器读数进行压力校正。

四、注意事项

（1）水中存在的一些氯、二氧化硫、硫化氢、胺、氨、二氧化碳、溴和碘等物质，通过膜扩散影响被测电流，干扰覆膜电极法仪器的测定结果。水样中的其他物质，如溶剂、油类、硫化物、碳酸盐和藻类等可能堵塞薄膜，引起薄膜损坏和电极腐蚀，影响被测电流而干扰测定。

（2）由于覆膜电极法仪器测量时会消耗溶解氧，因此当样品接触探头时，应保持一定的流速，以防止接触瞬间测量部位的溶解氧耗尽而出现错误的读数。同时，应避免样品的流速过快以免引入空气而使读数发生波动，具体要求参照仪器制造厂家的说明。

（3）探头浸入样品中时，应保证没有空气泡截留在膜片或保护罩上。

（4）零点校准后，若探头上因无氧水没有清除干净，而变得反应迟缓或读数不准确时，应将探头放入清水中清洗，确保示值恢复正常。

子任务 1.2　便携式水质测定仪器校验现场在线仪表

一、任务目的

（1）熟悉测定 pH、化学需氧量（COD）、氨氮（NH_3-N）、总磷（TP）、总氮（TN）等参数的便携式水质测定仪器原理。

（2）掌握使用便携式水质测定仪器校验水质在线监测系统获取的 pH、COD、NH_3-N、TP、TN 的操作方法。

二、准备工作

1．知识准备

（1）便携式 pH 计方法原理

pH 测量常用复合电极法，其测量值由测量电池的电动势而得。该电池通常由参比电极和氢离子指示电极组成。溶液每变化 1 个 pH 单位，在同一温度下电位差的改变是常数，因此在仪器上直接以 pH 的读数表示。

（2）便携式 COD、NH_3-N、TP、TN 测定仪方法原理

便携式 COD、NH_3-N、TP、TN 测定仪，通常采用以下方法：COD 测定采用重铬酸盐法，NH_3-N 测定采用纳氏试剂分光光度法，TP 测定采用钼酸铵分光光度法，TN 测定采用碱性过硫酸钾消解紫外分光光度法。

具体方法原理以选用的便携式水质测定仪器为准。

2．仪器、试剂准备

（1）便携式 pH 计：仪器精度为 0.01 个 pH 单位，具有自动温度补偿功能。

（2）pH 标准缓冲溶液：购买市售合格标准缓冲溶液或按照《水质　pH 值的测定　电极法》（HJ 1147—2020）自行配制。

（3）便携式 COD、NH_3-N、TP、TN 测定仪：选择符合国家或行业标准的仪器，选用仪器厂家配套的试剂。

三、方法步骤

（一）便携式 pH 计校验 pH 水质在线分析仪

1. 便携式 pH 计的操作要点

1）校准溶液的选择

根据样品的 pH 大小选择两种合适的校准用标准缓冲溶液。两种标准缓冲溶液 pH 相差约 3 个 pH 单位。样品 pH 尽量在两种标准缓冲溶液 pH 范围之间，若超出范围，样品 pH 至少与其中一个标准缓冲溶液 pH 之差不超过 2 个 pH 单位。

2）校准方法

采用两点校准法，按照仪器说明书选择校准模式，先用中性（或弱酸、弱碱）标准缓冲溶液，再用酸性或碱性标准缓冲溶液校准。具体步骤如下：

（1）将电极浸入第一个标准缓冲溶液，缓慢水平搅拌，避免产生气泡，待读数稳定后，调节仪器示值与标准缓冲溶液的 pH 一致。

（2）用蒸馏水冲洗电极并用滤纸边缘吸去电极表面水分，将电极浸入第二个标准缓冲溶液中，缓慢水平搅拌，避免产生气泡，待读数稳定后，调节仪器示值与标准缓冲溶液的 pH 一致。

（3）重复（1）操作，待读数稳定后，仪器的示值与标准缓冲溶液的 pH 之差应不大于 0.05 个 pH 单位，否则重复步骤（1）和（2），直至合格。

注：也可采用多点校准法，按照仪器说明书操作。

3）温度补偿

按照仪器说明书进行温度补偿。

4）样品测定

用蒸馏水冲洗电极并用滤纸边缘吸去电极表面水分，根据使用的仪器取适量样品或直接测定。待读数稳定后记录 pH。具有自动读数功能的仪器可直接读取数据。每个样品测定后用蒸馏水冲洗电极。

5）结果表示

测定结果保留小数点后 1 位，并注明样品测定时的温度。

2. 校验要求

每月至少进行 1 次实际水样比对试验，如果比对结果不符合表 1.2-1 的要求，应对 pH 水质在线分析仪进行校准，校准完成后需再次进行比对，直至合格。按照《水污染源在线监测系统（COD、NH_3-N 等）安装技术规范》（HJ 353—2019）规定的水样采集口采集实际废水样品，采用 pH 水质在线分析仪与便携式 pH 计分别对相同的水样进行分析，计算 pH 水质在线分析仪测量值与便携式 pH 计测定值的绝对误差，其结果应符合表 1.2-1 的规定。

表 1.2-1　水污染源在线监测仪器运行技术指标

仪器类型	技术指标要求	试验指标限值	样品数量要求
COD 水质在线分析仪	采用浓度约为现场工作量程上限值 0.5 倍的标准样品	±10%	1
	实际水样 COD＜30 mg/L（用浓度为 20～25 mg/L 的标准样品替代实际水样进行测试）	±5 mg/L	比对试验总数应不少于 3 对。当比对试验数量为 3 对时，应至少有 2 对满足要求；4 对时，应至少有 3 对满足要求；5 对以上时，至少需 4 对满足要求
	30 mg/L≤实际水样 COD＜60 mg/L	±30%	
	60 mg/L≤实际水样 COD＜100 mg/L	±20%	
	实际水样 COD≥100 mg/L	±15%	
NH_3-N 水质在线分析仪	采用浓度约为现场工作量程上限值 0.5 倍的标准样品	±10%	1
	实际水样氨氮＜2 mg/L（用浓度为 1.5 mg/L 的标准样品替代实际水样进行测试）	±0.3 mg/L	同化学需氧量比对试验数量要求
	实际水样氨氮≥2 mg/L	±15%	
TP 水质在线分析仪	采用浓度约为现场工作量程上限值 0.5 倍的标准样品	±10%	1
	实际水样总磷＜0.4 mg/L（用浓度为 0.2 mg/L 的标准样品替代实际水样进行测试）	±0.04 mg/L	同化学需氧量比对试验数量要求
	实际水样总磷≥0.4 mg/L	±15%	
TN 水质在线分析仪	采用浓度约为现场工作量程上限值 0.5 倍的标准样品	±10%	1
	实际水样总氮＜2 mg/L（用浓度为 1.5 mg/L 的标准样品替代实际水样进行测试）	±0.3 mg/L	同化学需氧量比对试验数量要求
	实际水样总氮≥2 mg/L	±15%	
pH 水质在线分析仪	实际水样比对	±0.5	1
温度计	现场水温比对	±0.5℃	1

（二）便携式 COD、NH_3-N、TP、TN 测定仪校验水质在线分析仪

1．便携式 COD、NH_3-N、TP、TN 测定仪的操作要点

不同型号仪器操作有所差异，具体要求按照仪器说明书进行。

1）COD 测定的操作要点

（1）打开仪器电源，开机预热。

（2）根据测定水样 COD 值的不同，选择对应曲线及确定应取水样体积和所需加入的试剂。

（3）空白样品和待测样品制备：分别吸取蒸馏水和一定体积的水样，加入清洗干净的消解管中，分别加入 COD 测定试剂，将消解管具塞摇匀。

（4）设定消解仪温度、消解时间，待消解仪温度达到设定温度后，将消解管依次插入消解炉孔内，盖上防护罩，仪器自动定时消解，消解完毕后蜂鸣器报警。

（5）取出消解管至试管架，冷却至室温后，将消解管擦拭干净，等待测量。

（6）将擦拭干净后的消解管在对应曲线下先测定空白值，再测定水样的 COD 值，记录监测的数据。

（7）测定完成后，将消解管清洗干净，以免管内残留其他物质影响下次测定。

2）NH_3-N、TP、TN 测定的操作要点

参照测定 COD 的操作要点。根据 NH_3-N、TP、TN 的测定值，选择对应曲线及确定应取水样体积和所需加入的试剂。不同的是，NH_3-N 的测定不需要进行消解；TP、TN 的测定，按照仪器说明书选择消解温度、消解时间等。

2. 校验要求

（1）应每月至少进行一次实际水样比对试验。试验结果应满足表 1.2-1 中规定的指标要求，实际水样比对试验的结果不满足表 1.2-1 中规定的指标要求时，应对仪器进行校准和标准溶液验证后再次进行实际水样比对试验。

（2）第二次实际水样比对试验结果仍不符合表 1.2-1 规定时，仪器应进入维护状态，同时此次实际水样比对试验至上次仪器自动校准或自动标样核查期间所有的数据按照《水污染源在线监测系统（COD、NH_3-N 等）数据有效性判别技术规范》（HJ 356—2019）的相关规定执行。

（3）仪器维护时间超过 6 h 时，应采取人工监测的方法向相应生态环境主管部门报送数据，数据报送每天不少于 4 次，间隔不得超过 6 h。

（4）按照 HJ 353 规定的水样采集口采集实际废水排放样品，采用水质在线分析仪，便携式 COD、NH_3-N、TP、TN 测定仪分别对相同的水样进行分析，两者测量结果组成一个测定数据对，至少获得 3 个测定数据对。计算实际水样比对试验的绝对误差或相对误差，其结果应符合表 1.2-1 的规定。

四、注意事项

1. 便携式 pH 计

（1）使用过的标准缓冲溶液不允许再倒回原瓶中。

（2）为减少空气中酸碱性气体的溶入，或样品中相应物质的挥发，测定前不应提前打开采样瓶。

（3）测量 pH 时，样品溶液应适当进行搅拌，以使溶液均匀和达到电化学平衡；读数时应停止搅动，静置片刻，读数稳定时记录数据。

（4）如有特殊需求时，可根据需要及仪器的精度，确定结果的有效数字位数。

2．便携式 COD、NH_3-N、TP、TN 测定仪

（1）空白、标样、样品的消解管及管盖应固定，以减少操作带来的误差。

（2）消解前必须旋紧消解管盖并摇匀，如有漏液，则不能放入消解仪中，以免漏出腐蚀仪器。

（3）消解时切记罩好防护罩，消解过程中及消解刚结束时不得打开防护罩，以免受到伤害。

（4）水样消解后若有少量沉淀，比色时不要摇动消解比色管，以免沉淀上浮，造成结果偏差。

（5）根据被测样品的 COD 浓度值大小，选用低量程、中量程、高量程等对应的标准曲线。

（6）测定 COD 所用的试剂中含有强酸，切勿直接接触以免受到伤害。测定结束后，废液应分类收集，集中处理。

（7）水样中的干扰因子及消除方法，参考 COD、NH_3-N、TP、TN 测定的标准分析方法。

子任务 1.3　便携式水质测定仪器的清洁维护

一、任务目的

（1）掌握便携式 pH 计的清洁维护方法。

（2）掌握便携式溶解氧测定仪的清洁维护方法。

（3）掌握便携式 COD、NH_3-N、TP、TN 测定仪的清洁维护方法。

二、准备工作

（1）便携式 pH 计：仪器精度为 0.01 个 pH 单位，具有自动温度补偿功能。

（2）便携式溶解氧测定仪：仪器测量范围为 0～20 mg/L，最小分度值≤0.1 mg/L。

（3）便携式 COD、NH_3-N、TP、TN 测定仪：选择符合国家或行业标准的仪器，选用仪器厂家配套的试剂。

三、方法步骤

便携式水质测定仪由使用人按说明书或操作规程的要求，对所使用的仪器进行常规维护保养，并填写仪器的维护保养记录。

1．便携式 pH 计的清洁维护

（1）便携式 pH 计的复合电极组成不同，浸泡方式会有不同。有些电极需要用蒸馏水浸泡，有些电极需要用外参比补充液浸泡，应按照仪器说明书操作。

（2）取下电极保护套后，应避免电极的敏感玻璃泡与硬物接触；测量结束，应及时将电极保护套套上。电极套内放少量蒸馏水或外参比补充液，具体要求按照仪器说明书操作。

（3）测定强碱性溶液时，应尽快操作，测定后立即用水清洗，以免碱液腐蚀玻璃膜。

（4）被测溶液中含有易污染敏感球泡、堵塞液接界的物质时，会使电极钝化，出现斜率降低、显示读数不准确的现象。若出现此现象，则应根据污染物的性质，用适当的溶液清洗。

（5）电极受到污染时，可用低于 1 mol/L 的稀盐酸溶液溶解无机盐垢。

（6）电极的引出端和信号输入端需保持清洁干燥。

（7）注意仪器的检定校准周期，仪器检定校准周期通常为 1 年。

2．便携式溶解氧测定仪的清洁维护

1）覆膜电极法

（1）若膜片和探头上有污染物，会引起测量误差，须定期进行清洗。清洗时应将探头放入清水中涮洗，注意不要损坏膜片。

（2）经常使用的探头建议存放在存有蒸馏水或吸水物（吸满蒸馏水）的储存帽中（但探头不应浸入水中），以保持膜片的湿润。干燥的膜片在使用前应该用蒸馏水湿润活化。任何时候都不得用手触摸膜片的活性表面。

（3）膜片被损坏、污染或到达更换周期时，需要更换膜片并填充新的电解液。更换膜片和电解液之后，需要对仪器进行校准。

（4）极谱式溶解氧测定仪探头在第一次使用、长时间未开机或更换电极时，应进行极化，具体要求参照仪器制造厂家的说明书。

2）荧光法

（1）探头上有污染物，会引起测量误差，须定期进行清洗。清洗时应将探头放入清

水中涮洗，注意不要损坏探头表面涂层。

（2）探头应在干燥条件下保存，储存帽中放置干燥剂，并及时更换。

（3）禁止使用有机溶剂擦拭或浸泡探头。

3．便携式 COD、NH_3-N、TP、TN 测定仪的清洁维护

（1）消解比色管必须保持洁净，避免用手触及透光面，消解管置入比色计前若管外壁挂有溶液，应用软纸或软布擦拭干净，以免造成零点漂移及腐蚀仪器。

（2）消解比色管壁若有明显划痕，需及时更换消解管，以免造成读数不准确或不稳定。

（3）消解比色管应定期更换，以免长期消解使消解管老化，影响消解的安全性和样品测定的准确性。

（4）分光光度计、显示屏等进行清洁时，使用蘸有酒精或专用清洁剂的软布轻轻擦拭。

（5）注意仪器的检定校准周期，仪器检定校准周期通常不超过 1 年。

四、注意事项

（1）便携式水质测定仪在使用过程中或“运行检查”时，发现仪器偏离校准状态，如出现故障、损坏、达不到使用要求等情况时，应立即停止使用，并在仪器上贴相应标识以防误用，有条件的可隔离存放，并在仪器设备使用记录中予以记录。

（2）便携式水质测定仪偏离校准状态时，应及时联系售后工程师进行维修。必要时应追溯核查（检查、评价）仪器设备偏离校准状态对过去的检测所造成的影响和范围。

子任务 1.4　便携式水质测定仪器的比对校验

一、任务目的

（1）熟悉测定水质 pH、DO、COD、NH_3-N、TP、TN 等参数的实验室分析方法标准。

（2）掌握比对校验便携式水质测定仪器的操作方法。

二、准备工作

1．知识准备

测定水样 pH、DO、COD、NH_3-N、TP、TN 等参数的实验室分析方法标准，见表 1.4-1。

表 1.4-1　水样实验室分析方法标准

项目	分析方法	标准号
COD	《水质　化学需氧量的测定　重铬酸盐法》	HJ 828—2017
	《高氯废水　化学需氧量的测定　氯气校正法》	HJ/T 70—2001
NH_3-N	《水质　氨氮的测定　纳氏试剂分光光度法》	HJ 535—2009
	《水质　氨氮的测定　水杨酸分光光度法》	HJ 536—2009
TP	《水质　总磷的测定　钼酸铵分光光度法》	GB 11893—89
TN	《水质　总氮的测定　碱性过硫酸钾消解紫外分光光度法》	HJ 636—2012
pH	《水质　pH 值的测定　电极法》	HJ 1147—2020
溶解氧	《水质　溶解氧的测定　碘量法》	GB 7489—87
	《水质　溶解氧的测定　电化学探头法》	HJ 506—2009

2. 仪器、试剂准备

（1）便携式 pH 计：仪器精度为 0.01 个 pH 单位，具有自动温度补偿功能。

（2）pH 标准缓冲溶液：购买市售合格标准缓冲溶液或按照《水质　pH 值的测定　电极法》（HJ 1147—2020）自行配制。

（3）便携式溶解氧测定仪：仪器测量范围为 0～20 mg/L，最小分度值≤0.1 mg/L。

（4）便携式 COD、DO、NH_3-N、TP、TN 测定仪：选择符合国家或行业标准的仪器，选用仪器厂家配套的试剂。

（5）表 1.4-1 所列的分析方法标准中需要的仪器、试剂。

三、方法步骤

1. 便携式 pH 计的校验要点

（1）按照仪器说明书采用两点或多点校准后，等待 1 min，进入校准菜单；在 30 s 内读数的变化不超过 1%，可视为稳定，开始进行校准。

（2）检查 pH 读数和 pH 的 mV 值：

当 pH = 7.0 时，mV 值在−30～+30 为合格。

当 pH = 4.0 时，mV 值应在 180±30。

当 pH = 10.0 时，mV 值应在−180±30。

（3）pH 测试范围：0～14。

（4）准确度：±0.2。

（5）分辨率：0.01。

2. 便携式溶解氧测定仪的校验要点

选择 3 种或 3 种以上实际水样，其浓度分别覆盖低浓度（0～2 mg/L）、中浓度（2～

5 mg/L）和高浓度（>6 mg/L），分别以便携式溶解氧测定仪与 GB 7489 或 HJ 506 进行比对实验，每种水样用便携式仪器测量次数应不少于 6 次，用 GB 7489 或 HJ 506 测量次数应不少于 3 次，在不同质量浓度区间分别计算每种实际水样误差绝对值的平均值 $\Delta\bar{\rho}(\mathrm{O})_{\mathrm{A}}$，作为仪器实际水样比对检测误差的判定值，计算公式如下：

$$\Delta\bar{\rho}(\mathrm{O})_{\mathrm{A}}=\frac{\sum_{i=1}^{n}\left|\rho(\mathrm{O})_i-\bar{\rho}(\mathrm{O})_{\mathrm{B}}\right|}{n}$$

式中，$\Delta\bar{\rho}(\mathrm{O})_{\mathrm{A}}$ 为仪器测量相对误差绝对值的平均值，mg/L；$\rho(\mathrm{O})_i$ 为仪器第 i 次测量值，mg/L；$\bar{\rho}(\mathrm{O})_{\mathrm{B}}$ 为用 GB 7489 或 HJ 506 测得溶解氧的平均值，mg/L；n 为测量次数。

实际水样比对误差应小于等于 0.6 mg/L。

3．便携式 COD、NH_3-N、TP、TN 测定仪的校验要点

采用配对样品 t 检验，判定便携式 COD、NH_3-N、TP、TN 测定仪的测定结果和标准分析方法的测定结果，是否具有显著差异，具体方法如下：

（1）对每类实际样品采集至少 7 个浓度（含量）水平接近的样品，分别采用便携式测定仪和标准分析方法进行测定，获得至少 7 组配对测定数据。对每个浓度（含量）样品，采用便携式测定仪和标准分析方法分别进行平行双样测定，以平行双样测定的平均值分别作为便携式测定仪的测定值和标准分析方法的测定值。

（2）计算便携式测定仪测定值和标准分析方法测定值的差值，即为该浓度（含量）样品测定结果的配对差值（d）。当无法获得足够实际样品量时，可采用实际样品基体加标的方式获得至少 7 组配对测定数据。

（3）计算 t 检验统计量，公式如下：

$$t=\frac{\bar{d}}{S_d/\sqrt{n}}\sim t_{(n-1,\,0.95)}$$

式中，$\bar{d}$ 为配对差值的算术平均值；S_d 为配对差值的标准差；n 为样品数量。

（4）若双侧检验 $P<\alpha$（显著性水平）=0.05，则便携式测定仪和标准分析方法的测定结果有显著差异；反之，则没有显著差异。

四、注意事项

（1）便携式水质测定仪在投入使用前，应采用核查、检定或校准等方式，以确认其是否满足检验检测的要求。

（2）所有需要检定、校准或有有效期的设备，应使用标签、编码或以其他方式标识，以便使用人员易于识别检定、校准的状态或有效期。

（3）检验检测设备，包括硬件和软件设备应得到保护，以避免出现致使检验检测结果失效的调整。

任务小结

通过对便携式水质测定仪器相关知识的学习，掌握便携式溶解氧测定仪、便携式 pH 计、便携式 COD、NH_3-N、TP、TN 测定仪等便携式仪器的测定原理和操作规程，能使用便携式溶解氧仪检测生化池中溶解氧，能使用便携式 pH 计、便携式 COD、NH_3-N、TP、TN 测定仪校验现场在线仪表，能正确对便携式水质测定仪器进行清洁维护，能使用便携式水质测定仪器和实验室分析方法标准进行比对校验。

任务练习

（1）便携式溶解氧测定仪根据测定原理的不同，主要有哪两类仪器？

（2）如何对便携式溶解氧测定仪进行校准？

（3）覆膜电极法溶解氧测定仪和荧光法溶解氧测定仪测定溶解氧时，操作上的异同点有哪些？

（4）如何对便携式 pH 计进行校准？

（5）简述便携式 COD、NH_3-N、TP、TN 测定仪的操作要点。

（6）简述便携式 pH 计的电极清洁维护要点。

（7）简述便携式溶解氧测定仪的探头清洁维护要点。

（8）简述便携式 COD、NH_3-N、TP、TN 测定仪的消解比色管清洁维护要点。

（9）简述使用便携式仪器校验水质在线监测系统获取的 pH、COD、NH_3-N、TP、TN 的校验要求。

（10）简述便携式 pH 计的校验要点。

（11）简述便携式溶解氧仪的校验要点。

（12）简述便携式 COD、NH_3-N、TP、TN 测定仪的校验要点。

（13）简述便携式 pH 计、便携式溶解氧测定仪、便携式 COD、NH_3-N、TP、TN 测定仪等便携式水质测定仪的检定（校准）周期。

任务 2　样品分析

任务目的

（1）掌握氧化还原滴定法测定水中高锰酸盐指数和化学需氧量的方法。

（2）掌握分光光度法测定水中总氮和总磷的方法。

（3）掌握平皿计数法测定细菌总数和多管发酵法测定大肠菌群的方法。

任务综述

本任务包括四个子任务，分别是氧化还原滴定法测定水中高锰酸盐指数和化学需氧量，碱性过硫酸钾消解紫外分光光度法测定水中总氮，钼酸铵分光光度法测定水中总磷，以及细菌总数、总大肠菌群和粪大肠菌群的测定。

专业知识

（1）水是人类赖以生存、生活和生产的重要物质之一。人类生活和生产活动会产生大量的生活污水和工业废水，其未经处理或处理不完善而排入天然水体，在一定程度上造成江、河、湖（库）、海洋以及地下水等的污染。依据污染的性质，水污染主要分为化学型、物理型、生物型污染。化学型污染是指排入水体的无机化合物和有机化合物造成的水体污染。物理型污染是水的浊度、温度和颜色发生改变，水面的漂浮油膜及水中含有的放射性物质增加等物理因素造成的水体污染。生物型污染是指排入水体的某些细菌和污水微生物等造成的水体污染。

（2）水质监测指标主要有理化指标、营养盐及有机综合指标、无机阴离子指标、金属及其化合物指标、细菌学监测指标等。其中，理化指标主要有水温、pH、悬浮物、电导率、浊度、色度、透明度、臭与味等。营养盐指标主要有氨氮、硝酸盐氮、亚硝酸盐氮、总氮、总磷等。有机综合指标主要有溶解氧、高锰酸盐指数、化学需氧量、生物化学需氧量、总有机碳、总需氧量等。无机阴离子指标主要有硫化物、氰化物、硫酸盐、总氯、氯化物和氟化物等。细菌学监测指标主要有细菌总数、粪大肠菌群、总大肠菌群等。

（3）酸性高锰酸钾法测定水中高锰酸盐指数的方法原理：在水样中加入硫酸使之呈酸性后，加入一定量的高锰酸钾溶液并加热，使其与水中的有机物质反应，过量的高锰酸钾用过量的草酸钠溶液还原，再用高锰酸钾回滴过量的草酸钠，计算求出高锰酸盐指数。

（4）重铬酸盐法测定水中化学需氧量的方法原理：在强酸性溶液中，用一定量的重铬酸钾氧化水样中还原性物质，过量的重铬酸钾以试亚铁灵作指示剂，用硫酸亚铁铵溶液回滴。根据硫酸亚铁铵的用量计算出水样中还原性物质消耗的氧量。

（5）碱性过硫酸钾消解紫外分光光度法测定水中总氮的方法原理：在 60℃以上水溶液中，过硫酸钾分解产生硫酸氢钾和原子态氧，分解出的原子态氧在 120～124℃下，可使水样中含氮化合物的氮元素转化为硝酸盐，消解后的溶液用紫外分光光度计于 220 nm 与 275 nm 波长处测量吸光度，按公式 $A = A_{220} - 2A_{275}$ 计算吸光度值，从而计算总氮的含量。

（6）钼酸铵分光光度法测定水中总磷的方法原理：在酸性介质中，正磷酸盐与钼酸铵反应，在锑盐存在下生成磷钼杂多酸，立即被抗坏血酸 Vc 还原，生成蓝色的络合物，通常称磷钼蓝，该络合物颜色深浅与吸光度值成正比。

（7）营养琼脂的成分：蛋白胨 10 g，牛肉膏 3 g，氯化钠 5 g，琼脂 10～20 g，蒸馏水 1 000 mL。将上述成分混合后，加热溶解，调整 pH 为 7.4～7.6，分装于玻璃容器中，经 121℃灭菌 20 min，储存于冷暗处备用。

乳糖蛋白胨培养基成分：蛋白胨 10 g，牛肉膏 3 g，乳糖 5 g，氯化钠 5 g，1.6%溴甲酚紫乙醇溶液 1 mL，蒸馏水 1 000 mL，将除了溴甲酚紫乙醇溶液的成分溶解于 1 000 mL 蒸馏水中，调节 pH 为 7.2～7.4，再加入溴甲酚紫乙醇溶液 1 mL，充分混匀，分装于含有倒置小玻璃管的试管中，经 115℃灭菌 20 min，储存于冷暗处备用。

伊红美蓝培养基成分：蛋白胨 10 g，乳糖 10 g，磷酸氢二钾 2.0 g，琼脂 20 g，2%伊红水溶液 20 mL，0.5%美蓝水溶液 13 mL，蒸馏水 1 000 mL。将上述成分混合后，加热溶解，调整 pH 为 7.2～7.4，分装于玻璃容器中，经 121℃灭菌 20 min，储存于冷暗处备用。

EC 培养基成分：胰蛋白胨 20 g，乳糖 5 g，胆盐三号 1.5 g，磷酸氢二钾 4 g，磷酸二氢钾 1.5 g，氯化钠 5 g，蒸馏水 1 000 mL。将上述成分加热溶解，充分混匀，分装于含有倒置的玻璃倒管的试管中。经 115℃灭菌 20 min，灭菌后 pH 应为 6.9。

（8）总大肠菌群是指那些能在 37℃下于 48 h 之内发酵乳糖产酸产气的、需氧及兼性厌氧的革兰氏阴性的无芽孢杆菌。其主要包括埃希氏菌属、柠檬酸杆菌属、肠杆菌属、克雷伯氏菌属等。粪大肠菌群是总大肠菌群中的一部分，主要来自粪便。在 44.5℃下能生长并发酵乳糖产酸产气的大肠菌群称为粪大肠菌群。用提高培养温度的方法，营造不利于来自自然环境的大肠菌群生长的条件，使培养出来的菌主要为来自粪便中的大肠菌群，从而更准确地反映水质受粪便污染的情况。

（9）多管发酵法是以最可能数（most probable number，MPN）来表示试验结果的。实际上它是根据统计学理论，估计水体中的大肠杆菌密度和卫生质量的一种方法。如果从理论上考虑，并且进行大量的重复检定，可以发现估计结果有大于实际数字的倾向。不过只要每一稀释度试管重复数目增加，这种差异便会减少，对于细菌含量的估计值，大部分取决于那些既显示阳性又显示阴性的稀释度。因此在实验设计上，水样检验所要求重复的数目，要根据所要求数据的准确度而定。

任务实施

子任务 2.1　氧化还原滴定法测定水中高锰酸盐指数和化学需氧量

一、任务目的

（1）学会氧化还原滴定法测定原理。

（2）掌握酸性法测定高锰酸盐指数的方法。

（3）掌握化学需氧量的测定方法。

二、准备工作

实训仪器与试剂见表 2.1-1。

表 2.1-1　实训仪器与试剂

序号	名称	规格/浓度
1	滴定管	50 mL 棕色
2	锥形瓶	250 mL
3	恒温水浴装置	—
4	COD 消解仪	—
5	高锰酸钾标准储备溶液	c (1/5 $KMnO_4$) = 0.1 mol/L
6	高锰酸钾标准溶液	c (1/5 $KMnO_4$) = 0.01 mol/L

序号	名称	规格/浓度
7	草酸钠标准储备液	c (1/2 $Na_2C_2O_4$) = 0.100 0 mol/L
8	草酸钠标准溶液	c (1/2 $Na_2C_2O_4$) = 0.010 0 mol/L
9	硫酸溶液	1+3
10	重铬酸钾标准溶液（1）	c (1/6$K_2Cr_2O_7$) = 0.0250 0 mol/L
11	重铬酸钾标准溶液（2）	c (1/6$K_2Cr_2O_7$) = 0.250 0 mol/L
12	硫酸亚铁铵标准溶液（1）	$c[(NH_4)_2Fe(SO_4)_2\cdot 6H_2O]\approx 0.005$ mol/L
13	硫酸亚铁铵标准溶液（2）	$c[(NH_4)_2Fe(SO_4)_2\cdot 6H_2O]\approx 0.05$ mol/L
14	试亚铁灵指示剂溶液	—
15	硫酸-硫酸银溶液	—
16	硫酸汞溶液	100 g/L

三、方法步骤

（一）氧化还原滴定法测定水中化学需氧量

1. COD 浓度小于等于 50 mg/L 的样品

1）样品测定

取 10.00 mL 水样于锥形瓶中，依次加入硫酸汞溶液、重铬酸钾标准溶液（1）5.00 mL 和几颗防爆沸玻璃珠，摇匀。硫酸汞溶液按质量比 $m[HgSO_4]:m[Cl^-]\geqslant 20:1$ 的比例加入，最大加入量为 2 mL。

将锥形瓶连接到回流装置冷凝管下端，从冷凝管上端缓慢加入 15 mL 硫酸-硫酸银溶液，以防止低沸点有机物的逸出，不断旋动锥形瓶使之混合均匀。自溶液开始沸腾起保持微沸回流 2 h。若为水冷装置，则应在加入硫酸-硫酸银溶液之前通入冷凝水。

回流并冷却后，自冷凝管上端加入 45 mL 蒸馏水冲洗冷凝管，取下锥形瓶。

溶液冷却至室温后，加入 3 滴试亚铁灵指示剂溶液，用硫酸亚铁铵标准溶液（1）滴定，溶液的颜色由黄色经蓝绿色变为红褐色即为终点。记录硫酸亚铁铵标准溶液（1）的消耗体积 V_1。

注：样品浓度低时，取样体积可适当增加，同时其他试剂量也应按比例增加。

2）空白试验

按与样品测定相同的步骤，以 10.00 mL 实验用水代替水样进行空白试验，记录空白滴定时消耗硫酸亚铁铵标准溶液的体积 V_0。

2. COD 浓度大于 50 mg/L 的样品

1）样品测定

取 10.00 mL 水样于锥形瓶中，依次加入硫酸汞溶液、重铬酸钾标准溶液（2）5.00 mL

和几颗防爆沸玻璃珠，摇匀。其他操作与前面样品测定相同。待溶液冷却至室温后，加入 3 滴试亚铁灵指示剂溶液，用硫酸亚铁铵标准溶液（2）滴定，溶液的颜色由黄色经蓝绿色变为红褐色即为终点。记录硫酸亚铁铵标准溶液（2）的消耗体积 V_1。

2）空白试验

按与样品测定相同的步骤，以 10.00 mL 实验用水代替水样进行空白试验，记录空白滴定时消耗硫酸亚铁铵标准溶液的体积 V_0。

3．数据记录与数据处理

化学需氧量按下式计算：

$$\mathrm{COD}(\mathrm{O_2},\mathrm{mg/L})=\frac{(V_0-V_1)\times c\times 8\times 1\,000}{V}$$

式中，c 为硫酸亚铁铵标准溶液的浓度，mol/L；V_0 为滴定空白时硫酸亚铁铵标准溶液的用量，mL；V_1 为滴定水样时硫酸亚铁铵标准溶液的用量，mL；V 为原始水样的体积，mL；8 为 1/2 O 的摩尔质量，g/mol。

化学需氧量分析原始数据记录表，如表 2.1-2 所示。

表 2.1-2　化学需氧量分析原始数据记录表

<table>
<tr><td colspan="2">采样日期</td><td colspan="4">年　月　日　时</td><td colspan="2">分析方法名称及依据</td><td colspan="6"></td></tr>
<tr><td colspan="2">分析日期</td><td colspan="4">年　月　日　时</td><td colspan="2">重铬酸钾溶液配制日期</td><td colspan="2"></td><td colspan="2">重铬酸钾溶液浓度</td><td colspan="2">□ 0.025 00
□ 0.250 0</td></tr>
<tr><td rowspan="2">序号</td><td colspan="2" rowspan="2">样品编号</td><td colspan="2" rowspan="2">取样体积/mL</td><td rowspan="2">稀释倍数</td><td rowspan="2">稀释后取样体积/mL</td><td rowspan="2">重铬酸钾溶液浓度/（mol/L）</td><td colspan="4">硫酸亚铁铵标准溶液消耗量/mL</td><td colspan="2" rowspan="2">样品浓度/（mg/L）</td></tr>
<tr><td colspan="2">终读数</td><td>始读数</td><td>净用量</td></tr>
<tr><td></td><td colspan="2"></td><td colspan="2"></td><td></td><td></td><td></td><td colspan="2"></td><td></td><td></td><td colspan="2"></td></tr>
<tr><td></td><td colspan="2"></td><td colspan="2"></td><td></td><td></td><td></td><td colspan="2"></td><td></td><td></td><td colspan="2"></td></tr>
<tr><td></td><td colspan="2"></td><td colspan="2"></td><td></td><td></td><td></td><td colspan="2"></td><td></td><td></td><td colspan="2"></td></tr>
<tr><td></td><td colspan="2"></td><td colspan="2"></td><td></td><td></td><td></td><td colspan="2"></td><td></td><td></td><td colspan="2"></td></tr>
<tr><td rowspan="5">精密度检查</td><td colspan="2">平行样样品编号</td><td colspan="3"></td><td>平行样样品编号</td><td colspan="2"></td><td colspan="2">平行样样品编号</td><td colspan="3"></td></tr>
<tr><td colspan="2">样品浓度（　）</td><td></td><td colspan="2"></td><td>样品浓度（　）</td><td></td><td></td><td colspan="2">样品浓度（　）</td><td colspan="2"></td><td></td></tr>
<tr><td colspan="2">均值（　）</td><td colspan="3"></td><td>均值（　）</td><td colspan="2"></td><td colspan="2">均值（　）</td><td colspan="3"></td></tr>
<tr><td colspan="2">相对偏差/%</td><td colspan="3"></td><td>相对偏差/%</td><td colspan="2"></td><td colspan="2">相对偏差/%</td><td colspan="3"></td></tr>
<tr><td colspan="2">是否合格</td><td>□是</td><td colspan="2">□否</td><td>是否合格</td><td>□是</td><td>□否</td><td colspan="2">是否合格</td><td colspan="2">□是</td><td>□否</td></tr>
</table>

<table>
<tr><td rowspan="4">准确度检查</td><td colspan="2">质控样样品编号</td><td colspan="5"></td></tr>
<tr><td colspan="2">保证值（ ）</td><td colspan="5"></td></tr>
<tr><td colspan="2">测定值（ ）</td><td colspan="5"></td></tr>
<tr><td colspan="2">是否合格</td><td colspan="5">□是 □否</td></tr>
<tr><td rowspan="5">硫酸亚铁铵溶液的标定</td><td rowspan="2">标定日期</td><td rowspan="2">重铬酸钾溶液用量/mL</td><td rowspan="2">重铬酸钾溶液浓度/（mol/L）</td><td colspan="3">硫酸亚铁铵标准溶液消耗量/mL</td><td rowspan="2">硫酸亚铁铵溶液浓度/（mol/L）</td></tr>
<tr><td>终读</td><td>始读</td><td>净用量</td></tr>
<tr><td rowspan="3"></td><td rowspan="3"></td><td rowspan="3"></td><td></td><td></td><td></td><td rowspan="3"></td></tr>
<tr><td></td><td></td><td></td></tr>
<tr><td></td><td></td><td></td></tr>
<tr><td colspan="8">计算公式：
$$\mathrm{COD}(\mathrm{O_2}, \mathrm{mg/L}) = \frac{(V_0 - V_1) \times c \times 8 \times 1\,000}{V}$$
式中，c 为硫酸亚铁铵标准溶液的浓度，mol/L；V_0 为滴定空白时硫酸亚铁铵标准溶液的用量，mL；V_1 为滴定水样时硫酸亚铁铵标准溶液的用量，mL；V 为原始水样的体积，mL；8 为 1/2 O 的摩尔质量，g/mol。</td></tr>
</table>

分析人： 复核人： 审核人：
年 月 日 年 月 日 年 月 日

（二）酸性法测定高锰酸盐指数

1．样品测定

吸取 100.00 mL 经充分摇匀、混合均匀的样品，置于 250 mL 锥形瓶中，加入（5±0.5）mL（1+3）硫酸溶液，加入 10.00 mL 高锰酸钾标准溶液，摇匀。将锥形瓶置于沸水浴内（30±2）min（水浴沸腾，开始计时）。取出后趁热加入 10.00 mL 草酸钠标准溶液，溶液退色，变为无色。趁热用高锰酸钾标准溶液滴定至刚出现粉红色，并保持 30 s 颜色不退。记录消耗的高锰酸钾标准溶液的体积 V_1。

2．空白实验

用 100.00 mL 蒸馏水代替样品，按水样测定步骤，记录回滴的高锰酸钾溶液体积 V_0。

3．*K* 值测定

向空白实验滴定后的溶液中加入 10.00 mL 草酸钠标准溶液，如需要可加热至 80℃。用高锰酸钾标准溶液继续滴定至刚出现粉红色，并保持 30 s 颜色不退。记录高锰酸钾标准溶液消耗的体积 V。按下式求得高锰酸钾的校正系数 K：

$$K = \frac{10.00}{V}$$

式中，V 为高锰酸钾标准溶液消耗量，mL。

4．数据记录与数据处理

1）水样不经稀释

$$I_{\mathrm{Mn}}(\mathrm{O_2,mg/L})=\frac{[(10+V_1)K-10]\times c\times 8\times 1\,000}{100}$$

式中，V_1 为滴定水样时，消耗高锰酸钾标准溶液的量，mL；K 为校正系数（每毫升高锰酸钾标准溶液相当于草酸钠标准溶液的毫升数）；c 为草酸钠标准溶液浓度，mol/L；8 为 1/2 O 的摩尔质量，g/mol。

2）水样经过稀释

$$I_{\mathrm{Mn}}(\mathrm{O_2,mg/L})=\frac{\{[(10+V_1)K-10]-[(10+V_0)K-10]\times f\}\times c\times 8\times 1\,000}{V_2}$$

式中，V_0 为空白试验时，消耗高锰酸钾标准溶液的体积，mL；V_2 为测定时，所取样品体积，mL；f 为稀释样品时，100 mL 测定试液中蒸馏水所占的比例。例如，10 mL 样品用水稀释至 100 mL，则 f=（100–10）/100=0.90。

高锰酸盐指数分析原始数据记录表，如表 2.1-3 所示。

表 2.1-3　高锰酸盐指数分析原始数据记录表

<table>
<tr><td colspan="2">采样日期</td><td colspan="2">年　月　日　时</td><td colspan="2">分析日期</td><td colspan="3">年　月　日　时</td></tr>
<tr><td colspan="2">分析方法名称及依据</td><td colspan="7"></td></tr>
<tr><td colspan="2">标准溶液浓度/（mol/L）</td><td colspan="6">标定高锰酸钾溶液时，高锰酸钾溶液消耗量 V/mL</td><td rowspan="3">$K=\frac{10.00}{V}$</td></tr>
<tr><td colspan="2"></td><td colspan="2">终读数</td><td colspan="2">始读数</td><td colspan="2">净用量</td></tr>
<tr><td>标准溶液配制日期</td><td></td><td colspan="2"></td><td colspan="2"></td><td colspan="2"></td></tr>
<tr><td rowspan="2">序号</td><td rowspan="2">样品编号</td><td rowspan="2">取样体积/mL</td><td rowspan="2">稀释倍数</td><td rowspan="2">稀释后取样体积/mL</td><td colspan="3">高锰酸钾溶液消耗量/mL</td><td rowspan="2">样品浓度/（mg/L）</td></tr>
<tr><td>终读数</td><td>始读数</td><td>净用量</td></tr>
<tr><td></td><td></td><td></td><td></td><td></td><td></td><td></td><td></td><td></td></tr>
<tr><td></td><td></td><td></td><td></td><td></td><td></td><td></td><td></td><td></td></tr>
<tr><td></td><td></td><td></td><td></td><td></td><td></td><td></td><td></td><td></td></tr>
<tr><td></td><td></td><td></td><td></td><td></td><td></td><td></td><td></td><td></td></tr>
<tr><td></td><td></td><td></td><td></td><td></td><td></td><td></td><td></td><td></td></tr>
<tr><td></td><td></td><td></td><td></td><td></td><td></td><td></td><td></td><td></td></tr>
</table>

<table>
<tr><td rowspan="5">精密度检查</td><td>平行样
样品编号</td><td colspan="2"></td><td>平行样
样品编号</td><td colspan="2"></td><td>平行样
样品编号</td><td colspan="2"></td></tr>
<tr><td>样品浓度
（ ）</td><td></td><td></td><td>样品浓度
（ ）</td><td></td><td></td><td>样品浓度
（ ）</td><td></td><td></td></tr>
<tr><td>均值（ ）</td><td colspan="2"></td><td>均值（ ）</td><td colspan="2"></td><td>均值（ ）</td><td colspan="2"></td></tr>
<tr><td>相对偏差/%</td><td colspan="2"></td><td>相对偏差/%</td><td colspan="2"></td><td>相对偏差/%</td><td colspan="2"></td></tr>
<tr><td>是否合格</td><td>□是</td><td>□否</td><td>是否合格</td><td>□是</td><td>□否</td><td>是否合格</td><td>□是</td><td>□否</td></tr>
</table>

<table>
<tr><td rowspan="4">准确度检查</td><td>质控样样品编号</td><td colspan="2"></td></tr>
<tr><td>保证值（ ）</td><td colspan="2"></td></tr>
<tr><td>测定值（ ）</td><td colspan="2"></td></tr>
<tr><td>是否合格</td><td>□是</td><td>□否</td></tr>
<tr><td colspan="4">计算公式：
1. 样品不经稀释：$I_{\mathrm{Mn}}(\mathrm{O_2},\mathrm{mg/L})=\dfrac{[(10+V_1)K-10]\times c\times 8\times 1\,000}{100}$
2. 样品经稀释：$I_{\mathrm{Mn}}(\mathrm{O_2},\mathrm{mg/L})=\dfrac{\{[(10+V_1)K-10]-[(10+V_0)K-10]\times f\}\times c\times 8\times 1\,000}{V_2}$
式中，V_1 为滴定水样时，消耗高锰酸钾标准溶液的量，mL；V_0 为空白试验时，消耗高锰酸钾标准溶液的体积，mL；V_2 为测定时，所取样品体积，mL；K 为校正系数（每毫升高锰酸钾标准溶液相当于草酸钠标准溶液的毫升数）；c 为草酸钠标准溶液浓度，mol/L；f 为稀释样品时，100 mL 测定试液中蒸馏水所占的比例。</td></tr>
</table>

分析人：　　　　　　　　复核人：　　　　　　　　审核人：

年　月　日　　　　　　年　月　日　　　　　　年　月　日

四、注意事项

（1）《水质　高锰酸盐指数的测定》（GB 11892—89）方法适用于饮用水、水源水、地表水的测定，测定范围为 0.5～4.5 mg/L。氯离子浓度高于 300 mg/L，采用碱性高锰酸钾法测定。

（2）新使用的玻璃器皿，应先用酸性高锰酸钾溶液浸泡后，再清洗干净。

（3）样品加热氧化后剩余的 0.01 mol/L 高锰酸钾溶液为其加入量的 1/3～1/2 为宜。加热时，若溶液红色退去，则说明高锰酸钾量不够，须重新取样，稀释后重新测定。

（4）《水质　化学需氧量的测定　重铬酸盐法》（HJ 828—2017）方法适用于各种类型的含 COD 值大于 30 mg/L 的水样；测定上限为 700 mg/L。

（5）水样加热回流后，溶液中重铬酸钾剩余量应以加入量的 1/5～4/5 为宜。

（6）空白试验中硫酸-硫酸银溶液和硫酸汞溶液的用量应与样品中的用量保持一致。

（7）对于污染严重的水样，可选取所需体积 1/10 的水样放入硬质玻璃管中，加入 1/10 的试剂，摇匀后加热至沸腾数分钟，观察溶液是否变成蓝绿色。若呈蓝绿色，则应再适当少取水样，直至溶液不变蓝绿色为止，从而可以确定待测水样的稀释倍数。

子任务 2.2　碱性过硫酸钾消解紫外分光光度法测定水中总氮

一、任务目的

（1）掌握标准曲线法定量的方法。

（2）掌握碱性过硫酸钾消解紫外分光光度法测定水中总氮的方法。

（3）掌握紫外分光光度计的使用方法。

二、准备工作

实训仪器与试剂见表 2.2-1。

表 2.2-1　实训仪器与试剂

序号	名称	规格/浓度
1	紫外分光光度计	—
2	压力蒸汽消毒器或民用压力锅	压力为 1.1～1.3 kg/cm^2，相应温度为 120～124℃
3	具塞比色管	25 mL
4	碱性过硫酸钾溶液	—
5	硝酸钾标准储备液	100 μg/mL
6	硝酸钾标准使用液	10 μg/mL
7	盐酸溶液	1+9

三、方法步骤

1. 标准曲线制作

取 8 支 25 mL 比色管，分别加入 0.00 mL、0.50 mL、1.00 mL、2.00 mL、3.00 mL、5.00 mL、7.00 mL、8.00 mL 硝酸钾标准使用液，再加入无氨水稀释至 10 mL 标线，摇匀。分别加入 5.0 mL 碱性过硫酸钾溶液，混匀，盖塞，用纱布裹紧，置于压力蒸汽消毒器中，加热 0.5 h，自然冷却，开阀放气，比色管冷却至室温。分别加入 1.0 mL（1+9）盐酸溶液，用无氨水定容至 25 mL 刻度线。用 10 mm 石英比色皿，以无氨水为参比，于 220 nm、275 nm 处测定吸光度值，以总氮含量（μg）和校正吸光度值计算回归方程。

2．水样测定

取 10.00 mL 水样（或适量水样，使氮含量为 20～80 μg），按标准曲线制作步骤进行操作。用标准曲线回归方程进行计算，得出水样的总氮含量。

3．空白测定

以无氨水代替水样，按标准曲线制作步骤进行测定。

4．数据记录与数据处理

水中总氮的浓度，按下式计算：

$$\rho_{N} = \frac{A_s - A_b - a}{b \times V}$$

式中，ρ_N 为水样中总氮的质量浓度，mg/L，以氮计；A_s 为水样的吸光度；A_b 为空白试验的吸光度；a 为标准曲线的截距；b 为标准曲线的斜率；V 为试样体积，mL。

总氮分析（分光光度法）原始数据记录表，如表 2.2-2 所示。

表 2.2-2　总氮分析（分光光度法）原始数据记录表

采样日期		年　月　日　时			分析日期		年　月　日　时		
分析项目					仪器名称及型号				
分析方法名称及编号							参比液		
仪器编号			仪器溯源有效期			仪器溯源方式			
测定波长/nm			比色皿厚/mm			室温度/℃			
标液名称			标液浓度（　）		配制日期		年　月　日　时		
标准曲线	标准溶液加入量体积（　）								
	标准溶液加入量（　）								
	标准溶液浓度（　）								
	吸光度（A_{220}）								
	吸光度（A_{275}）								
	$A_{220}-2A_{275}$								
	减零浓度管后吸光度（A）								
	回归方程	截距 a=		斜率 b=		相关系数 r=		绘制时间	
	回归方式	□浓度-吸光度（定容体积：mL）				□质量-吸光度		□体积-吸光度	
空白测定	空白 1 吸光度值：			空白 2 吸光度值：			空白吸光度平均值：		
序号	样品编号	取样体积/mL	稀释倍数 f	稀释后取样体积/mL	吸光度（A_{220}）	吸光度（A_{275}）	$A_{220}-2A_{275}$	减空白后吸光度（A）	样品浓度/（mg/L）

计算公式：

$$\rho_N = \frac{A_s - A_b - a}{b \times V}$$

式中，ρ_N 为水样中总氮的质量浓度，mg/L，以氮计；A_s 为水样的吸光度；A_b 为空白试验的吸光度；a 为标准曲线的截距；b 为标准曲线的斜率；V 为试样体积，mL。

精密度检查	平行样样品编号			平行样样品编号			平行样样品编号		
	样品浓度（ ）			样品浓度（ ）			样品浓度（ ）		
	均值（ ）			均值（ ）			均值（ ）		
	相对偏差/%			相对偏差/%			相对偏差/%		
	是否合格	□是	□否	是否合格	□是	□否	是否合格	□是	□否

准确度检查	质控样样品编号			加标回收样样品编号		
	保证值（ ）			标准溶液浓度（ ）		
				加标量（ ）		
	测定值（ ）			加标样测定值（ ）		
				样品测定值（ ）		
				回收率/%		
	是否合格	□是	□否	是否合格	□是	□否

分析人：　　　　复核人：　　　　审核人：

年　月　日　　　　年　月　日　　　　年　月　日

四、注意事项

（1）《水质　总氮的测定　碱性过硫酸钾消解紫外分光光度法》（HJ 636—2012），此方法适用于湖泊、水库、江河水中总氮的测定。最低检出限为 0.05 mg/L，测定上限为 4 mg/L。

（2）水样中含有六价铬和三价铁对测定有干扰，可加入 1～2mL 5%盐酸羟胺溶液消除。碳酸盐和碳酸氢盐对测定有干扰，可加入一定量的盐酸溶液进行消除。

（3）使用压力蒸汽消毒器或民用压力锅时，冷却后再打开盖子。

（4）玻璃器皿可用 10%盐酸溶液浸洗，用蒸馏水冲洗后，再用无氨水冲洗。

子任务 2.3 钼酸铵分光光度法测定水中总磷

一、任务目的

（1）学会标准曲线法定量的方法。

（2）掌握钼酸铵分光光度法测定总磷的方法。

（3）掌握高压灭菌消毒锅的使用方法。

二、准备工作

实训仪器与试剂见表 2.3-1。

表 2.3-1 实训仪器与试剂

序号	名称	规格/浓度
1	分光光度计	—
2	压力蒸汽消毒器或民用压力锅	压力为 1.1～1.3 kg/cm^2，相应温度为 120～124℃
3	具塞比色管	50 mL
4	过硫酸钾溶液	50 g/L
5	钼酸盐溶液	—
6	抗坏血酸溶液	100 g/L
7	磷酸盐标准储备液	50.0 μg/mL
8	磷酸盐标准使用液	2.0 μg/mL

三、方法步骤

1. 标准曲线制作

取 7 支 50 mL 比色管，分别加入 0.00 mL、0.50 mL、1.00 mL、3.00 mL、5.00 mL、10.00 mL、15.00 mL 磷酸盐标准使用液，再加入蒸馏水至 25 mL 标线，摇匀。盖塞，用纱布裹紧，置于压力蒸汽消毒器中，加热 0.5 h，自然冷却，开阀放气，比色管冷却至室温，加水至 50 mL 标线，摇匀。加入 1.0 mL 抗坏血酸溶液，混匀，30 s 后加入 2.0 mL 钼酸盐溶液，混匀，放置 15 min。用 10 mm 比色皿，以蒸馏水为参比，于 700 nm 处测定吸光度值，以总磷含量（μg）和校正吸光度值计算回归方程。

2．水样测定

水样预处理（过硫酸钾消解法）：吸取 25.00 mL 水样置于具塞刻度管中，加 4.0 mL 过硫酸钾溶液，将塞子盖紧，用一块布和线将玻璃塞扎紧，放入大烧杯中，置于高压蒸汽消毒器中加热，待压力达到 1.1 kg/cm^2，相应温度为 120℃时，保持 30 min 后停止加热。待压力表读数降至零后，取出放冷，用水稀释至标线。

取适量消解后的水样于比色管中，用水稀释至标线。以下按标准曲线的步骤进行显色、测定。

3．空白测定

以蒸馏水代替水样，和样品一起消解处理。加入与测定水样相同体积的试剂，进行显色、测定。

4．数据记录与数据处理

水中总磷的浓度，按下式计算：

$$\rho_{P}=\frac{m}{V}$$

式中，ρ_{P} 为水样中总磷的质量浓度，mg/L；m 为根据回归方程计算出的样品质量，μg；V 为试样体积，mL。

总磷分析（分光光度法）原始数据记录表，如表 2.3-2 所示。

表 2.3-2　总磷分析（分光光度法）原始数据记录表

采样日期	年 月 日 时		分析日期		年 月 日 时			
分析项目			仪器名称及型号					
分析方法名称及编号					参比液			
仪器编号		仪器溯源有效期			仪器溯源方式			
测定波长/nm		显色时间/min		比色皿厚/mm		显色温度/℃		
标液名称		标液浓度（　）		配制日期		年 月 日 时		
标准曲线	标准溶液加入量体积（　）							
	标准溶液加入量（　）							
	标准溶液浓度（　）							
	吸光度（*A*）							
	减零浓度管后吸光度（*A*）							
	回归方程	截距 *a*=		斜率 *b*=		相关系数 *r*=		绘制时间
	回归方式	□浓度-吸光度（定容体积：mL）			□质量-吸光度		□体积-吸光度	
空白测定	空白 1 吸光度值：		空白 2 吸光度值：			空白吸光度平均值：		

序号	样品编号	取样体积/mL	稀释倍数	稀释后取样体积/mL	吸光度（A）	减空白后吸光度（A）	样品浓度

计算公式：

$$样品浓度（mg/L）=\frac{m}{V}$$

式中，m 为根据回归方程计算出的样品质量，μg；V 为试样体积。

精密度检查	平行样样品编号			平行样样品编号			平行样样品编号		
	样品浓度（ ）			样品浓度（ ）			样品浓度（ ）		
	均值（ ）			均值（ ）			均值（ ）		
	相对偏差/%			相对偏差/%			相对偏差/%		
	是否合格	□是	□否	是否合格	□是	□否	是否合格	□是	□否

准确度检查	质控样样品编号		加标回收样样品编号	
	保证值（ ）		标准溶液浓度（ ）	
			加标量（ ）	
	测定值（ ）		加标样测定值（ ）	
			样品测定值（ ）	
			回收率/%	
	是否合格	□是 □否	是否合格	□是 □否

分析人：　　　　复核人：　　　　审核人：

年　月　日　　　　年　月　日　　　　年　月　日

四、注意事项

（1）《水质　总磷的测定　钼酸铵分光光度法》（GB 11893—89）适用于地表水、生活污水和工业废水的测定。最低检出限为 0.01 mg/L，测定上限为 0.6 mg/L。

（2）配制钼酸铵溶液时，应注意将钼酸铵水溶液缓缓加入硫酸溶液中。若进行相反操作，则会导致显色不充分。

（3）室温低于 13℃时，要在 20～30℃水浴中显色 15 min。

（4）所用的玻璃器皿，可用（1+5）盐酸浸泡 2 h 或用不含磷酸盐的洗涤剂涮洗。

（5）比色皿用后应以稀硝酸或铬酸洗液浸泡片刻，以除去吸附的磷钼蓝有色物。

子任务 2.4　细菌总数、总大肠菌群和粪大肠菌群的测定

一、任务目的

（1）学会培养基制备的方法。

（2）掌握菌落计数和多管发酵的测定方法。

（3）掌握菌数计算和报告方法。

二、准备工作

实训仪器与试剂见表 2.4-1。

表 2.4-1　实训仪器与试剂

序号	名称	规格/浓度
1	恒温培养箱	37℃
2	压力蒸汽消毒器或民用压力锅	压力为 1.1～1.3 kg/cm^2，相应温度为 120～124℃
3	培养皿	10 cm
4	试管	18 mm×180 mm
5	三角瓶	250 mL
6	小玻璃倒管	—
7	营养琼脂培养基	—
8	乳糖蛋白胨培养基	—
9	三倍乳糖蛋白胨培养基	—
10	伊红美蓝培养基	—
11	EC 培养基	—

三、方法步骤

（一）菌落计数法测定样品中的细菌总数

1．培养基的制备

按要求制备营养琼脂培养基，在 121℃下灭菌 20 min。

2．水样测定

水样测定采用无菌操作方法，用 1 mL 灭菌吸管吸取充分混匀的水样或 2～3 个适宜浓度的稀释水样 1 mL，注入灭菌培养皿中，倾注约 15 mL 已融化并冷却到 45℃左右的营养琼脂培养基，并立即旋摇培养皿，使水样与培养基充分混匀。每个水样应倾注两个培养皿，每次检验时，另用一个培养皿只倾注营养琼脂培养基作为空白对照。

待琼脂冷却凝固后，翻转培养皿，使底面向上，置于 37℃恒温箱内培养 24 h，进行菌落计数。

3．菌落计数

培养之后，立即进行培养皿菌落计数。如果计数必须暂缓进行，培养皿需放于 4℃冰箱中，且不能超过 24 h。

作培养皿菌落计数时，在记下各培养皿的菌落数后，应求出同稀释度的平均菌落数。在求同稀释度的平均菌落数时，如果其中一个培养皿有较大片状菌落生长时，则不宜采用，而应以无片状菌落生长的培养皿作为该稀释度的菌落数。若片状菌落不到培养皿的一半，而其余一半中菌落分布又很均匀，则可将此半培养皿计数后乘以 2 代表全培养皿菌落数，然后再求该稀释度的平均菌落数。如果在稀释等过程中有杂菌污染，或者对照培养皿显示出培养基或者其他材料染有杂菌，以致培养皿无法计数的，应报告“实验事故”。

4．数据记录与数据处理

细菌总数是以每个培养皿菌落的总数或平均数乘以稀释倍数而得来的。各种不同情况的计算方法如下：

（1）首先选择平均菌落数在 30～300 的进行计算，当只有一个稀释度的平均菌落数符合此范围时，即以该平均菌落数乘以稀释倍数报告（表 2.4-2 例次 1）。

（2）若有两个稀释度的平均菌落数均在 30～300，应按照两者之间的比值来决定。若比值小于 2，则应报告两者的平均数；若比值大于 2，则应报告其中较小的数值（表 2.4-2 例次 2、例次 3）。

（3）若所有稀释度的平均菌落数均大于 300，则应按照稀释倍数最大的平均菌落数乘以稀释倍数报告（表 2.4-2 例次 4）。

（4）若所有稀释度的平均菌落数均小于 30，则应按照稀释倍数最小的平均菌落数乘以稀释倍数报告（表 2.4-2 例次 5）。

（5）若所有稀释度的平均菌落数均不在 30～300，则以最接近 300 或者 30 的平均菌落数乘以稀释倍数报告（表 2.4-2 例次 6）。

表 2.4-2　稀释度选择及菌落总数报告方式

例次	不同稀释度的平均菌落数			两个稀释度菌落数之比	菌落总数/（个/mL）	报告方式/（个/mL）	备注
	10^{-1}	10^{-2}	10^{-3}				
1	1 365	164	20	—	16 400	16 000 或 1.6×10^4	两位以后的数字采取四舍六入五单双的原则取舍
2	2 760	295	46	1.6	37 750	38 000 或 3.8×10^4	
3	2 890	271	60	2.2	27 100	27 000 或 2.7×10^4	
4	无法计数	1 650	513	—	513 000	510 000 或 5.1×10^5	
5	27	11	5	—	270	270 或 2.7×10^2	
6	无法计数	305	12	—	30 500	31 000 或 3.1×10^4	

（二）多管发酵法测定样品中的总大肠菌群

1．培养基的制备

按要求配制乳糖蛋白胨培养基、三倍乳糖蛋白胨培养基、伊红美蓝培养基，在 121℃（含乳糖培养基需在 115℃）下灭菌 20 min。

2．初发酵试验

将水样作 1∶10 稀释。在装有已灭菌的 5 mL 三倍乳糖蛋白胨培养液的五个试管中（内有倒管），以无菌操作各加入水样 10 mL；在装有已灭菌的 10 mL 乳糖蛋白胨培养液的五个试管中（内有倒管），以无菌操作各加入水样 1 mL；在装有已灭菌的 10 mL 乳糖蛋白胨培养液的五个试管中（内有倒管），以无菌操作各加入 1∶10 稀释的水样 1 mL。试验共计 15 管，三个稀释度，将各管充分混匀，置于 37℃恒温箱培养 24 h。

3．平板分离

经初发酵试验培养 24 h 后，发酵试管颜色变黄为产酸，小玻璃倒管内有气泡为产气，将产酸产气及只产酸的发酵管，分别用接种环划线接种于伊红美蓝培养基上，置于 37℃恒温箱培养 18～24 h，挑选符合下列特征的菌落：①深紫黑色，具有金属光泽的菌落；②紫黑色，不带或略带金属光泽的菌落；③淡紫红色，中心色较深的菌落，取菌落的一小部分进行涂片、革兰氏染色、镜检。

4．复发酵试验

上述革兰氏镜检的菌落如为革兰氏阴性无芽孢的杆菌，则挑选该菌落的另一部分接种于单倍乳糖蛋白胨培养液中（内有倒管），每管可接种分离自同一初发酵管的最典型菌落 1～3 个，然后置于 37℃恒温箱中培养 24 h，有产酸产气者，则证实有大肠菌群存在。根据证实有大肠菌群存在的阳性管数可查表 2.4-3，报告每升水样中的大肠菌群数。

表 2.4-3　最可能数（MPN）表

出现阳性份数			每 100 mL 水样中细菌数的最可能数	95%置信限值		出现阳性份数			每 100 mL 水样中细菌数的最可能数	95%置信限值	
10 mL 管	1 mL 管	0.1 mL 管		下限	上限	10 mL 管	1 mL 管	0.1 mL 管		下限	上限
0	0	0	＜2			4	2	1	26	9	78
0	0	1	2	＜0.5	7	4	3	0	27	9	80
0	1	0	2	＜0.5	7	4	3	1	33	11	93
0	2	0	4	＜0.5	11	4	4	0	34	12	93
1	0	0	2	＜0.5	7	5	0	0	23	7	70
1	0	1	4	＜0.5	11	5	0	1	34	11	89
1	1	0	4	＜0.5	11	5	0	2	43	15	110
1	1	1	6	＜0.5	15	5	1	0	33	11	93
1	2	0	6	＜0.5	15	5	1	1	46	16	120
2	0	0	5	＜0.5	13	5	1	2	63	21	150
2	0	1	7	1	17	5	2	0	49	17	130
2	1	0	7	1	17	5	2	1	70	23	170
2	1	1	9	2	21	5	2	2	94	28	220
2	2	0	9	2	21	5	3	0	79	25	190
2	3	0	12	3	28	5	3	1	110	31	250
3	0	0	8	1	19	5	3	2	140	37	310
3	0	1	11	2	25	5	3	3	180	44	500
3	1	0	11	2	25	5	4	0	130	35	300
3	1	1	14	4	34	5	4	1	170	43	190
3	2	0	14	4	34	5	4	2	220	57	700
3	2	1	17	5	46	5	4	3	280	90	850
3	3	0	17	5	46	5	4	4	350	120	1 000
4	0	0	13	3	31	5	5	0	240	68	750
4	0	1	17	5	46	5	5	1	350	120	1 000
4	1	0	17	5	46	5	5	2	540	180	1 400
4	1	1	21	7	63	5	5	3	920	300	3 200
4	1	2	26	9	78	5	5	4	1 600	640	5 800
4	2	0	22	7	67	5	5	5	≥2 400		

注：本表为接种 5 份 10 mL 水样、5 份 1 mL 水样、5 份 0.1 mL 水样时，不同阳性及阴性情况下 100 mL 水样中细菌数的最可能数和 95%置信限值。

（三）多管发酵法测定样品中的粪大肠菌群

1. 培养基的配制

按要求配制单倍和三倍乳糖蛋白胨培养液、EC 培养基，在 121℃（含乳糖培养基需在 115℃）下灭菌 20 min。

2. 初发酵试验

将水样充分混匀后，根据水样污染的程度确定水样接种量。每个样品至少用三个不同的水样量接种。同一接种水样量要有五管。

相对未受污染的水样接种量为 10 mL、1 mL、0.1 mL。受污染水样接种量根据污染程度接种 1 mL、0.1 mL、0.01 mL 或者 0.1 mL、0.01 mL、0.001 mL 等（表 2.4-2）。

如接种体积为 10 mL，则试管内应装有三倍乳糖蛋白胨培养液 5 mL；如接种量为 1 mL 或少于 1 mL，则可接种于普通浓度的乳糖蛋白胨培养液 10 mL 中。

将水样分别接种到装有乳糖蛋白胨培养液的发酵管中，在（37±0.5）℃下培养（24±2）h。产酸和产气的发酵管表明试验阳性。如在试管内产气不明显，可轻拍试管，有小气泡升起的为阳性。

3. 复发酵试验

轻微振荡初发酵试验阳性结果的发酵管，用 3 mm 接种环或灭菌棒将培养物转接到 EC 培养液中。在（44.5±0.5）℃温度下培养（24±2）h。接种后所有发酵管必须在 30 min 内放进水浴中（水浴箱的水面应高于试管中培养基液面）。培养后立即观察，若发酵管产气则证实为粪大肠菌群阳性。

4. 计算和报告结果

根据不同接种量的发酵管所出现阳性结果的数目，从 MPN 表中查得相应的 MPN 指数，按总大肠菌群的计算方法计算每升水中粪大肠菌群细菌的 MPN 值。

四、注意事项

（1）菌落计数法得出的菌落可能要低于真正存在的活细菌的总数，主要作为判定饮用水、水源水、地表水等污染程度的标志。

（2）大多数饮用水水样，未经稀释直接接种 1 mL，所得的菌落总数可适用于计数。吸取不同浓度的稀释液时，必须更换吸管。

（3）对于那些看着相似、距离相近但不接触的菌落，只要它们之间的距离不小于最小菌落的直径，便应予以计数，那些紧密接触而外观相异的菌落，也应该予以计数。

（4）菌落计数的报告：菌落数在 100 以内时按实有数报告，大于 100 时，采用两位有效数字，用 10 的指数表示。在报告菌落数为“无法计数”时，应注明水样的稀释度。

（5）如果接种的水样量不是 10 mL、1 mL、0.1 mL，而是较低的或者较高的三个浓度的水样量，也可查表求得 MPN 指数，再经下面的公式换算成每 100 mL 的 MPN 值。

$$\text{MPN 值}=\text{MPN 指数}\times 10\text{（mL）}/\text{接种量最大的一管（mL）}$$

我国目前以 1 L 为报告单位，MPN 值再乘 10，即为 1 L 水样中的总大肠菌群数。

任务小结

本任务通过对高锰酸盐指数、化学需氧量、总氮、总磷及微生物指标测定的学习，掌握水质监测中氧化还原滴定法、分光光度法、菌落计数法和多管发酵法等测试方法的基本原理和操作步骤，能够对测定数据进行规范处理，对结果的准确度和精密度作出正确评价，为从事水质检测、分析奠定良好基础。

任务练习

（1）测定水中高锰酸盐指数时，水样采集后，为什么用硫酸酸化至 pH＜2 而不能用硝酸或盐酸？

（2）化学需氧量作为一个条件性指标，有哪些因素会影响其测定值？

（3）碱性过硫酸钾消解紫外分光光度法测定总氮的过程中，为什么要在两个波长下测定吸光度？

（4）碱性过硫酸钾消解紫外分光光度法测定总氮的物质有哪些？

（5）钼酸铵分光光度法测定水中总磷时，抗坏血酸溶液易氧化变黄，如何延长溶液有效使用期？

（6）钼酸铵分光光度法测定总磷时，主要有哪些干扰？怎样去除？

（7）检测水样中菌落总数时，如果出现片状菌落不到培养皿的一半，而另一半中菌落分布又很均匀，该如何计数？

（8）多管发酵法检测总大肠菌群数时，稀释 10 倍后，10 mL 阳性管 3 个，1 mL 阳性管 3 个，0.1 mL 阳性管 1 个，则每 100 mL 水样中细菌数目的最可能数是多少？

（9）培养基灭菌方式有哪些？

（10）细菌总数是以每个培养皿菌落的总数或平均数乘以稀释倍数而得来的。在计算的过程中往往有以下几种不同的情况：①有两个稀释度的平均菌落数均在 30～300；②所有稀释度的平均菌落数均大于 300；③所有的稀释度的平均菌落数均小于 30；④所有稀释度的平均菌落数均不在 30～300。请根据所学知识判断应如何报告结果。

（11）请根据表 2.4-4 判断菌落总数为多少 CFU/mL。

表 2.4-4　不同稀释度的平均菌落数

不同稀释度的平均菌落数			CFU/mL
10^{-1}	10^{-2}	10^{-3}	
2 760	295	46	

任务3　数据处理

扫码提问
AI技能培训助手
| 运行操作准备
| 水处理工艺
| 水质指标监测

任务目的

（1）掌握计算多次测定结果的算术平均值和相对标准偏差。

（2）熟悉判断平行样测定数据之间的符合程度。

（3）熟悉对在线监测和手工监测数据进行比对。

（4）熟悉对监测数据异常进行分析和处理。

任务综述

（1）了解环境监测对数据的质量要求。

（2）掌握监测数据统计计算方法、平行样以及在线监测数据的质量控制要求。

实训设备

计算机、智能手机或计算器（带统计功能）。

专业知识

1．比对监测样品采集与保存要求

确保比对试验样品与水污染源在线监测仪器分析所测样品的一致性，样品的采集和保存严格执行 HJ 91.1—2019、HJ 353—2019 以及 HJ 493—2009 的有关规定。

2．比对监测时在线监测系统采样管理要求

比对监测时，应记录水污染源在线监测系统是否按照 HJ 353—2019 进行采样并在报告中说明有关情况。比对监测应及时正确地做好原始记录，并及时正确地粘贴样品标签，以免混淆。

3．比对监测时仪器质量控制要求

比对监测时，应核查水污染源在线监测仪器参数设置情况，必要时进行标准溶液抽查，核查标准溶液是否符合相关规定要求，在记录和报告中说明有关情况；比对监测所

使用的标准样品和实际水样应符合现场安装仪器的量程；比对监测期间，不允许对在线监测仪器进行任何调试。

4．运用物料衡算法判断监测数据异常

由于污染源监测受气象环境、监测条件、技术水平、监测手段及人员素质的影响，有些企业的排污管道很不规范，废水排放量少，没有测量仪器等，测量废水流量又不是很准确，这样使监测数据的准确性产生了疑问。因此，出现异常数据时，还需借助物料衡算法对监测结果加以验证，才能提高监测数据的真实性。

任务实施

子任务 3.1　监测数据统计计算

一、任务目的

通过对环境监测数据统计处理知识的学习，掌握多次测定数据算术平均值和相对标准偏差的计算方法，为监测数据质量控制提供支撑。

二、准备工作

在环境监测中，为了减小测定过程中的随机误差需要对同一样品进行多次平行测定。一般要用算术平均值表示多次测定的结果，而用相对标准偏差等表示随机误差的大小。

1．算术平均值

环境监测常需使用各种测试方法去完成。由于认识能力的不足和科技水平的限制等因素都会造成测量值与其真值不能完全一致，表现在数值上的这种差异即为误差。任何测量结果都具有误差，误差存在于一切测量的全过程中。

误差按其产生的原因和性质分为系统误差、随机误差和过失误差。系统误差指测量值与真值之间的符合程度，可以通过仪器校准、空白实验、标准物质比对试验等方法消减。随机误差是测量过程中各种随机因素的共同作用造成的。通常可以通过增加测量次数的方法减小随机误差，用多次测定的算术平均值表示多次测定结果。过失误差是分析人员在工作中的失误以及不规范操作引起的。只要在操作时，严加注意，采用正确的试验方法，进行合理操作，就会避免过失误差的出现。

2．相对标准偏差

误差的大小可以用绝对误差和相对误差、绝对偏差和相对偏差、平均偏差和相对平均偏差、极差、标准偏差和相对标准偏差等表示。其中，相对标准偏差经常被用来表示数据的离散程度，样本的相对标准偏差又称为变异系数，样本的相对标准偏差记为 RSD，变异系数记为 CV。

三、方法步骤

1．算术平均值

1）用统计公式计算算术平均值

$$\overline{x}=\frac{1}{n}\sum_{i=1}^{n}x_i$$

式中，$\overline{x}$ 为多次测定的算术平均值；n 为测定次数；x_i 为测定值。

2）用 Microsoft Excel 计算算术平均值

打开 Microsoft Excel，在 C 列输入测定数据 5.24、5.22、5.26、5.25、5.24 和 5.23，如图 3.1-1 所示。把光标放在 C7 处，然后点击“公式”，选择“插入函数”，如图 3.1-2 所示。出现如图 3.1-3 所示的对话框，选择“AVERAGE”函数（算术平均值），点击“确定”。显示图 3.1-4 所选数据列，点击“确定”，显示算术平均值，如图 3.1-5 所示。

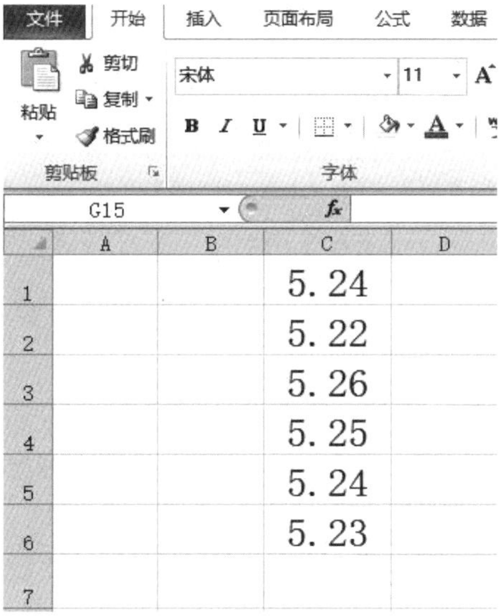

图 3.1-1　在 Excel 表中 C 列输入测定数据

图 3.1-2　在 Excel 表中插入函数

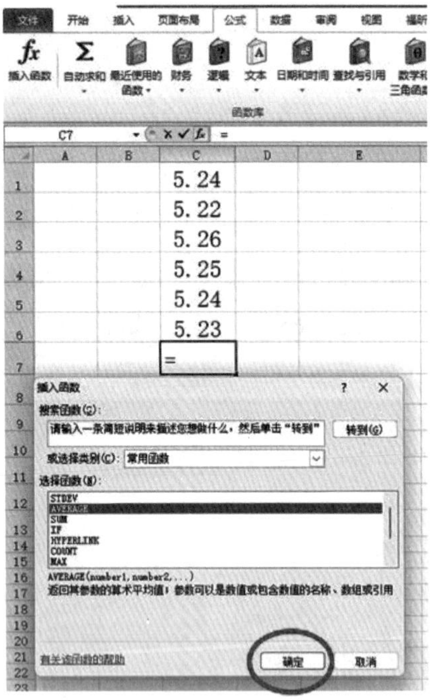

图 3.1-3　在 Excel 表中插入算术平均值函数

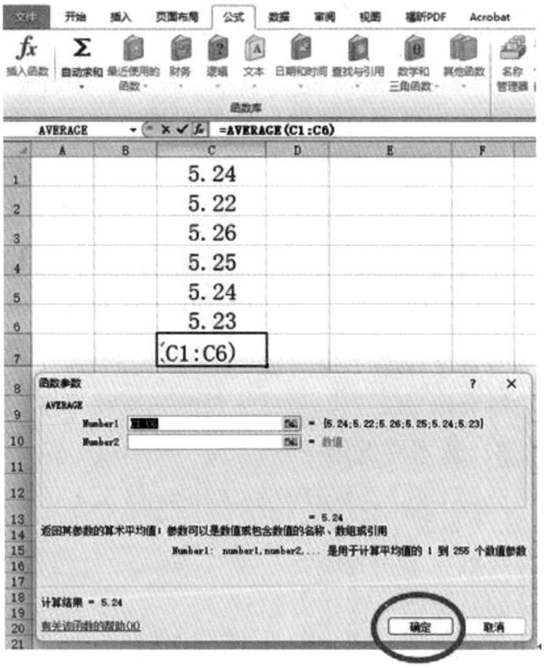

图 3.1-4　在 Excel 表中选择数据列

图 3.1-5　在 Excel 表中显示算术平均值

2．相对标准偏差

1）用统计公式计算样本的相对标准偏差

$$\mathrm{RSD(CV)} = \frac{s}{\bar{x}} \times 100\%$$

式中，s 为样本标准偏差。$s = \sqrt{\frac{1}{n-1}\sum_{i=1}^{n}(x_i - \bar{x})^2}$，$\bar{x}$ 为多次测定算术平均值。

2）用 Microsoft Excel 计算相对标准偏差

（1）用 Microsoft Excel 计算算术平均值：

具体方法见上述“用 Microsoft Excel 计算算术平均值”部分内容。

（2）用 Microsoft Excel 计算标准偏差：

在 E 列继续输入测定数据 5.24、5.22、5.26、5.25、5.24 和 5.23，如图 3.1-6 所示。把光标放在 E7 处，然后点击“公式”，选择“插入函数”，如图 3.1-7 所示。出现如图 3.1-8 所示的对话框，选择“STDEV”函数（标准偏差），点击“确定”按钮。显示图 3.1-9 所选数据列；点击“确定”按钮，显示标准偏差，如图 3.1-10 所示。

图 3.1-6　在 Excel 表中 E 列输入测定数据

图 3.1-7　在 Excel 表中插入函数

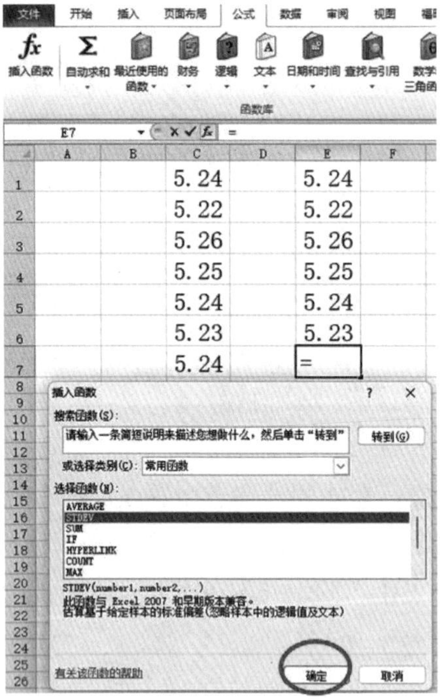

图 3.1-8　在 Excel 表中插入标准偏差函数

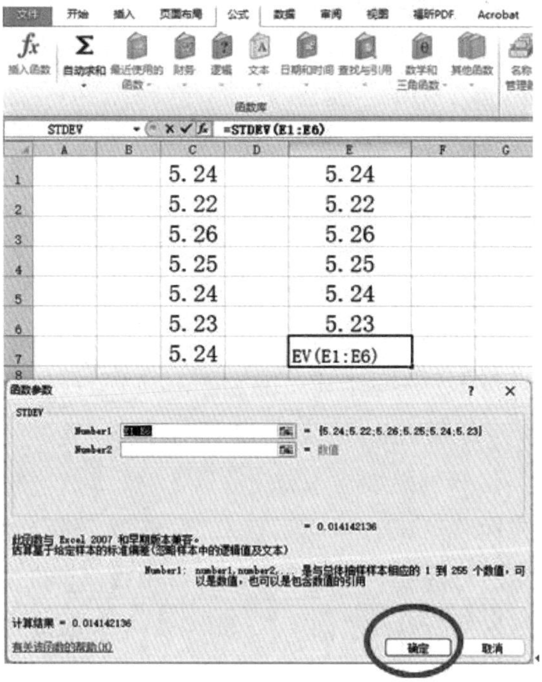

图 3.1-9　在 Excel 表中选择数据列

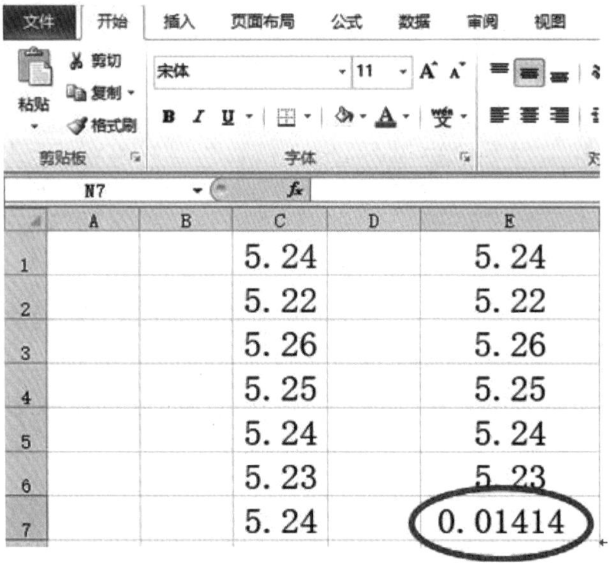

图 3.1-10　在 Excel 表中显示标准偏差值

（3）用 Microsoft Excel 计算相对标准偏差：

在 G7 处输入“=E7/C7”，如图 3.1-11 所示，按电脑键盘“Enter”键，显示相对标准偏差值，如图 3.1-12 所示。

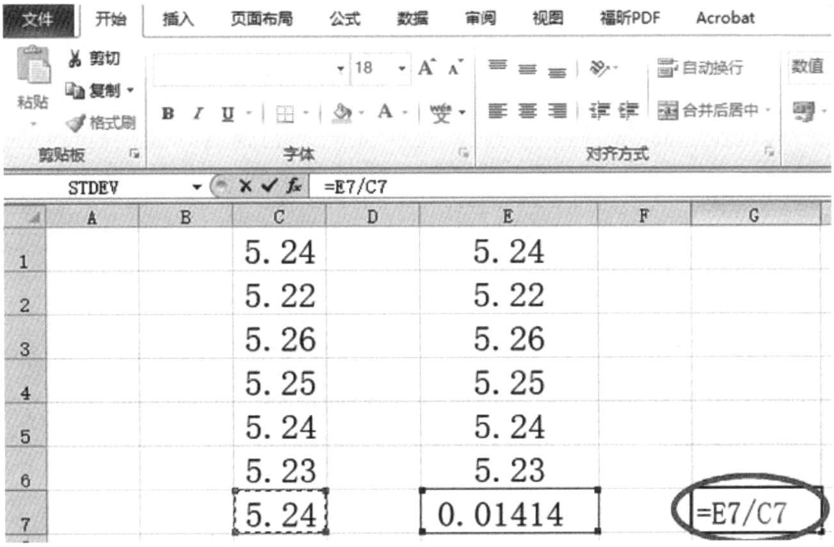

图 3.1-11　在 Excel 表中输入“=E7/C7”

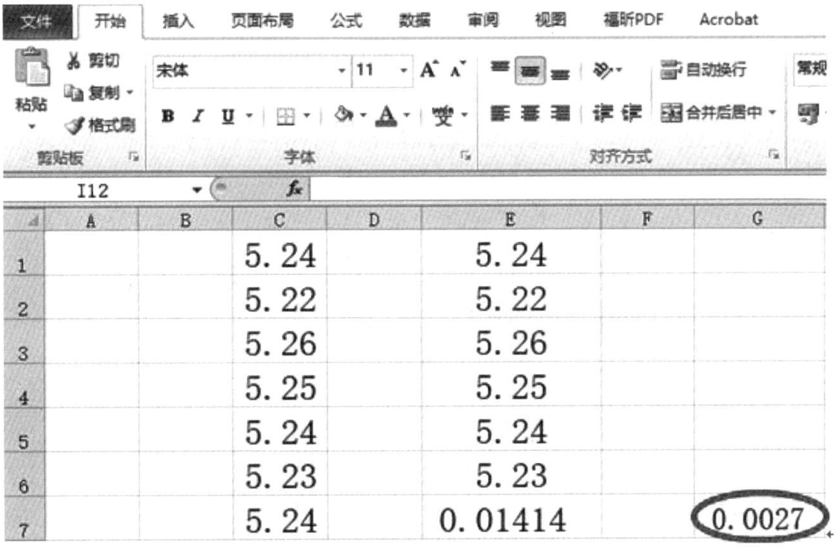

图 3.1-12　在 Excel 表中显示相对标准偏差值

四、注意事项

（1）求4个或4个以上准确度接近的近似值的平均值时，其有效数字可增加1位。

（2）在用Microsoft Excel计算环境监测数据时一定要正确选择函数。

子任务3.2 平行样测定结果质量控制

一、任务目的

通过对平行样测定结果质量控制内容的学习，熟悉现场平行样和实验室平行样的概念、监测中对平行样数量的要求以及用相对偏差指标评价平行测定结果的方法，为监测数据质量控制提供支撑。

二、准备工作

实验室质量控制主要是对准确度和精密度的控制，准确度控制技术主要有加标回收率的分析、标准物质（质控样）对比分析、密码样和密码加标样分析以及质量控制图等。平行样反映的是分析结果的精密度，通常用相对偏差作为平行样的评价指标，不同监测项目其相对偏差的合格范围也不同。

三、方法步骤

1. 平行样

平行样分析是指将同一样品的两份或多份子样在完全相同的条件下进行同步分析，一般是作双份平行测定。而对于某些要求严格的测试，如标定标准溶液、检校仪器等，也有同时作3～5份平行测定的。平行样包括现场平行样和实验室平行样。

现场平行样是指取样时同时取两个样品，分别测定，用于判断现场是否能提供具有代表性的样品。实验室平行样是指测定来自一个样品的两个试样。随机抽取一定比例的样品进行平行双样测定。

2. 平行样数量

在日常工作中，可按照样品的复杂程度、所用方法和仪器的精度以及分析操作的技术水平等因素安排平行样的数量。条件允许时，应全部作平行双样分析。否则，至少应按同批测试的样品数，随机抽取 10%～20%的样品进行平行双样测定。一批样品的数量较少时，应增加平行样的测定率，保证每批样品测试中至少测定一份样品的平行双样。

《污水监测技术规范》（HJ 91.1—2019）中规定：按分析方法中的要求采集现场平行样品。如分析方法中未明确，对均匀样品，凡能作平行双样（除现场监测项目、悬浮物、石油类、动植物油类、微生物等）的监测项目也应采集现场平行样品，每批次水样应采集不少于 10%的现场平行样品（自动采样除外），样品数量较少时，每批次水样至少作 1 份样品的现场平行样品。当现场平行样品测定结果差异较大时，应对水样进行复核，检查采样和分析过程对结果的影响。

3．平行样评价指标

平行样反映的是分析结果的精密度，可以检查同批测试结果的稳定情况。通常用相对偏差作为平行双样测定结果的评价指标。平行双样可采用密码或明码编入。测定的平行双样允许差不应超出规定的范围。

如果是一组平行样的测定，则相对偏差按下式计算：

$$相对偏差=\frac{x_i-\overline{x}}{\overline{x}}\times 100\%$$

式中，x_i 为某一测定值；$\overline{x}$ 为多次测定算术平均值。

如果是平行双样，则相对偏差按下式计算：

$$相对偏差=\frac{A-B}{A+B}\times 100\%$$

式中，A、B 为同一水样两次平行测定值。

四、注意事项

（1）测定的平行双样允许差符合规定质控指标的样品，最终结果以双样测试结果的平均值报出。

（2）平行双样测试结果超出规定允许偏差时，在样品允许保存期内，再加测一次，取相对偏差符合规定质控指标的两个测定值报出。

（3）平行双样测定值均低于测定下限的，不作相对偏差的计算要求。

子任务 3.3　在线监测和手工监测数据比对

一、任务目的

通过对在线监测和手工监测数据比对内容的学习，熟悉比对监测要求以及比对监测试验误差的计算方法，为判定在线监测设备是否正常运行提供数据支撑。

二、准备工作

1. 比对监测指标

目前，主要对 COD、NH_3-N、TP、TN、pH 水质自动分析仪、温度计等定期进行实际水样比对试验。

2. 比对监测方法

采用实际水样，按照国标方法进行手工测定，国家环境监测分析方法标准见表 3.3-1。

表 3.3-1　实际水样国家环境监测分析方法标准

项目	标准方法	标准号
COD	《水质　化学需氧量的测定　重铬酸盐法》	HJ 828—2017
	《高氯废水　化学需氧量的测定　氯气校正法》	HJ/T 70—2001
NH_3-N	《水质　氨氮的测定　纳氏试剂分光光度法》	HJ 535—2009
	《水质　氨氮的测定　水杨酸分光光度法》	HJ 536—2009
TP	《水质　总磷的测定　钼酸铵分光光度法》	GB 11893—89
TN	《水质　总氮的测定　碱性过硫酸钾消解紫外分光光度法》	HJ 636—2012
pH	《水质　pH 值的测定　电极法》	HJ 1147—2020
水温	《水质　水温的测定　温度计或颠倒温度计测定法》	GB 13195—91

3. 比对监测要求

对 COD、NH_3-N、TP、TN、pH 在线分析仪、温度计及超声波明渠流量计按照要求定期进行实际水样比对试验，试验结果应满足表 3.3-2 中规定的运行技术指标要求。

表 3.3-2　水污染源在线监测仪器运行技术指标

仪器类型	技术指标要求	试验指标限值	样品数量要求
COD 水质自动分析仪	采用浓度约为现场工作量程上限值 0.5 倍的标准样品	±10%	1
	实际水样 COD＜30 mg/L （用浓度为 20～25 mg/L 的标准样品替代实际水样进行测试）	±5 mg/L	比对试验总数应不少于 3 对。当比对试验数量为 3 对时，应至少有 2 对满足要求；4 对时，应至少有 3 对满足要求；5 对以上时，至少需 4 对满足要求
	30 mg/L≤实际水样 COD＜60 mg/L	±30%	
	60 mg/L≤实际水样 COD＜100 mg/L	±20%	
	实际水样 COD≥100 mg/L	±15%	
NH_3-N 水质自动分析仪	采用浓度约为现场工作量程上限值 0.5 倍的标准样品	±10%	1
	实际水样 NH_3-N＜2 mg/L （用浓度为 1.5 mg/L 的标准样品替代实际水样进行测试）	±0.3 mg/L	同化学需氧量比对试验数量要求
	实际水样 NH_3-N≥2 mg/L	±15%	
TP 水质自动分析仪	采用浓度约为现场工作量程上限值 0.5 倍的标准样品	±10%	1
	实际水样 TP＜0.4 mg/L （用浓度为 0.2 mg/L 的标准样品替代实际水样进行测试）	±0.04 mg/L	同化学需氧量比对试验数量要求
	实际水样 TP≥0.4 mg/L	±15%	
TN 水质自动分析仪	采用浓度约为现场工作量程上限值 0.5 倍的标准样品	±10%	1
	实际水样 TN＜2 mg/L （用浓度为 1.5 mg/L 的标准样品替代实际水样进行测试）	±0.3 mg/L	同化学需氧量比对试验数量要求
	实际水样 TN≥2 mg/L	±15%	
pH 水质自动分析仪	实际水样比对	±0.5	1
温度计	现场水温比对	±0.5℃	1
超声波明渠流量计	液位比对误差	12 mm	6 组数据
	流量比对误差	±10%	10 min 累计流量

三、方法步骤

1）COD、TOC、NH_3-N、TP、TN 水质自动分析仪比对监测试验误差计算

按照 HJ 353—2019 规定的水样采集口采集实际废水排放样品，采用水质自动分析仪与国家环境监测分析方法标准（表 3.3-1）分别对相同的水样进行分析，两者测量结果组成一个测定数据对，至少获得 3 个测定数据对。按照下面公式计算实际水样比对试验的绝对误差或相对误差，其结果应符合表 3.3-2 的规定。

$$C = x_n - B_n$$

$$\Delta C = \frac{x_n - B_n}{B_n} \times 100\%$$

式中，C 为实际水样比对试验绝对误差，mg/L；x_n 为第 n 次分析仪测量值，mg/L；B_n 为第 n 次实验室标准方法测定值，mg/L；ΔC 为实际水样比对试验相对误差；n 为比对次数。

2）pH 在线分析仪与温度计比对监测试验误差计算

将每个站点安装的 pH 水质自动分析仪、温度计的自动监测方法与表 3.3-1 中规定的国家环境监测分析方法标准进行比对试验，两者测量结果组成一个测定数据对，比对过程中应尽可能保证比对样品均匀一致，实际水样比对试验结果应满足表 3.3-2 的要求。实际水样比对试验的绝对误差按照下式计算。

$$C = x - B$$

式中，C 为实际水样比对试验绝对误差，量纲一或℃；x 为 pH 水质自动分析仪（温度计）测量值，量纲一或℃；B 为实验室标准方法测定值，量纲一或℃。

3）超声波明渠流量计比对监测试验误差计算

液位比对：分别用便携式明渠流量计比对装置（液位测量精度≤1 mm）和超声波明渠流量计测量同一水位观测断面处的液位值，进行比对试验，每 2 min 读取一次数据，连续读取 6 次，按下式计算每一组数据的误差值，选取最大的 H_i 作为流量计的液位误差。

$$H_i = |H_{1i} - H_{2i}|$$

式中，H_i 为液位比对误差；H_{1i} 为第 i 次便携式明渠流量计比对装置测量液位值，mm；H_{2i} 为第 i 次超声波明渠流量计测量液位值，mm；i 为 1、2、3、4、5、6。

流量比对：分别用便携式明渠流量计比对装置和超声波明渠流量计测量同一水位观测断面处的瞬时流量，进行比对试验，待数据稳定后，开始计时，计时 10 min，分别读取便携式明渠流量计比对装置该时段内的累积流量和超声波明渠流量计该时段内的累积流量，按下式计算流量误差。

$$\Delta F = \frac{F_1 - F_2}{F_1} \times 100\%$$

式中，ΔF 为流量比对误差；F_1 为便携式明渠流量计比对装置累积流量，m^3；F_2 为超声波明渠流量计累积流量，m^3。

四、注意事项

（1）比对前应对便携式明渠流量计进行校准。

（2）用便携式明渠流量计比对装置对现场安装使用的超声波明渠流量计进行 1 次比对试验，如比对结果不符合表 3.3-2 的要求，应对超声波明渠流量计进行校准，校准完成后需再次进行比对，直至合格。

（3）对 COD、NH_3-N、TP、TN 水质自动分析仪应每月至少进行一次实际水样比对试验，试验结果应满足表 3.3-2 中规定的性能指标要求。

（4）实际水样比对试验的结果不满足表 3.3-2 中规定的要求时，应对仪器进行校准和标准溶液验证后再次进行实际水样比对试验。

（5）如第二次实际水样比对试验结果仍不符合表 3.3-2 规定时，仪器应进入维护状态，同时此次实际水样比对试验至上次仪器自动校准或自动标样核查期间所有的数据按照 HJ 356—2019 的相关规定执行。

子任务 3.4　水环境监测数据异常的处理方法

一、任务目的

通过对水环境监测数据异常处理方法内容的学习，熟悉异常监测数据的判定方法和处理方法，及时发现和纠正监测数据存在的问题，确保环境监测数据的质量。

二、准备工作

异常数据是指在监测中的某个值，其数值明显偏离它所属样本的其余监测值。异常数据可能是总体固有的随机变异性的极端表现，这种异常值和样本中其余观测值属于同一总体。异常值也可能是由于实验条件和实验方法的偶然偏离所产生的后果或产生于监测、计算、记录中的失误，异常值可能有多个，也可能是一个。

环境监测数据是否准确，将直接影响对环境质量和污染源动态的掌握情况，影响环境执法和环境管理的合理性和准确性。因此，在环境监测中及时发现异常数据并进行处理，报出准确可靠的监测数据，是环境监测工作的主要任务。影响环境监测数据质量的因素有许多，因此要及时发现环境监测过程中存在的问题，及时纠正数据中的失误，以确保监测数据的完整性、代表性、准确性、可靠性和可比性。

三、方法步骤

1．异常数据的判定

1）超限值数据

原来一直稳定的不可能超标的监测数据突然超出相应的质量标准或排放标准的数值。要确认使用相应标准的类别和时限等是否正确。首先，确认选用的标准类别要正确，如质量标准有国家环境质量标准和地方环境质量标准，排放标准有国家水污染物综合排放标准和行业排放标准以及地方污染物排放标准。其次，确认使用标准的时效必须是现行环境标准。最后，检查使用标准中限值的规定是否准确。

2）反常规数值

一般规律而言，靠近排污口的某些污染物浓度要高于远离排污口的数据，反之异常；有相关性的某些代表值数据之间有一定规律性，反之异常。

要用污染物的时空分布及其变化规律来进行判断。例如，我们对企业的污染物进行监测时，发现离排污口近的污染物浓度低于远离排污口的污染物浓度，污染物浓度出现明显异常。从长期的实践中获知，同一水样中的两个项目或多个项目的监测数据存在一种固定的关系。例如，污染源监测中，进口浓度大于出口浓度；如果水样中的溶解氧高，那么硝酸盐氮的浓度高于氨氮的浓度；总氮＞硝酸盐氮+亚硝酸盐氮+氨氮；在进行地表水监测中发现在同一份水样中的监测结果应存在以下规律：化学需氧量＞五日生化需氧量，化学需氧量＞高锰酸盐指数，反之异常。一般情况下，同一水样中如硫化物浓度高，重金属（铜、铅、锌、镉等）的浓度就特别低。根据监测指标间的相关性，很容易发现监测数据异常。

3）突变性数据

数据库里长期基本稳定的监测项目的数据在某一时间节点出现较大差异。

由于长期进行监测，积累了大量的监测数据，对这些分散的监测数据进行归纳分类，建立起各类数据库，对同类监测数据进行比较分析，总结出各污染物的变化特点和所采用的工艺流程之间的内在联系。当环境系统没有变化时，环境系统内的监测结果不会产生明显的变化，对比分析很容易发现异常监测数据。

2. 异常数据的处理方法

（1）属于选用环境质量标准、污染物排放标准或分析方法标准等错误。如选用环境质量标准不正确，污染物排放标准类别不正确，标准时效有问题或标准中的限值选取不正确等错误。应及时查找出现错误的原因并进行改正。

（2）属于计算、记录等错误。如计算方法错误、抄写誊写失误、录入系统失误等。应及时查找出错误原因并进行改正。

（3）属于采样和样品接收保存过程中出现不符合要求的情况，影响样品的代表性。如采样时的环境和气象条件、不同时空分布的差异性、采样时的工况或人为影响因素、样品的接收状态是否符合采样和保存要求等。查找原因并应确认是否可以进行重新采样测定。

（4）属于测试分析过程不符合要求，影响监测数据质量。如仪器设备工作状态可能不正常，也可能是标准物质（标准溶液）有问题；工作环境可能不符合要求，如温度、实验室洁净度等达不到测试方法的要求；试剂纯度不满足测试要求，试剂质量影响测试的准确度；玻璃仪器精度可能达不到测试要求；实验室用水不合格；测试操作不规范等。监测人员要根据具体情况分析出现数据异常的原因，样品条件允许的要进行复测。

四、注意事项

（1）污染源与污染物排放口的距离与其浓度变化呈负相关性，若出现正相关或无规律变化，且整个流程均符合相关技术规范规定，则要考虑在污染物监测点与排放口之间是否有新的污染源出现。

（2）对于污染源的监测，需要对分散的监测数据进行归纳分类，建立起各类数据库，对同类行业的监测数据进行比较分析，总结出各污染物的变化特点和所采用的工艺流程之间的内在联系是很有必要的，在工艺流程无明显变化时，其污染物监测浓度也应无明显变化。

任务小结

通过数据处理任务的学习，掌握了多次测定结果的算术平均值和相对标准偏差的计算方法，学会了判断平行样测定数据之间的符合程度，能对在线监测和手工监测数据进行比对以及对监测数据异常值进行判定和处理。在生态环境监测工作中，只有对环境数据进行合理性统计处理分析，才能保证监测数据的质量，确保监测数据准确、可靠，更好地为环境管理、环境执法和环境科学研究服务。

任务练习

（1）请写出算术平均值和相对标准偏差的计算公式。

（2）什么是平行样？如何确定平行样的数量？

（3）目前主要对哪些监测指标定期进行实际水样的比对试验？

（4）什么是水环境监测异常数据？如何判断异常数据？